CYMRU FAWR

CYMRU FAWR

Pan oedd gwlad fach yn arwain y byd

Vaughan Hughes

Cyflwynedig

i

Heledd a Twm

Argraffiad cyntaf: 2014

ⓗ Vaughan Hughes

Cyhoeddir gan Wasg Carreg Gwalch,
12 Iard yr Orsaf, Llanrwst, Conwy, LL26 0EH.
Ffôn: 01492 642031 Ffacs: 01492 641502
e-bost: llyfrau@carreg-gwalch.com
lle ar y we: www.carreg-gwalch.com

Rhif rhyngwladol: 978–1-84527-430-6

Mae'r cyhoeddwr yn cydnabod cefnogaeth ariannol
Cyngor Llyfrau Cymru

Cynllun clawr: Eleri Owen

Cynnwys

Cyflwyniad 7

Rhagair 8

1. Y Chwyldro Diwydiannol a Chymru Newydd 17

2. Y Chwyldro Diwydiannol: Y Bont, y Band a'r Bêl 45

3. Y Chwyldro Diwydiannol: Gwas a Meistr 75

4. Y Chwyldro Diwydiannol: Hunaniaeth a Delwedd 105

5. Diwygiad 1904–05 139

6. Diwydiannau'r Gymru Wledig: Mwyngloddio 181
   Aur, Plwm a Manganîs

7. Diwydiannau'r Gymru Wledig:
   Llaeth – Y Cardis, yr Iddewon a'r Pacistaniaid 210

8. Diwydiannau'r Gymru Wledig:
   Gwlân – Blwmars Fictoria a Sgertiau Mini 242

9. Y Gymraeg, Y Chwyldro Diwydiannol a'r Dirwasgiad 272

10. Amlwch: Un o'r Tair Tref Fwyaf yng Nghymru 308

Mynegai 336

Diolchiadau

Pleser yn ogystal â dyletswydd yw datgan ar goedd fy niolch i Myrddin ap Dafydd am y ffydd a ddangosodd ynof wrth ymgeisio, drwy Wasg Carreg Gwalch, am gomisiwn gan Gyngor Llyfrau Cymru imi lunio'r gyfrol hon. Rwy'n hynod ddiolchgar i'r Cyngor am ei ymddiriedaeth a'i gefnogaeth. Mae fy nyled yn fawr hefyd i olygydd Carreg Gwalch, Nia Roberts, am ei mawr amynedd wrth i alwadau nas rhagwelwyd adeg dyfarnu'r comisiwn effeithio ar amserlen arfaethedig y sgwennu. Diolch yn ogystal i William Howells am ei fynegai cynhwysfawr.

Gwreiddiau teledol sydd i gynnwys y llyfr. Roeddwn yn awyddus gan hynny i danlinellu pwysigrwydd y cyfweliad fel ffurf ddilys o gofnodi a dehongli hanes. Does dim digon o ddefnydd, yn fy marn i, yn cael ei wneud o'r ffynhonnell gyfoethog honno. I bawb a roddodd o'u hamser a'u gwybodaeth i recordio eu cyfraniadau nid oes terfyn ar fy niolch. Felly hefyd i ymroddiad y llu o weithwyr a gyflogwyd gan Ffilmiau'r Bont i gyfrannu mewn sawl dull a modd at y broses o greu'r amrywiaeth o raglenni hanes a gynhyrchodd y cwmni.

Cyflwyniad

Beth sydd yn wahanol ac yn unigryw yn y gwaith hwn yw'r dystiolaeth sydd yn cael ei dyfynnu. Dyma 'hanes llafar' ond gyda llefarwyr gwahanol i'r arfer oherwydd y rhai sydd yn cael eu dyfynnu yn helaeth yn y fan hyn yw, ar y cyfan, haneswyr ac arbenigwyr eraill sydd wedi ymddiddori yn y pwnc. Ac mae eu tystiolaeth nid ar ffurf troednodiadau ond yn hytrach yn rhan o lif yr ysgrif. Dyma sialens fawr i unrhyw awdur: sut i wau geiriau awdurdodol nifer o ddeallusion i mewn i hanes, a stori. Mae'r awdur yn llwyddo mewn modd hynod ddeheuig. Prin mae'r darllenydd yn sylwi ar y dyfyniadau oherwydd, bron yn ddieithriad, maent yn llifo gyda'r ysgrif, wedi'u plethu yn gywrain i gorff y gwaith. Ac mae'r lleisiau yma yn rhai awdurdodol – ffrwyth blynyddoedd maith o ymchwil – o wrando a recordio, siŵr o fod.

Mae'r awdur wedi llwyddo i ddweud stori dda a phwysig gydag arddull glir a hawdd ei darllen ond mae hefyd wedi llwyddo i adlewyrchu cyffro a chymhlethdod, a hynny yn bennaf drwy ddyfynnu'n helaeth o gyfweliadau gyda rhai o'n prif arbenigwyr. Credaf fod yna gyfrol ddiddorol dros ben ar gael yn y fan hyn.

Yr Athro R. Merfyn Jones
(mewn ymateb i bennod Y Diwygiad)

Rhagair

Yn yr etholiadau i Senedd Ewrop ym Mai 2014 fe gafodd UKIP (yr United Kingdom Independence Party), plaid fu'n gweiddi'n groch am gyfyngu ar y nifer o fewnfudwyr i Brydain, fwy o bleidleisiau yn Lloegr nag unrhyw blaid wleidyddol arall. Dyma'r tro cyntaf ers etholiad cyffredinol 1910 i naill ai'r blaid Geidwadol neu'r blaid Lafur fethu ennill mwy o seddi yn Nhŷ'r Cyffredin yn San Steffan na'r pleidiau eraill.

Yng Nghymru hefyd cafodd UKIP gefnogaeth sylweddol. Daeth o fewn trwch blewyn – 0.5% – i ennill mwy o bleidleisiau na Llafur, plaid a grafodd i'r brig gyda 206,332 o bleidleisiau. Doedd hynny ddim ond 4349 yn fwy drwy Gymru benbaladr na chyfanswm UKIP. Serch hynny, un yn unig o'r pedair sedd Gymreig yn Senedd Ewrop a enillwyd gan UKIP. Aeth y tair arall, un bob un, i Lafur, y Ceidwadwyr a Phlaid Cymru.

Rhag ofn i'r paragraffau uchod eich dychryn, prysuraf i'ch sicrhau na fydd yr un cyfeiriad pellach at UKIP yn y gyfrol hon. Soniais amdani ar y dechrau fel hyn am un rheswm yn unig. Yn fy marn i, y ffaith na chawsom ni'r Cymry ddysgu ein hanes ein hunain yn yr ysgol sy'n bennaf gyfrifol am barodrwydd cynifer ohonom i wrando ar blaid wleidyddol gul ac anoddefgar sy'n codi bwganod ynglŷn â mewnfudwyr o wledydd tramor. Mae'n anodd deall sut y gall Cymro neu Gymraes gyda'r mymryn lleiaf o afael ar deithi'r Gymru fodern lyncu'r fath wenwyn.

Os bu gwlad erioed a elwodd ar y broses o fewnfudo, Cymru yw honno. O tua 1880 tan 1914 roedd poblogaeth Cymru'n tyfu'n gyflymach na phoblogaeth pob gwlad arall yn y byd, y tu allan i Ogledd America. Yn hollol wahanol i hanes Iwerddon, heidio i Gymru fyddai pobol yn ei wneud, a dyna'r rheswm pam y mae'r Gymraeg yn gymaint cryfach hyd heddiw na'r Wyddeleg. Fu dim rhaid i'r Cymry adael eu gwlad i osgoi newyn a dinistr.

I'r gwrthwyneb yn llwyr, roedd y fath fwrlwm diwydiannol i'w gael mewn cymaint o ganolfannau Cymreig fel bod y Cymry'n gallu symud oddi mewn i Gymru ei hun i chwilio am waith. Yn ôl un o'r haneswyr a ddyfynnir yn y llyfr hwn, gallai'r Cymry 'goloneiddio eu gwlad ei hunain'. Yn gwbl groes i bob tystiolaeth sydd ar gael, mae rhai o gefnogwyr mwyaf diffuant a selog y Gymraeg yn dal o hyd i feio'r Chwyldro Diwydiannol, a'r dylifiad o fewnfudwyr a ddaeth i Gymru yn ei sgil, am y modd y peidiodd y Gymraeg a bod yn iaith bob dydd trigolion y Cymoedd. (A Chymru gyfan o ran hynny.) Hyd heddiw mae tuedd anffodus ymhlith rhai cenedlaetholwyr i ofni pob datblygiad gan ei weld yn fygythiad i'r Gymraeg. Canlyniad trist hynny yn aml yw gweld pobol ddŵad, sydd eisiau i Gymru fod yn wlad fach ddiddiwydiant ac amgueddfaol dawel, yn cynghreirio efo'r cenedlaetholwyr hyn i atal datblygiadau a fyddai'n cynnig gwaith i Gymry lleol a gobaith i'r Gymraeg. Yn achos atomfa Wylfa Newydd ym Môn clywir gwladgarwyr Cymreig yn ymarweddu'n anghysurus o debyg i wasg a phleidiau'r dde eithaf wrth rybuddio y byddwn yn cael ein boddi gan fewnfudwyr o Ddwyrain Ewrop.

Yn *Cymru Fawr* ceisiaf ddadlau yn erbyn agweddau negyddol tuag at gyflogaeth. Dirwasgiad a diweithdra a dad-ddiwydiannu – nid diwydiannu – a niweidiodd y Gymraeg. Yn Lloegr cyfeirir at ddirwasgiad enbyd y cyfnod yn dilyn y Rhyfel Byd Cyntaf fel Dirwasgiad y Tri degau. Dyna a ddywedwyd hefyd yn dilyn galanastra economaidd y Wall Street Crash a sigodd economi America yn 1929. Yng Nghymru, fodd bynnag, cychwynnodd y dirwasgiad yn gynharach na hynny. Ac fe barhaodd yn hirach.

Am resymau yr ymhelaethir arnyn nhw yn y gyfrol, rhwng 1925 a 1939 collodd y Cymoedd bron i 400,000 o'i phoblogaeth. Rhesymol ydi casglu bod o leiaf eu hanner nhw'n Gymry Cymraeg. Os mai gorfod gadael Tonypandy neu Ddowlais i weithio yn Slough a ffatrïoedd moduron Dagenham a Rhydychen fyddai tynged eu plant, nid yw'n syndod bod cymaint o rieni wedi rhoi'r gorau i drosglwyddo'r Gymraeg i'w plant ar yr aelwyd.

Dyna'n union a deimlai'r teuluoedd hynny a oroesodd y Newyn Mawr yng nghadarnleoedd yr iaith Wyddeleg yn Iwerddon o ganol y bedwaredd ganrif ar bymtheg ymlaen. Yn ystod y ganrif bresennol, gyda diflaniad y Teigr Celtaidd a dychweliad y dyddiau blin, gwelwyd rhagor o allfudo sylweddol o Iwerddon. A bu crebachu pellach ar yr hyn sy'n weddill bellach o Fro'r Wyddeleg gynt.

Ond y ffaith wirioneddol arwyddocaol yw bod y Gymraeg wedi bod yn llawer mwy ffodus na'r Wyddeleg. Mae'r diolch am hynny, dywedaf eto, i ddylanwad cadarnhaol diwydiant a chyflogaeth ar barhad ieithoedd bychain. Roedd yn agos i filiwn o siaradwyr Cymraeg yng Nghymru ar ddechrau'r ugeinfed ganrif yn ôl cyfrifiad 1901. (Yn ychwanegol at hynny roedd 80,000 o siaradwyr Cymraeg – na chafwyd eu cyfrif – yn byw ar y pryd dros y ffin yn Lerpwl.) A chynyddu ymhellach ddaru'r niferoedd o siaradwyr yr iaith yng nghyfrifiad 1911 hefyd.

Gwelwn yn y ddau gyfrifiad fod canran y siaradwyr Cymraeg oddi mewn i Gymru wedi gostwng i'r mymryn lleiaf dan yr hanner. Ond cynyddu ddaru cyfanswm y siaradwyr Cymraeg yn y ddau gyfrifiad. Mae hynny'n dra arwyddocaol. Fel y dywedir yn y gyfrol hon, yng ngwres eirias diwydiant y cafodd y Gymru yr ydym yn byw ynddi heddiw ei ffurfio. A diwydiant yn bendifaddau ddaru greu'r genedl Gymreig fodern. Heddiw, fel yn ystod dirwasgiad dau ddegau a thri degau'r ganrif ddiwethaf, diffyg diwydiant ac absenoldeb cyfleoedd gwaith yw'r bwgan. Heddiw eto mae'n pobol ifanc yn gadael eu bröydd difreintiedig yng nghyn gadarnleoedd y Gymraeg i chwilio am waith. Aiff llaweroedd ohonyn nhw i Gaerdydd. Mae 36,700 (cyfrifiad 2011) o siaradwyr Cymraeg yn ein prifddinas, 11.1% o'r boblogaeth. Wrth lawenhau bod cymaint o bobol ifanc y wlad yn cael gwaith yng Nghaerdydd yn hytrach na gadael i weithio yn Lloegr, fel y bu'n rhaid i genedlaethau blaenorol ei wneud, mae'r ffaith mai mewnfudwyr sy'n cymryd eu lle yn destun gofid dwfn. Erbyn hyn mae 26% o boblogaeth Cymru wedi ei geni y tu allan i Gymru, y mwyafrif llethol ohonyn nhw yn Lloegr. (Y ganran ar gyfer Cymru gyfan yw hynny: mewn sawl ardal wledig ac arfordirol mae'r ganran yn uwch o lawer iawn.) Drwy Ewrop dim ond Lwcsembwrg sydd â chanran uwch o fewnfudwyr na Chymru.

Pan fo cyfran uchel o boblogaeth gynhenid unrhyw wlad yn gorfod allfudo a chanran uchel o fewnfudwyr yn cymryd eu lle mae hunaniaeth a diwylliant gwlad dan warchae. Yr unig ateb ymarferol i'r mewnfudo sy'n bygwth Cymreictod yw darparu swyddi da a fydd yn galluogi'r brodorion i gystadlu yn y farchnad dai ac aros yn eu cymunedau i fagu eu teuluoedd. Rhaid dychwelyd bob gafael at y ddeuawd anwahanadwy honno, iaith a gwaith.

Ein llewyrch diwydiannol oedd y darian ddaru amddiffyn Cymreictod a'n harbed rhag cael ein hystyried yn dalaith – Western Britain – yn hytrach nag yn genedl o'r iawn ryw. Yn y Gyfnewidfa Lo yng Nghaerdydd yr oedd pris glo drwy'r byd i gyd yn cael ei osod. Dyma'r adeg pan oedd prif lyngesau Ewrop a De America yn cael eu gyrru gan lo ager De Cymru. Glo oedd olew Oes Fictoria a byddai'n parhau i fod felly am ychydig flynyddoedd wedi terfyn y Rhyfel Byd Cyntaf. Eto, nid bod yn ffansïol nag yn fympwyol ydw i. Mae un o'n haneswyr morwrol pennaf yn cymharu marsiandwyr Cyfnewidfa Lo Caerdydd yn y cyfnod hwnnw efo barwniaid OPEC, sef y gwledydd cyfoethog a dylanwadol hynny sy'n cynhyrchu ac allforio olew y dyddiau yma.

Ymhell cyn i Gaerdydd reoli'r marchnadoedd glo rhyngwladol, Amlwch ym Môn fyddai'n rheoli pris copr ar farchnadoedd y byd. Pentref pysgota bach hollol ddi-nod oedd Caerdydd tan yn gymharol ddiweddar. Yn 1801 Amlwch, Merthyr ac Abertawe oedd y tair tref fwyaf yng Nghymru. Neilltuais bennod gyfan i weithgarwch diwydiannol amrywiol Amlwch er mwyn tanlinellu'r pwynt hwnnw (ac efallai er mwyn chwifio baner fy sir enedigol).

Yn groes i'r canfyddiad arferol, yn y gogledd – yn ardal Treffynnon – nid yn y de, y mae crud y Chwyldro Diwydiannol yng Nghymru. Ddau gant a hanner o flynyddoedd yn ôl roedd Treffynnon yn ganolfan ddiwydiannol lawer iawn pwysicach na Birmingham, y ddinas a ddaeth i gael ei hadnabod fel Gweithdy Prydain. Faint ohonom ni sy'n sylweddoli hynny? Am mai 'odid neb' yw'r ateb i'r cwestiwn hwnnw, a llu o gwestiynau tebyg yn achos hanes y Gymru fodern, y daeth y gyfrol hon i fodolaeth.

Daw'r sôn am Dreffynnon ac Amlwch â ni at un arall o amcanion y llyfr hwn. Credaf fod gwir angen chwalu unwaith ac am byth y gred gwbl gyfeiliornus mai gwlad o fân dyddynnod oedd Cymru y tu allan i gymoedd y glo a dyffrynnoedd y llechi. Mae'n berffaith wir, wrth gwrs, bod y lofa a'r chwarel yn elfennau hollbwysig yn hanes Cymru, ond roedd bron bob twll a chornel o Gymru yn fwrlwm o weithgarwch diwydiannol.

Mewn meysydd mor wahanol i'w gilydd â mwyngloddio a nyddu gwlân roedd cefn gwlad Cymru yn eithriadol o gynhyrchiol. Roedd gweithfeydd plwm ym mhob un o hen siroedd Cymru, o Fôn i Fynwy. Mae lle i gredu bod cymaint â deng mil o siafftiau wedi cael eu hagor yn Sir Aberteifi yn unig, ac ym mhentref bychan bach y Fan, uwchben Llanidloes, roedd y gwaith plwm mwyaf proffidiol yng ngwledydd Prydain. Yn 1870 roedd pob un cyfranddaliad yn y gwaith yn werth £83, swm rhyfeddol ar y pryd, un sy'n cyfateb yn arian heddiw i £9,000. Am un siâr! Enillai'r mwyafrif o'r Cymry eu bywoliaeth drwy weithio mewn diwydiant ar adeg pan oedd y mwyafrif o'r Saeson yn dal i drin y tir. Nid bod diwydiant wedi cynyddu ar draul diwylliant. Roedd gwerin bobol Cymru gyda'r werin gyntaf yn Ewrop i fod yn llythrennog. Yn groes i'r hyn sy'n ffasiynol i'w wneud heddiw, mae'r gyfrol hon yn cydnabod rôl gwbl allweddol y Diwygiad Methodistaidd ac Anghydffurfiaeth yn gyffredinol yn y broses o ddysgu'r Cymry i ddarllen ac ysgrifennu. Mae iddynt le canolog hefyd yng ngwneuthuriad y genedl Gymreig fodern yn ei chyfanrwydd. Dadleuaf fod pobol fel Griffith Jones Llanddowror, Howell Harris, Daniel Rowland a Williams Pantycelyn ymhlith sylfaenwyr pwysicaf y Gymru fodern. Er na ellir dweud hynny am y diwygiwr Evan Roberts, mae arwyddocâd Diwygiad 1904–05 yn derbyn ymdriniaeth fanwl yma. Nid glo a llechi a dur yn unig roedd Cymru yn eu hallforio i bedwar ban byd. Priodol yw nodi bod Diwygiad 04–05 wedi ymledu o Gymru i Ewrop, India, Gogledd America ac Awstralia.

Gallu cynnar y werin Gymraeg i ddysgu darllen sy'n gyfrifol am ffaith arall na fydd byth braidd yn cael ei chydnabod. Y duedd heddiw yw gwawdio'r holl sôn a fu am y werin ddiwylliedig Gymreig, ond mae tystiolaeth eithaf cadarn dros hawlio bod llawer iawn o wirionedd yn hynny. Yn y *Penny Encyclopaedia* yn 1861 dywedodd Thomas Watts, ceidwad adran brint yr Amgueddfa Brydeinig, fod y Cymry wedi cyhoeddi mwy o gylchgronau nag unrhyw genedl arall yn Ewrop rhwng y blynyddoedd 1735 a 1900. Yn ôl Watts cyhoeddwyd 1704 o deitlau gwahanol, a'r rheini i gyd yn y Gymraeg.

Dim ond cip sydd angen ei fwrw dros y gyfrol hon i ganfod bod y naratif yn cael ei atalnodi'n rheolaidd gan ddyfyniadau o waith arbenigwyr yn y meysydd a drafodir.

Mae dau reswm dros wneud hynny. Yn gyntaf, gobeithiaf fod y dyfyniadau yn caniatáu i leisiau newydd, gwybodus ddweud yr hanes, gan dorri hefyd ar yr hyn a allai fod yn undonedd traethiad parhaol yr awdur. Mae rheswm arall hefyd dros fabwysiadu dullwedd o'r fath. Roeddwn i'n awyddus i gydnabod bod gwreiddiau fy niddordeb yn hanes y Gymru fodern ddiwydiannol yn deillio o'm dyddiau fel gohebydd teledu gyda HTV ym Morgannwg a Mynwy am y rhan helaethaf o saith degau'r ganrif ddiwethaf.

Yn wladwr o Ynys Môn roedd cael dod i adnabod y Cymoedd yn brofiad i'w drysori. Cefais fy nghyfareddu gan hanes y llefydd hynny ac fe ddes i'n edmygydd o bobol y Cymoedd. A minnau wedi fy magu mewn cymdeithas wledig uniaith Gymraeg, i bob pwrpas, roedd sylweddoli bod y bobol hyn, llaweroedd ohonyn nhw â'u cyndadau'n Saeson neu'n Wyddelod neu'n Eidalwyr, wedi cael eu llwyr gymhathu'n Gymry yn agoriad llygad i mi. Gan nad oedd modd yn y byd disgrifio Cymry mor dwymgalon â'r rhain yn ddim byd ond Cymry glân, gloyw, bu'n rhaid imi ddod i ddeall yn gynnar bod natur Cymreictod yn llawer iawn mwy cymhleth nag yr oeddwn i wedi ei sylweddoli. Hyd y dydd heddiw wrth yfed peint yn rhai o dafarnau Môn, efo acenion Saesneg estron o 'nghwmpas ym mhob man, hiraethaf am fod yn Nhreorci neu Donypandy. Saesneg fyddai'r iaith yn y llefydd hynny hefyd, ond fyddwn i ddim yn teimlo'n gymaint o estron yn y Rhondda ag y byddaf ar adegau o'r fath ar f'ynys enedigol.

Cofier, pan oeddwn i'n gohebu yn y Cymoedd o 1970 ymlaen, bod nifer dda o drigolion y Rhondda bryd hynny yn dal i siarad Cymraeg a bod ambell gymuned oedrannus Gymraeg, megis Heolgerrig ym Merthyr, wedi goroesi. Cyfarfyddais a holais Gymry Cymraeg cynhenid hyd yn oed mewn lle fel Tafarnaubach ger Tredegar yn Sir Fynwy. Fy ngwaith fireiniodd fy adnabyddiaeth o'r Cymoedd. Fy ngwaith hefyd ddylanwadodd ar arddull y gyfrol hon: cyfuniad o sylwebaeth a chyfweliad yw hanfod eitem newyddion ar y cyfryngau neu raglen ddogfen fel rheol.

Cafodd Ffilmiau'r Bont, y cwmni teledu annibynnol a ffurfiodd Angharad Anwyl a minnau, ei gomisiynu gan Cenwyn Edwards ar ran S4C i gynhyrchu cyfresi lawer o raglenni dogfen hanesyddol ar gyfer S4C rhwng 1995 a 2005. Ffrwyth nifer o'r rhaglenni hynny wedi eu haddasu, eu diweddaru a'u helaethu yw'r gyfrol hon yn y bôn. Diolchaf i bawb, yn rhy niferus i'w henwi, a weithiodd ar y cyfresi hynny am eu cyfraniadau amhrisiadwy, ac i'r arbenigwyr a ganiataodd inni eu holi ar gamera. Nid oedd modd cysylltu efo pawb ohonyn nhw ymlaen llaw i roi gwybod iddyn nhw fod y gyfrol hon yn yr arfaeth ond roedd pob un ohonyn nhw wedi arwyddo cytundeb yn caniatáu i'r cwmni cynhyrchu wneud unrhyw ddefnydd a ddymunai o'r deunydd. A chyfryngau teledu'r byd wedi bod yn gwneud defnydd helaeth o gyfweliadau ers ymhell bell dros hanner canrif, ffolineb o'r mwyaf fyddai peidio eu cynnwys fel ffynonellau hanesyddol cwbl ddilys.

Gair yn olaf am y teitl, *Cymru Fawr*. Bwriedir ef fel gwrthbwynt llwyr i'r enw Prydain Fawr a arddelir o hyd, hyd yn oed gan Gymry a ddylai wybod yn well, er mor anacronistaidd ydyw. Dewiswyd ef hefyd am fy mod yn casáu clywed pobol yn sôn byth a beunydd, naill ai'n nawddoglyd neu'n sentimental – neu'r ddau – am Gymru Fach. Does dda gen i chwaith mo'r ymadrodd '*gallant little Wales*', y collwyr tragwyddol.

Bu'r wlad fach hon yn fawr. Ac fe all fod eto – os medrwn ni rywsut, rywfodd, rywbryd ddod o hyd i'r hyder i fynd ati i lunio ein dyfodol ein hunain. Pwy fyddai wedi meddwl y byddai pobol Glannau Dyfrdwy, a'r Gaerdydd unoliaethol a oedd mor wrthwynebus i ddatganoli yn 1997, ynghyd â Chymru gyfan ac eithrio Mynwy, wedi pleidleisio yn 2011 dros bwerau deddfwriaethol i Gynulliad Cenedlaethol Cymru? Mae cenhedloedd, yn ogystal â phobol, yn gallu newid.

Vaughan Hughes
Gorffennaf 2014

Y Chwyldro Diwydiannol a Chymru Newydd

Yng ngwres eirias diwydiant y cafodd y Gymru yr ydym yn byw ynddi heddiw ei ffurfio. Diwydiant ddaru greu'r genedl Gymreig fodern. A'r ffaith fwyaf hynod o'r cyfan ynglŷn â'r modd y cafodd Cymru ei diwydiannu oedd sydynrwydd y broses. Digwyddodd y newidiadau mwyaf o fewn un genhedlaeth yn unig. Fe gafodd y diwydiannwr dyngarol Robert Owen o'r Drenewydd fyw drwy rai o'r datblygiadau mwyaf syfrdanol yn holl hanes dynoliaeth.

Yn 1771, blwyddyn geni Robert Owen, roedd tua hanner miliwn o bobol yn byw yng Nghymru. Ar y tir roedd y mwyafrif llethol ohonyn nhw'n gweithio. Ond erbyn iddo farw yn 1858 roedd poblogaeth ein gwlad wedi dyblu, ac erbyn hynny dim ond un rhan o dair o drigolion Cymru oedd yn dal i ffermio.

Gwahanol iawn oedd y stori yn Lloegr. Yno dibynnai'r rhan fwyaf o'r boblogaeth ar y tir o hyd am eu bywoliaeth. Am filoedd o flynyddoedd dyna fu'r patrwm ar hyd a lled y byd. Roedd y newid o fod yn gymdeithas amaethyddol i fod yn un ddiwydiannol yn un o'r camau mwyaf arwyddocaol a gymerodd y ddynoliaeth erioed, ac roedd Cymru ar flaen y gad yn y broses gwbl chwyldroadol honno.

Ymfalchïwn, wrth gwrs, yn y ffaith fod amaethyddiaeth yn un o'n diwydiannau pwysicaf hyd y dydd heddiw. Ymffrostiwn, efo pob cyfiawnhad, yn safon ein bwydydd ardderchog a'u hamrywiaeth amheuthun.

Mae'n drueni, fodd bynnag, mai'r ddelwedd ohonom a adlewyrchir yn nrych y gyfres deledu *Cefn Gwlad* yw'r un yr ydym hapusaf i'w harddel, ar draul popeth arall. Fel gwladwr, fi fyddai'r olaf i wawdio a dibrisio'r gwerthoedd gwledig – ond dylem fod yr un mor barod i ymfalchïo yn ein treftadaeth ddiwydiannol.

Mae *iaith a gwaith* yn gwneud mwy nag odli'n unig yn y Gymraeg. Er ein holl bryderon am ei pharhad fel iaith gymunedol yn wyneb Cyfrifiad 2011, mae'r Gymraeg yn gymaint cryfach o hyd na'r Wyddeleg, druan. A sawl iaith arall hefyd, o ran hynny. Mae ysgolheigion fel yr Athro Brinley Thomas wedi dadlau'n argyhoeddiadol mai'r Chwyldro Diwydiannol sy'n bennaf cyfrifol am hynny. Bu Cymru'n grud i'r chwyldro hwnnw.

Marw o newyn oedd hanes miliwn o Wyddelod mewn cyfnod o bum mlynedd yn unig rhwng 1845 ac 1850. Ymfudodd miliwn yn rhagor yn yr un cyfnod, gan ffoi am eu bywydau o dlodi angheuol eu mamwlad i wledydd diwydiannol, llewyrchus, megis Unol Daleithiau America – a Chymru. Ie, *a Chymru*.

Mae cymharu Cymru â'r wlad enfawr honno yn ymddangos yn hurt bellach. Ond, fel y soniwyd eisoes, yn negawdau olaf y bedwaredd ganrif ar bymtheg tyfodd poblogaeth Cymru'n gyflymach na phoblogaeth pob gwlad arall yn y byd y tu allan i Ogledd America. Cymru oedd Klondike Ewrop. Ond du oedd lliw ein haur ni – er bod aur pur yn cael ei gloddio yn ein bryniau ninnau hefyd.

Fel y Gwyddelod, tlodion yr Eidal a phobol o wledydd y tu draw i Ewrop, fe wyddai'r byd yn y cyfnod hwnnw nad gwlad fechan, ymylol, oedd Cymru. I'r gwrthwyneb. Roedd hi'n ganolfan ryngwladol o bwys.

Chwaraeodd trefi sydd erbyn heddiw'n eithaf di-nod ran allweddol yn yr economi byd-eang, trefi fel Amlwch yn sir Fôn nad oes fawr ddim bwrlwm yn perthyn iddi heddiw. Nid oes ganddi ormodedd o swyddi i'w cynnig i'w phobol (er y gallai codi gorsaf niwclear newydd yn yr Wylfa, gerllaw,

Hen weithfeydd haearn Blaenafon, Gwent

Chwarelwyr Cwt y Bugail, Blaenau Ffestiniog

Gweithfeydd haearn Dowlais tua 1840

Chwarel y Penrhyn

ei hadfywio, ynghyd â gweddill yr ynys a glannau Menai).

Ond yn chwarter olaf y ddeunawfed ganrif, Amlwch oedd yn penderfynu ac yn gosod pris copr holl farchnadoedd y byd. A'r copr o Fynydd Parys a ddefnyddiwyd i orchuddio gwaelodion pren holl longau'r llynges rhag iddyn nhw gael eu difrodi gan dyllau cynrhon, a rhag i dyfiant o bob math lynu wrthyn nhw gan arafu'r llongau.

Gŵr lleol – Thomas Williams, neu Twm Chwarae Teg – fu'n bennaf cyfrifol am lwyddiant Mynydd Parys. Ac nid Môn yn unig a elwodd ar ei athrylith. Cludwyd copr Twm Chwarae Teg o'r porthladd yn Amlwch i'w dodd-dai yng Nghernyw ac Abertawe, ei storfeydd yn Birmingham a Llundain, ac i'w ffatri yn Nhreffynnon. Ac yn ei thro, fe fyddai Treffynnon yn dod yn ganolfan ddiwydiannol o bwys.

Elfed Evans

Tua dau gant i ddau gant a hanner o flynyddoedd yn ôl roedd Treffynnon a'r cyffiniau gyda'r llefydd pwysicaf ym Mhrydain o safbwynt diwydiant, yn bwysicach na Birmingham, dyweder. Fe ddenodd hynny lu o bobol i'r ardal ac fe amcangyfrifir bod pum mil yn byw yn Nhreffynnon bryd hynny. Roedd yma ugain o dafarnau i'w disychedu nhw i gyd.

Pan ddaeth Dr Samuel Johnson yma yn 1774 fe wnaeth o gyfrif ugain o wahanol weithfeydd ar hyd y dyffryn hwn.

Amhosib yw gorbwysleisio pwysigrwydd diwydiannol Treffynnon a'r cyffiniau. Roedd mynyddoedd Helygain a Brynffordd, er enghraifft, wedi eu rhidyllu â siafftiau a lefelau plwm. Dyma hefyd un o ganolfannau maes glo gogledd Cymru. Ond yn ogystal â bod yn fro'r diwydiannau trymion, yn frith o weithfeydd haearn a brics, roedd tecstilau'n cael eu cynhyrchu yma ar raddfa eang.

Elfed Evans

Roedd y dŵr a lifai i lawr y dyffryn yn allweddol i'r holl weithgarwch amrywiol hwn. Roedd yn rhaid wrth ddŵr i yrru'r melinau ac ati. Hyd at y flwyddyn 1781 yr unig ffordd oedd gan ddiwydianwyr o gael peiriant i droi oedd gyda dŵr. Ac roedd digonedd o ddŵr yn y dyffryn yma.

Roedd ugain tunnell o ddŵr y funud yn byrlymu o ffynnon Gwenffrewi'n unig, digon ynddi ei hun i weithio'r holl felinau a pheiriannau ar hyd y dyffryn.

Nid am ryw fân weithdai yr ydym yn sôn. Diwydiannwyd Treffynnon o gyfnod cynnar iawn ar raddfa sylweddol tu hwnt.

Elfed Evans

Yn 1790 fe godwyd melin gotwm anferth yma a hynny mewn dim ond deg wythnos – adeilad gwych, chwe llawr. I roi syniad i chi o faintioli'r fenter, roedd tri chant o brentisiaid yn unig yn cael eu cyflogi yno.

Bellach, fodd bynnag, mae tref fel Merthyr wedi hen ddisodli Treffynnon yn yr oriel ddiwydiannol Gymreig. Ond tref a ddiwydiannwyd yn lled ddiweddar yw Merthyr, mewn gwirionedd. Cyn dyfodiad y pyllau a'r ffwrneisi i gymoedd de Cymru, ardaloedd fel Ceredigion â'i channoedd o weithfeydd mwyn oedd prif ganolfannau diwydiannol Cymru. A phan gynyddodd pwysigrwydd haearn a glo, gogledd-ddwyrain Cymru a elwodd arnyn nhw gyntaf.

Gareth Vaughan Williams

Mae ardal Wrecsam yn hynod bwysig yn hanes datblygiad diwydiannol Cymru. Nid yn unig roedd yr ardal ar y maes glo – ac roedd hynny'n hanfodol – ond yma hefyd roedd cyflenwadau helaeth o haearn a phlwm a charreg galch i'w cael, i gyd efo'i gilydd.

Efo'r holl adnoddau hyn, mae'n amlwg pam y daeth y Bers i fod yn un o brif safleoedd y diwydiant haearn ym Mhrydain gyfan.

Y datblygiad pwysig cyntaf oedd dyfodiad Charles Lloyd, Dolobran, ym Meifod, sir Drefaldwyn, i'r ardal. Dyma'r teulu hynod a fyddai'n gosod seiliau Banc Lloyds, un o fanciau mawr y byd. Adeiladodd Charles Lloyd ffwrnes yn y Bers yn 1717. Crynwyr oedd y teulu a thrwy hynny roedd gan Charles gysylltiadau â'r arloeswr diwydiannol Abraham Derby o Coalbrookdale yn Swydd Amwythig, dros y ffin o Faldwyn. Roedd Derby wedi datblygu dull o ddefnyddio glo i gynhyrchu haearn.

Yn draddodiadol roedd haearn yn cael ei ddoddi drwy ddefnyddio siarcol. Roedd glo yn cynnwys sylffwr, a oedd yn llygru'r haearn, a'i wneud yn frau. Dyfeisiodd Abraham Derby system a oedd yn defnyddio megin i chwistrellu ocsigen i ganol ffwrnais a oedd yn llosgi golosg, ffurf ar lo. Canlyniad hyn oedd fod y metel tawdd yn ymrannu'n ddau, gyda'r haearn pur yn suddo i'r gwaelod, a'r amhuredd – y slag – yn codi i'r wyneb.

Gareth Vaughan Williams

Roedd y newid o ddefnyddio glo yn lle siarcol er mwyn cynhyrchu haearn yn hynod bwysig. Y Bers, felly, oedd un o'r ddau waith haearn mwyaf blaenllaw ac arloesol yn y byd i gyd. Yno roedd yr ail ffwrnes yn unig i gynhyrchu haearn drwy'r dull newydd hwnnw.

Roedd dull Abraham Derby yn un llawer mwy effeithlon – a rhatach, felly – o gynhyrchu haearn. Yn sgil y datblygiad hwnnw, daeth haearn yn un o ddefnyddiau adeiladu mwyaf cyffredin y ddeunawfed ganrif, mor gyffredin yn wir fel yr aeth ŵyr Abraham Derby ati i adeiladu pont gyfan wedi ei gwneud o haearn, y gyntaf yn y byd, yn 1779, dros y ffin yn Swydd Amwythig.

Drwy ffurfio cysylltiadau clòs gyda rhai o ddiwydianwyr mawr Swydd Amwythig, roedd gweithfeydd haearn y Bers, ger Wrecsam, wedi ennill y blaen ar sawl ardal arall. A pharhau, a chryfhau, wnaeth y cysylltiad rhwng Coalbrookdale a'r Bers, wrth i un arall o arloeswyr mawr y diwydiant haearn, Isaac Wilkinson, ddod i weithio i'r ardal.

Gareth Vaughan Williams

Roedd hi'n amlwg ei fod o'n ddyn blaengar iawn yn y maes. Mi oedd o'n chwilio am safle gweithredol lle roedd yna ddynion efo'r sgiliau angenrheidiol i gynhyrchu haearn ar raddfa fasnachol sylweddol. Fe symudodd o i'r Bers hefyd am fod yr holl adnoddau naturiol ar gyfer Wilkinson i'w cael yno. Roedd afon yno, ac roedd hynny'n dal yn bwysig gan mai ar rym dŵr roedd diwydiant yn dal i ddibynnu i yrru peiriannau. Hefyd ar fynydd Minera, cwta filltir o'r Bers, mi oedd mwy na digon o garreg galch. Roedd siarcol i'w gael yma. A glo.

Ond yr adnodd pwysicaf o ddigon oedd y mwyn haearn. Ac roedd hwnnw hefyd i'w gael yn Llwyn Einion, filltir a hanner yn unig i ffwrdd. Felly, roedd yr adnoddau i gyd i'w cael ar un safle yn y Bers.

Bu Isaac Wilkinson yn gyfrifol am ddatblygu gwaith haearn

y Bers, ond ei fab, John Wilkinson, fyddai'n gyfrifol am lywio'r cwmni drwy'r cyfnod mwyaf llwyddiannus yn ei hanes.

Gareth Vaughan Williams

Bu'r tad a'r mab yn cydweithio tan 1761 pan ddigwyddodd cweryl teuluol. Symudodd Isaac Wilkinson o'r ardal ac fe sefydlwyd cwmni newydd gan John a'i frawd William: The New Bersham Iron Company.

Yn wreiddiol, cynhyrchu peiriannau a chyfarpar haearn ar gyfer y diwydiant bragu a'r diwydiant siwgr roedd y cwmni'n ei wneud, ond yn 1774 fe ddatblygodd John Wilkinson declyn arbennig o bwysig. Teclyn oedd hwnnw a oedd yn gallu cynhyrchu baril canon mewn un darn. Cyn hynny roedd y baril yn gorfod cael ei gastio mewn dau ddarn ar wahân, a'r darnau hynny wedyn yn cael eu rhoi yn sownd yn ei gilydd i ffurfio baril. Drwy ddysgu sut i wneud twll mewn darn solet o haearn ar gyfer y pelenni a daniwyd o'r canon roedd tyllwr Wilkinson yn hwyluso a chyflymu'r broses o gynhyrchu arf mwyaf effeithiol yr oes.

Dyfeisiodd John Wilkinson ei ganon mewn cyfnod pan oedd mwy o alw nag erioed o'r blaen am arfau rhyfel. Chwarter olaf y ddeunawfed ganrif oedd un o'r cyfnodau mwyaf rhyfelgar yn hanes modern Prydain. Roedd byddinoedd i'w trechu yn America, Ewrop ac Iwerddon, a thiriogaethau newydd i'w meddiannu a'u rheoli yn India ac Affrica. Y llynges, â'i gynnau pwerus, oedd asgwrn cefn grym militaraidd Prydain, a'r meistri haearn oedd yn gyfrifol am sicrhau bod cyflenwad dibynadwy o'r gynnau hynny ar gael. Byddai oes aur yr ymerodraeth Brydeinig yn gyfnod proffidiol i ddynion fel John Wilkinson. Ond heddiw caiff

Wilkinson ei gofio am rywbeth arall – nid y rasal siafio, gyda llaw! Wilkinson arall oedd hwnnw.

'Segurdod yw clod y cledd / A rhwd yw ei anrhydedd' meddai William Ambrose. Ond aeth Wilkinson un cam ymhellach. Yn hytrach na gadael i'w arfau orwedd yn segur, fe'u trodd at waith heddychlon. Bu ei beiriant tyllu canon yn allweddol yn y broses o ddatblygu un o ddyfeisiadau mwyaf dylanwadol y cyfnod.

Gareth Vaughan Williams

Carreg filltir gyda'r bwysicaf yn hanes y Chwyldro Diwydiannol oedd dyfeisio peiriannau stêm. Unwaith roedd peiriannau stêm yn bod gellid lleoli diwydiant lle nad oedd afon. Yr injans cynnar pwysicaf oedd y rhai a ddatblygwyd gan Boulton a Watt ger Birmingham.

Roedd y silindrau ar gyfer yr injans hynny yn cael eu cynhyrchu gan John Wilkinson yn y Bers.

Cyn dyfeisio injan Boulton a Watt, roedd y rhan fwyaf o weithfeydd yn defnyddio injan Newcomen, a oedd yn cynnwys dwy ran. Ar un pen i'r trawst – ochr y pwmp – roedd pwysau trwm, a oedd yn tynnu'r pen hwnnw i lawr yn naturiol. O dan yr ochr arall, a oedd yn llawer ysgafnach, roedd siambr wag. Câi'r siambr honno ei llenwi â stêm, ac yna fe fyddai dŵr oer yn cael ei chwistrellu iddi. Golygai hynny fod y stêm yn oeri ac yn troi'n ddŵr unwaith eto, proses a oedd yn creu gwactod neu faciwm, gan dynnu ochr ysgafn y pwmp i lawr. Drwy ddefnyddio grym disgyrchiant ar un ochr, a grym stêm ar yr ochr arall, roedd modd gyrru dau ben y trawst i fyny ac i lawr, er mwyn pwmpio dŵr.

Y broblem gyda'r system honno oedd bod oeri'r stêm o fewn y silindr hefyd yn oeri'r silindr ei hun. Roedd y rhan fwyaf o'r egni o'r stêm, felly, yn cael ei wastraffu wrth ailgynhesu'r silindr ar bob trawiad.

Llwyddodd Watt i ddatrys y broblem mewn dwy ffordd. Ychwanegodd siambr allanol at y silindr. Ynddi câi'r stêm ei oeri, a'i droi'n ddŵr eto. Golygai hynny nad oedd raid oeri a chynhesu'r prif silindr ar bob trawiad. Yn ychwanegol, fe adeiladodd Watt siambr arall o gwmpas y prif silindr a oedd yn rhwystro'r gwres rhag dianc. Canlyniad hynny oedd fod llawer iawn llai o egni'r stêm yn cael ei wastraffu ar gynhesu'r silindr, a llawer iawn mwy yn cael ei ddefnyddio i yrru'r injan ei hun.

Pan ddaeth hi'n amser i Boulton a Watt droi eu cynlluniau'n beiriannau go iawn, fe ddaethon nhw ar ofyn John Wilkinson a'i beiriant drilio canon i gynhyrchu'r silindrau angenrheidiol. Am gyfnod, bu'r Bers yn denu cwsmeriaid o bell. Roedd pawb yn awyddus i brynu'r silindrau newydd. Ond yn y diwedd, fe aeth hi'n ffrae rhwng y ddau frawd, a diddymwyd cwmni haearn enwog John a William Wilkinson.

Parhaodd cysylltiad Wrecsam â'r hen ddiwydiannau trymion hyd at ddiwedd yr ugeinfed ganrif, pan gaewyd y Bers yn 1986, y pwll glo olaf yn ardal Wrecsam. Ond diwedd y ddeunawfed ganrif, cyn cweryl y brodyr Wilkinson, oedd oes aur Wrecsam yn hanes Cymru a'r byd.

Mewn gwirionedd, doedd gan ardal y Bers ddim digon o adnoddau naturiol i gynnal diwydiant yn unol â gofynion y ganrif newydd. Maes glo cymharol fychan oedd yno, wedi'r cyfan. Ac fe fyddai'r diwydiannu enfawr a dyfai drwy gydol y bedwaredd ganrif ar bymtheg yn galw am droi siroedd cyfan yn feysydd diwydiannol.

O grombil gwlad mor fechan â Chymru y daeth y dur a fyddai'n adeiladu rheilffyrdd y byd, a'r glo a fyddai'n gyrru llyngesau'r pwerau mawr morwrol. Ond wrth i'r galw gynyddu, symudodd canolbwynt cynnar y Chwyldro

Diwydiannol o'r gogledd i'r de. Ac un o'r canolfannau cynharaf, a mwyaf nodweddiadol o'r cyfnod newydd, oedd pentref Blaenafon.

Janet Davies

Rhan o Arglwyddiaeth y Fenni oedd Blaenafon. Dim ond ar gyfer saethu grugieir – y *famous grouse*, fel petai – yr oedd yr ardal yn arfer cael ei defnyddio. Yno roedd y rhostir grugieir fwyaf deheuol ym Mhrydain. Ond oherwydd y newidiadau technolegol yn y diwydiant haearn roedd bellach yn bosib cynhyrchu haearn mewn llefydd oedd yn gwbl amddifad o goed a lle nad oedd cyflenwad parod o ddŵr.

Roedd Blaenafon bellach mewn safle daearyddol perffaith. Roedd cymaint o fwyn haearn ar gael yno ar y dechrau fel mai prin roedd angen tyllu i ddod o hyd iddo. Mewn rhai llefydd, y cyfan oedd angen ei wneud oedd crafu'r pridd a llenwi eich trol. A chan fod Blaenafon wedi ei leoli ar ochr ddwyreiniol maes glo'r Cymoedd, roedd cyflenwad rhad a chyfleus o danwydd wrth law.

Codwyd y ffwrnais gyntaf yno yn 1789, blwyddyn Chwyldro Ffrainc. Am chwarter canrif bu'r gwaith yn cynhyrchu haearn yn ddi-baid. Pan ddaeth rhyfeloedd Napoleon i ben yn 1815 wynebodd y diwydiant haearn yn gyffredinol ddirwasgiad, ond dal ati wnaeth Blaenafon. Wedi cyfnod ddigon llwm yn y 1820au, roedd y gwaith ar i fyny eto erbyn y tri degau.

Janet Davies

Pan oedd Blaenafon yn ei anterth roedd e'n lle arbennig o brysur a swnllyd. Y ffwrneisi oedd canolbwynt y cyfan. Roedd haearn tawdd yn rhedeg mas o'r tŷ castio o dan y ffwrnes. Ac roedd tramffyrdd yn arwain i bob cyfeiriad a bechgyn bach yn arwain y ceffylau fyddai'n tynnu'r tramiau.

Ond cyn codi ffwrneisi roedd y glo neu'r golosg yn cael ei losgi yn yr awyr agored ac roedd tanau mawr i'w gweld am filltiroedd. Oedd e'n lle llawn sŵn a bwrlwm, gyda thlodi a chyfoeth am yn ail.

Erbyn hyn, mae pwysigrwydd Blaenafon wedi'i gydnabod yn rhyngwladol. Ddechrau'r unfed ganrif ar hugain fe'i dynodwyd yn 'Safle Treftadaeth Byd', anrhydedd y mae'n ei rhannu â Mur Mawr Tsieina, Pyramidiau'r Aifft a Chastell Caernarfon.

Gyda machlud gweithfeydd haearn y gogledd-ddwyrain, yng nghymoedd y de roedd diwydiant haearn Cymru'n ffynnu. Yr holl ffordd o Flaenafon yn y dwyrain i Gastell-nedd yn y gorllewin, fe godwyd ffowndrïau ac fe agorwyd pyllau glo wrth y dwsinau. Heidiodd pobol i'r ardal yn eu miloedd. Gyda chymaint o deuluoedd wedi eu gwasgu i ardal mor fechan, roedd y galw am gartrefi yn enfawr. Cyn pen dim, codwyd rhesi ar resi o dai blith draphlith drwy'r Cymoedd. Cafodd yr hen blwyfi bach gwledig eu llyncu gan gyfresi o bentrefi a threfi newydd.

Pobol y wlad oedd trigolion y cymunedau newydd a doedd hi ddim wastad yn hawdd iddyn nhw ymdopi â'r newyddfyd poblog, prysur.

Owen G. Roberts

Wrth symud i'r trefi newydd hyn roedd pobol yn dod â'u harferion cefn gwlad efo nhw. Eu harferion glanweithdra, er enghraifft, sef taflu eu carthion i'r stryd neu'r ardd gefn. Mae arferion felly'n hollol anaddas mewn tref lle mae pawb yn byw ar ben ei gilydd.

Yn y trefi newydd a adeiladwyd ar frys gwyllt roedd

yna ddiffyg carthffosiaeth a diffyg dŵr glân. Tai gwael oedden nhw. Rhwng popeth, dyma amgylchedd gwych ar gyfer teiffoid a cholera.

Ym Merthyr Tudful, ynghanol y bedwaredd ganrif ar bymtheg, roedd y sefyllfa mor ddifrifol nes bod bechgyn o blith y werin ddiwydiannol, ar gyfartaledd, yn marw'n ddeunaw oed.

Owen G. Roberts
Mi oedd rhai pobol yn galw'r trefi diwydiannol newydd yn drefi'r terfynau, yn yr un ystyr yn union ag y defnyddid y term 'frontier towns' i ddisgrifio trefi'r Wild West. Yn y trefi newydd Cymreig hyn roedd gyda chi boblogaeth a oedd newydd symud i lefydd oedd wedi tyfu dros nos ac a oedd yn ddibynnol ar un diwydiant. Dan amgylchiadau o'r fath mae tensiynau cymdeithasol yn gallu troi'n derfysgoedd, fel yr un enwog ym Merthyr yn 1831. Hwnnw a arweiniodd at grogi Dic Penderyn, merthyr cyntaf y werin ddiwydiannol Gymreig a Chymraeg. Adroddwyd mai ei eiriau olaf oedd 'O Arglwydd, dyma gamwedd.'

Er mai yng nghrochan berwedig y de-ddwyrain y gwelwyd y prysurdeb pennaf, roedd galw am fwy na dim ond glo a haearn. Gyda thwf enfawr y diwydiant llechi, fe ddenwyd nifer sylweddol hefyd i ardaloedd chwarelyddol Gwynedd.

Dafydd Roberts
Fe ddatblygodd broydd y chwareli o ddim. Ddiwedd y ddeunawfed ganrif, ardaloedd cefn gwlad, amaethyddol, gwledig, distaw oedden nhw. Yna'n gyflym tu hwnt fe dyfodd Bethesda, Blaenau Ffestiniog, Dyffryn Nantlle a Llanberis. Yr enghraifft fwyaf syfrdanol ydi hanes twf

plwyf Ffestiniog. Yn 1801 mi oedd yna 730 yn byw yno. Erbyn 1881 roedd dros 11,000 yn byw yn yr un plwyf.

Ac fel yn nhrefi mawr y de, roedd y twf syfrdanol yn y boblogaeth yn arwain at broblemau iechyd cyhoeddus.

Edward Davies

Ym Mlaenau Ffestiniog rhwng tri degau a saith degau'r bedwaredd ganrif ar bymtheg roedd y dwymyn teiffoid yn ymwelydd cyson. Roedd o mor ddrwg fel yr anfonodd y llywodraeth feddyg i asesu'r sefyllfa ynghanol epidemig o achosion, rhwng 700 ac 800 o bobol.

Afiechydon yr ysgyfaint oedd yn achosi'r trafferthion mwyaf i'r chwarelwyr. Ac mae'n hawdd deall hynny oherwydd roedd Dinorwig a Blaenau Ffestiniog a'r Penrhyn yn ymyl mynyddoedd uchel. Roedd y glawogydd yn drwm drwy'r flwyddyn a llawer o'r tai o ansawdd gwael fel bod tamprwydd yn elfen bwysig. Roedd niwmonia'n gyffredin. Un eglurhad a gafwyd am hynny oedd bod y chwarelwyr yn eu cannoedd yn sefyllian yn yr oerni mewn angladdau niferus.

Ar yr wyneb, doedd fawr o wahaniaeth rhwng trefi glofaol y de a phentrefi mawr chwarelyddol y gogledd. Yn sicr, roedd heintiau, afiechyd ac angau yn bwrw eu cysgod dros y ddau le. Ond roedd un gwahaniaeth hanfodol rhwng Bethesda a Blaenafon.

Dafydd Roberts

Mae'r dystiolaeth yn dangos bod y bobol a symudodd i'r broydd chwarelyddol wedi dod o froydd amaethyddol cyfagos fel Penrhyn Llŷn, sir Fôn, rhannau o sir Ddinbych ac o ogledd Ceredigion hefyd. Felly symudiad gweddol leol oedd hwn. Beth oedd hynny'n ei olygu oedd fod y mwyafrif llethol a ddaeth i fyw i ardaloedd y chwareli yn Gymry Cymraeg.

Yn hynny o beth roedd profiad yr ardaloedd chwarelyddol yn bur wahanol i brofiad Cymoedd glofaol y de. Yno fe sugnwyd y boblogaeth sbâr o'r ardaloedd amaethyddol cyfagos, o sir Gaerfyrddin, sir Aberteifi a sir Frycheiniog. Ond doedd hynny ddim yn ddigon. Felly fe ddenwyd rhai yno o siroedd Seisnig gerllaw, megis Henffordd a Gwlad yr Haf ac yn y blaen. Canlyniad hynny oedd y medrech chi weld ton o Saesneg yn lledu ar draws Cymoedd y De o'r dwyrain.

Ac wrth i'r galw am weithwyr gynyddu, fe ddenwyd niferoedd sylweddol o bobol i gymoedd y de o'r tu hwnt i Loegr. Yn eu plith, o ganol y 1840au ymlaen, roedd llaweroedd o Wyddelod a fyddai'n cael eu disgrifio heddiw fel ffoaduriaid economaidd. Ond dyw jargon o'r fath ddim yn dechrau gwneud cyfiawnder â'r amgylchiadau erchyll a orfododd y rhain i ffoi o'u gwlad. Dyma drueiniaid y Newyn Mawr. Roedd hwnnw ar ei fwyaf melltigedig yn 1847.

Paul O'Leary

Roedd agosrwydd Cymru at Iwerddon yn golygu bod y ddwy wlad yn ymwneud â'i gilydd ers canrifoedd. Nid fel rhywbeth oedd yn eu gwahanu y dylid meddwl am y môr ond fel rhyw fath o briffordd. Tan yn gymharol ddiweddar roedd hi'n llawer haws teithio ar y môr nag ar y tir.

Gyda'r Chwyldro Diwydiannol fe ddaeth miloedd o Wyddelod i Brydain, ac i Gymru, wrth gwrs. Ac fe gafwyd gwrthdaro rhwng y brodorion a'r newydd-ddyfodiaid.

Gwelwyd maint yr atgasedd tuag at y Gwyddelod

yn y ffaith fod ugain o derfysgoedd wedi digwydd yng Nghymru, o Gaerdydd i Gaergybi. Ond fe welwyd y crynhoad mwyaf ohonyn nhw yn sir Fynwy, yn arbennig am gyfnod sylweddol rhwng y 1820au a'r 1880au. Yn gyffredinol, ffordd o gadw'r Gwyddelod allan o'r gweithfeydd oedd hon a'u halltudio o'r gymuned.

Doedd dim cyfiawnhad rhesymegol dros ymddygiad o'r fath gan fod canol y bedwaredd ganrif ar bymtheg yn gyfnod ffyniannus i Gymru, a'r diwydiannau newydd yn cynnig gwaith i filoedd ar filoedd o ddynion. Sefyllfa wahanol iawn, fel y soniwyd yn barod, oedd i'w chael yn Iwerddon. Roedd y mwyafrif llethol o'r Gwyddelod yn dibynnu ar amaethyddiaeth i'w cynnal, ond nid ar amaethyddiaeth yn ystyr ehanga'r gair. Prin fod y rhan fwyaf ohonyn nhw'n bwyta unrhyw beth ond tatws. Dyna'r gwir. A phan fethodd y cynhaeaf tatws am dair blynedd yn olynol, yn 1845, 1846 ac 1847, dioddefodd y wlad y math o newyn torfol yr ydym yn ei gysylltu heddiw â chyfandir Affrica yn hytrach nag Ewrop. Glaniodd nifer sylweddol o'r rhai a arbedwyd rhag angau ym mhorthladdoedd Cymru.

Paul O'Leary

Fe'u disgrifiwyd nhw gan un meddyg yng Nghaerdydd yn cyrraedd y dre â phla ar eu cefnau a newyn yn eu boliau. Roedd eu cyflwr nhw'n druenus. Ond yn lle tosturio wrthyn nhw fe aed i gredu bod y Gwyddelod yn perthyn i haen is nag unrhyw grŵp arall yn y gymdeithas.

Heddiw, rydan ni'r Cymry yn ystyried y Gwyddelod a ninnau'n gefndryd Celtaidd. Mae'r *craic* – y cyfeillachu hwyliog – ar ei gynhesaf adeg y gemau rygbi rhyngwladol, yn Nulyn a Chaerdydd bob yn ail flwyddyn. Ond yn y 1840au, doedd dim croeso i'r ymwelwyr o'r Ynys Werdd yng

Nghymru. Dim o gwbl. Gwelwyd hynny'n amlwg yn adroddiadau ffiaidd papurau newydd y cyfnod.

Paul O'Leary

Roedd gwasg y bedwaredd ganrif ar bymtheg, fel y *tabloids* heddiw, yn barod iawn i fachu mewn stori a fyddai'n ennyn dicter. Pe bai Gwyddel yn ymddangos o flaen ei well am ryw drosedd byddai holl Wyddelod y dref yn cael eu dwyn i gyfrif gan y wasg. Fe fyddai'r Gwyddelod yn troseddu o bryd i'w gilydd, wrth gwrs – fel y gwnâi aelodau o bob cenedl arall, gan gynnwys y Cymry – ond ymhyfrydai'r wasg mewn rhoi'r lle blaenaf i straeon am Wyddelod a dramgwyddai.

Yn 1847, fodd bynnag, tro'r Cymry oedd hi i gael eu gwaradwyddo. Cyhoeddwyd arolwg gan y llywodraeth yn Llundain i safonau addysg yng Nghymru, adroddiad a oedd yn hynod feirniadol o 'anfoesoldeb' a 'diffyg dysg' y Cymry. Mae hi'n ffaith anwadadwy fod gwerin bobl Cymry ar y pryd gyda'r werin fwyaf llythrennog yn y byd. Ond eglwyswyr o Saeson heb air o Gymraeg oedd y tri Chomisiynydd a anfonwyd yma i fwrw eu llinyn mesur anwybodus dros fuchedd cenedl o gapelwyr uniaith Gymraeg, yn bennaf. Yn analluog i farnu drostyn nhw eu hunain, dibynnai'r Comisiynwyr ar dystiolaeth ragfarnllyd offeiriaid yr Eglwys Wladol.

Cafodd y Cymry eu brifo i'r byw gan adroddiad y Comisiynwyr, adroddiad a ddaeth i gael ei adnabod fel 'Brad y Llyfrau Gleision'. Fe ellid dadlau bod rhai ohonom hyd heddiw yn ceisio dad-wneud effeithiau'r 'Brad' drwy deimlo'r angen i brofi o hyd nad anwariaid anwybodus mohonom eithr yn hytrach y mwyaf ufudd o Brydeinwyr.

Paul O'Leary

Un o sgil-effeithiau Brad y Llyfrau Gleision oedd peri i'r Cymry fynd ati i greu delwedd o'u gwlad fel un foesol a didrosedd. Dechreuodd sylwebyddion Cymreig gyfeirio at grwpiau megis y Gwyddelod fel y bobol a oedd yn gyfrifol am bopeth drwg a ddigwyddai yng Nghymru. A'r hyn sy'n digwydd, mewn gwirionedd, yw fod y Cymry'n dechrau cyfeirio at y Gwyddelod yn yr un ffordd yn union ag y cyfeiriodd y Llyfrau Gleision at y Cymry! Mae fel pe bai'r Cymry wedi symud y baich oddi ar eu sgwyddau eu hunain a'i osod ar y Gwyddelod.

Roedd rhai o ymosodiadau'r Cymry yn arbennig o ffiaidd. Cyhoeddwyd erthygl gan y Parchedig Evan Jones, neu Ieuan Gwynedd, yn 1852, o dan y teitl 'Drwg a Da Cenedl y Cymry':

> Mae merched yr Iwerddon yn bur ddiwair, ond yn ddiog ofnadwy. Mae y dynion yn ddiarhebol o garedig, ond mor ffals â'r cythraul. Saethu dyn? Bendith arnoch, beth yw saethu dyn gan Wyddel? Saethai ei gymydog gorau saith-gwaith drosodd, os y gorchmynnid iddo gan ryw lofrudd-glwb dirgelaidd. A chwarddai wedi deall iddo gamgymryd ei ysglyfaeth yn y diwedd.

Ond nid cynnen rhwng cenhedloedd a charfanau gwahanol oedd yn achosi'r gofid pennaf i'r awdurdodau. Roedd twf y trefi diwydiannol yn her i'w hawdurdod. O fewn dim roedd y trefi hyn wedi magu eu cymeriad a'u diwylliant, neu'n hytrach eu diwylliannau arbennig eu hunain. Safent ar wahân mewn sawl ffordd. A doedd y Gymru barchus, na'r sefydliad Prydeinig, ddim yn gwybod sut i ddygymod â'r elfen newydd hon.

Owen G. Roberts
Yng nghyfnod cynnar Oes Fictoria roedd gan bobol ofn y trefi newydd hyn. A hawdd deall pam. Roedd yna slymiau megis China, fel y'i gelwid ym Merthyr, oedd yn ddiarhebol am dorcyfraith, am buteindra, ac am ddrwgweithredu o bob math.

Y dosbarth canol oedd fwyaf amheus o fuchedd gwerin bobol y trefi diwydiannol. Er eu bod nhw'n elwa ar chwys a llafur y gweithwyr, prin y byddai'r bobol barchus yn mynd ar gyfyl y slymiau. Dibynnent yn hytrach ar dystiolaeth newyddiadurwyr ac arlunwyr.

Peter Lord
Yn y 1870au dechreuwyd cyhoeddi lluniau o'r werin ddiwydiannol yng Nghymru mewn cyhoeddiadau fel yr *Illustrated London News*. Dyma'r math o ffotograff oedd yn cael ei dynnu ledled y byd ar y pryd gan anthropolegwyr. Roedd pobol yn mynd mas i Borneo i edrych ar bobol gynhenid ac yn meddwl amdanyn nhw fel *specimens* o fyd arall. Daeth aelodau o'r dosbarth canol yn Lloegr i lefydd fel Dowlais a Chyfarthfa i wneud yr un peth efo'r Cymry. Ac mae cysylltiad yn cael ei wneud yn yr isymwybod rhwng y bobol hyn a oedd yn gweithio dan ddaear ag uffern.

Wrth greu'r syniad yma o Anwariaid Diwydiannol y Cymoedd, roedd y dosbarth canol yn tanlinellu glendid a pharchusrwydd honedig eu buchedd eu hunain. Ond nid nhw oedd yr unig rai a ganiataodd i'w rhagfarnau liwio'r modd yr oedden nhw'n darlunio'r cymunedau diwydiannol. Wrth i rai orbwysleisio natur fwystfilaidd trefi'r de, mae eraill wedi ceisio troi'r broydd chwarelyddol yn nefoedd wynfydedig ar y ddaear.

Dafydd Roberts

Mae darlun wedi cael ei dderbyn yn bur gyffredinol o'r ardaloedd chwarelyddol fel llefydd parchus lle byddai pobol yn mynd i'r capel deirgwaith y Sul. Ac yn sicr mi oedd addoliad yn bwysig tu hwnt. Ond mi oedd yna ddimensiwn arall hefyd. Ar adegau fe fyddai cyflogau sylweddol yn cael eu hennill yn y chwarel, a ffyrdd amgen o wario'r pres hwnnw – yn y tafarnau ac mewn gornestau paffio. Ac mi oedd yna atyniadau llai parchus byth yn y trefi mwyaf. Mae tystiolaeth o fetio eithaf sylweddol erbyn dechrau'r ugeinfed ganrif. Ac mae tystiolaeth hefyd o buteindra lled swyddogol yn rhai o'r ardaloedd mwyaf.

I drigolion y bedwaredd ganrif ar bymtheg roedd y profiad o drefoli yn un ysgytiol. I rieni nifer fawr o drigolion y trefi a'r pentrefi mawr, roedd y syniad o deithio ymhellach na ffiniau eu plwyfi genedigol yn beth dieithr iawn, heb sôn am godi pac a dechrau bywyd newydd ymhell o gartref. Gyda'r rhan fwyaf o'r diwydiannau trymion wedi dadfeilio bellach, y trefi yw'r symbol byw olaf o newidiadau chwyldroadol y ganrif gyffrous honno. Tyfu o amgylch y gweithiau wnaethon nhw. Heb y gweithiau, diflannodd y rheswm gwreiddiol dros eu bodolaeth. Ond wrth i natur adennill hen faes glo'r de, cuddiwyd y creithiau. Mae'r Cymoedd heddiw'n syfrdanol o hardd. Gresyn mai harddwch segurdod ydyw.

Mewn cyfnod a oedd yn bopeth ond segur, roedd y bedwaredd ganrif ar bymtheg yn nodedig hefyd am y datblygiadau a fu ym myd trafnidiaeth. Erbyn canol y ganrif, byddai gan Gymru rwydwaith o reilffyrdd a chamlesi a fyddai'n dod â ni'n agosach at ein gilydd fel cenedl.

Ond llawn cyn bwysiced â'r cysylltiadau mewnol oedd y cysylltiadau â gweddill y byd. Yn ddaearyddol, mi ydan ni'n rhan o Ynys Prydain, â'r môr i'r gogledd, y gorllewin, a'r de o'n gwlad. Ac yn wleidyddol, roedd Cymru'r bedwaredd ganrif ar bymtheg yn rhan o ymerodraeth faith, a oedd wedi ei chysylltu gan y môr, a'i gwarchod gan lynges fwyaf pwerus y byd. Does ryfedd, felly, fod ein porthladdoedd wedi chwarae rhan mor bwysig yn natblygiad economaidd Cymru. Abertawe oedd ein porthladd mawr cyntaf.

David Jenkins
Mi oedd Abertawe'n borthladd o bwys yng Nghymru ymhell cyn Caerdydd a Chasnewydd a'r Barri a'r porthladdoedd eraill. Y rheswm syml am hynny oedd fod y pyllau glo yn Abertawe yn agos at y môr. Roedd hi'n bosib mynd â llongau ar hyd glannau afon Tawe i fyny at y pyllau a llwytho'r glo yn syth.

Erbyn dechrau'r bedwaredd ganrif ar bymtheg mi oedd diwydiant hynod bwysig wedi ei sefydlu yng ngwaelod Cwm Tawe. Fe ddaeth y diwydiant copr â chryn fwrlwm diwydiannol i'r cwm. Ond daeth hefyd â'r budreddi rhyfeddaf, a gwelid cymylau o fwg asid sylffwrig dros bob man. Lle ofnadwy ydoedd ar lawer ystyr. Ac eto, lle byrlymus. Rhoddodd i Abertawe'r enw Copperopolis.

Gwasanaethu'r diwydiant mwyndoddi oedd prif swyddogaeth Abertawe. Yn ail hanner y ddeunawfed ganrif, roedd yno borthladd prysur, yn trin mwynau o bob rhan o Brydain. Ond erbyn dechrau'r bedwaredd ganrif ar bymtheg, roedd y diwydiant haearn yn tyfu ar raddfa aruthrol, a Merthyr, ymhellach i'r dwyrain, oedd prif ganolfan y diwydiant hwnnw. Er mwyn hwyluso'r gwaith o allforio'r haearn, aethpwyd ati i ddatblygu porthladd mawr newydd – yng Nghaerdydd.

David Jenkins

Dechrau'r datblygiad oedd agor Camlas Morgannwg i lawr o Ferthyr i Gaerdydd yn 1798. Wedyn, yn 1839 agorwyd y doc cyntaf, Doc Gorllewinol Bute yng Nghaerdydd. Ar y dechrau, allforio cynnyrch haearn gweithfeydd Blaenau'r Cymoedd oedd prif weithgarwch dociau Caerdydd, ond gyda'r galw cynyddol ar draws y byd am lo ager de Cymru mae cyfnod euraid dociau Caerdydd yn dechrau, yn enwedig ar ôl 1851. Dyna pryd y dywedodd y Llynges Frenhinol, 'Glo de Cymru a dim ond glo de Cymru fydd yn cael ei ddefnyddio i yrru ein llongau ager ni.'

Gyda'r cynnydd aruthrol yng ngwaith y porthladd, denwyd mwy a mwy o weithwyr i'r ardal. Ac yn fuan iawn, fe dyfodd cymuned fywiog o gwmpas y dociau.

David Jenkins

Pan godwyd tai yn Nhre-biwt neu Fae Caerdydd yn y lle cyntaf, syniad Ail Ardalydd Bute oedd y byddai'n faestref sidêt yn ne Caerdydd gyda thai hyfryd, a gerddi yn y canol, yn Mountstuart Square a Loudoun Square. Ond wrth i borthladd Caerdydd ddatblygu fe newidiodd hynny. Symudodd y cyfoethogion o'r dociau gan adael i Dre-biwt droi'n dre'r morwyr. Does dim dwywaith nad oedd hi'n ardal ryfeddol a chosmopolitanaidd. Ar ddechrau'r 1860au fe gyrhaeddodd y gymuned ddu. Wedyn, daeth pobol o'r gwledydd ar draws Ewrop yr oedd Caerdydd yn masnachu â nhw. Yn ystod y Rhyfel Byd Cyntaf fe ddaeth yr Arabiaid yma, gan gyfrannu at y gymysgedd ryfeddol a ffurfiai Dre-biwt yn ei holl ogoniant.

Ac fel yn achos trefi diwydiannol y Cymoedd fe gafodd Tre-biwt yr enw o fod yn lle digon peryg, er nad oedd lawn cyn waethed â'r hyn roedd rhai'n ei dybio.

David Jenkins

Dwi wedi siarad efo rhai pobol oedd yn cofio'r lle ar ddechrau'r ugeinfed ganrif. Y farn gyffredin oedd hyn: os oeddech chi'n chwilio am drwbl, roedd hi'n hawdd dod o hyd iddo. Ond os nad oeddech chi, fe fyddech chi'n cael llonydd. Dwi'n credu bod chwedloniaeth y Tiger Bay peryglus wedi cael ei gorliwio.

Roedd twf dociau Caerdydd, y Barri, a Phenarth, i'w briodoli'n uniongyrchol i'r galw byd-eang am lo de Cymru. Am gyfnod, y rhain oedd y porthladdoedd prysuraf yn y byd i gyd.

Er bod y diwydiant llechi hefyd yn ffynnu yn yr un cyfnod, doedd dim cymhariaeth rhwng porthladdoedd y gogledd a'r De. Nifer o fân borthladdoedd a wasanaethai'r chwareli'n bennaf oedd i'w cael yng Ngwynedd. Gwelodd y rhain gryn brysurdeb yn ystod y bedwaredd ganrif ar bymtheg, ac yn naturiol doedd y llongau llechi a hwyliai'r byd o sir Gaernarfon ddim yn dychwelyd adre'n wag. Cludent yn ôl i Wynedd gargo o nwyddau rhyfeddol nas gwelwyd erioed o'r blaen 'ar lannau Menai dlawd' – nid bod y Fenai honno mor dlawd â hynny, mewn gwirionedd.

Tyfodd rhai o borthladdoedd Gwynedd i fod yn ganolfannau masnachol prysur. Fe ddaeth y galw am lechi â gwaith i'r ardal ac arian i bocedi'r chwarelwyr, heb sôn am berchnogion y llongau a'r chwareli. Mewn tref fel Caernarfon, roedd sawl cyfle i wario'r cyfoeth newydd hwn.

Gwaith haearn Ynys-fach, Merthyr, ar lan Camlas Morgannwg.
Llun gan Penry Williams, 1819

Traphont reilffordd Cefn Coed y Cymer

R. Maldwyn Thomas

Gant a hanner o flynyddoedd yn ôl roedd Caernarfon yn adlewyrchu llwyddiant mawr canol Oes Fictoria. Roedd poblogaeth y dre yn boblogaeth sefydlog Gymraeg, y rhan fwyaf wedi cael eu geni a'u magu yn y sir. O gwmpas Caernarfon roedd cadwyn neu fwclis o bentrefi chwarelyddol a oedd yn dibynnu ar Gaernarfon, a hithau yn ei thro yn dibynnu ar y pentrefi.

Roedd Stryd y Bont Bridd yn *boulevard elegant*. Hon oedd prif stryd Caernarfon a phrif stryd Gwynedd. Dyma lle byddai merched – ladies – yn eu crinolîns yn dod yn eu *landaus* i brynu nwyddau nad oedd i'w cael yn straeon Kate Roberts.

Brenhines siopau Caernarfon oedd Siop y Nelson, wedi ei sefydlu'n arwyddocaol yn 1837, blwyddyn coroni'r Fictoria ifanc. Enwyd y siop ar ôl y llyngesydd godinebus a modelwyd hi ar siopau Harrods a Dickins and Jones yn Llundain. Cyflenwai'r Nelson Wynedd ag *exotica*. Ac roedd gan ysweiniaid a phobol deupen Menai, o Gaernarfon i lawr am Fiwmares, y chwaeth a'r modd i'w prynu.

Yng Nghaernarfon hefyd fe gaech brynu sigârs Havana drudfawr yn The House of Nevin. Ar y Maes hyd heddiw mae tafarn Morgan Lloyd. Roedd ganddo fo ei warws ei hun ar y cei i dderbyn brandi o Ffrainc a Llydaw. Roedd gan Morgan Lloyd hefyd ei selerydd preifat ei hun efo twneli cudd lle byddai cychod bach yn dod i mewn ar ddiwedd y ddeunawfed ganrif efo cargo *contraband* dan drwynau dynion y tollau.

Yn ddi-ddadl, Caernarfon oedd y mwyaf lliwgar o'r porthladdoedd llechi ond roedd eraill, yn enwedig Porthmadog, yn allforio cynnyrch y chwareli dros y byd. Mae'n syndod, mewn gwirionedd, fod porthladd i'w gael ym

Mhorthmadog o gwbl. I raddau helaeth, yn ddamweiniol y cafodd y porthladd ei ffurfio wrth i dirfeddiannwr, William Madocks, fynd ati i adennill tiroedd a oedd wedi cael eu llyncu gan y môr.

David Gwyn

Nid creu porthladd oedd prif nod Madocks. Roedd Syr John Wynn o Wydir wedi ceisio perswadio pobol i greu argae ar draws ceg y Traeth Mawr yn y bymthegfed ganrif, ond Madocks oedd y cyntaf i lwyddo i gasglu llu ynghyd i ddechrau gweithio ar y Cob.

Heidiodd mintai enfawr o ddynion i'r ardal, o bob cwr o Gymru. Buont wrthi am dair blynedd, ac fe osodwyd y garreg olaf yn ei lle yn 1811, gan gwblhau'r wal a fyddai'n dal y môr yn ôl.

David Gwyn

Canlyniad hynny oedd fod y dŵr yn mynd rhwng Ynys y Tywyn a'r tir mawr ym Mhorthmadog gan greu porthladd bychan. Yno y sefydlwyd tref Porthmadog yn ogystal â'r porthladd.

Bu codi'r Cob yn faich ariannol ar Madocks, a bu ond y dim iddo fynd yn fethdalwr. Serch hynny, ffynnu wnaeth y dref, a daeth Porthmadog yn ganolfan allforio llechi o bwys, ac yn gartref i ddiwydiant adeiladu llongau llwyddiannus.

Wrth gwrs, porthladd bychan bach oedd Porthmadog o'i gymharu â Chaerdydd, Abertawe a Chasnewydd, ond roedd yna un porthladd anferth ar garreg drws gogledd Cymru. Bob blwyddyn, hwyliai cannoedd o filoedd o deithwyr, a nwyddau o bob math, drwy borthladd enfawr Lerpwl. Ar ddechrau'r ugeinfed ganrif roedd o leiaf wyth deg o filoedd o Gymry Cymraeg yn byw ac yn gweithio yn

Lerpwl. Chwarelwyr a seiri meini o Wynedd fu'n gyfrifol am godi llawer o adeiladau Fictoraidd ysblennydd Lerpwl, dinas a elwid gan lawer yn brifddinas gogledd Cymru.

Y porthladdoedd oedd y ddolen gyswllt rhwng y Gymru ddiwydiannol a gweddill y byd. Ac erbyn chwarter olaf y bedwaredd ganrif ar bymtheg, roedd Cymru yn chwarae rhan ganolog yn economi'r byd hwnnw. Y cyfoeth a ddarganfuwyd yn naear Cymru, a'r cannoedd o filoedd o ddynion a aeth ati i'w gloddio, ei drin a'i werthu, oedd yn gyfrifol am y cyfnod gwefreiddiol pan fu'n gwlad fechan yn fawr.

Y Chwyldro Diwydiannol: Y Bont, y Band a'r Bêl

Yn gymdeithasol, nodwedd amlycaf y Chwyldro Diwydiannol oedd y modd y symudodd pobol Cymru yn eu miloedd o'r pentrefi a'r broydd gwledig i weithio yn y trefi newydd.

Cyn hynny, yn enwedig yng ngolwg ein cymdogion agosaf dros y ffin yn Lloegr, gwlad gyntefig ac anhygyrch oedd Cymru. Yn wir, mor ddiweddar ag 1862, *Wild Wales* roddodd George Borrow yn deitl ar y dyddiadur a gyhoeddodd o'i daith gerdded drwy Gymru.

Dros ganrif ynghynt, yn 1759, teimlodd y diwydiannwr arloesol John Guest o Broseley yn Swydd Amwythig yr angen i wneud ei ewyllys cyn iddo gychwyn ar gefn ei gaseg o'i gartref i gyffiniau Merthyr Tudful. Roedd Guest wedi derbyn adroddiad fod cyfoeth o fwynau haearn a glo ym mryniau Dowlais. Doedd dim sicrwydd y byddai'n dychwelyd yn fyw o wlad mor wyllt â Chymru – na hyd yn oed yn ei chyrraedd yn y lle cyntaf. Heblaw am ambell lwybr hwnt ac yma, doedd dim un ffordd y gallai ei dilyn ar unrhyw ran o'r daith. Ond roedd y posibilrwydd o wneud ei ffortiwn yn ddigon iddo oresgyn ei ofnau. Ar wahân i'w gaseg, ei unig gydymaith ar yr antur fawr i Gwm Taf oedd Ben, ei was. Arhosodd Mrs Guest a'r plant yn Lloegr.

Ond hyd yn oed os oedd teithio drwy Gymru ar y tir yn felltigedig o anodd, porthladdoedd gorllewinol Cymru oedd y cyswllt hwylusaf rhwng Lloegr ac Iwerddon. Os oedd y Saeson am fanteisio ar y porthladdoedd hynny, roedd yn rhaid iddyn nhw'n gyntaf adeiladu ffyrdd pwrpasol. Mae'r hanes hwnnw yn rhoi darlun byw inni o Gymru gyfnewidiol y bedwaredd ganrif ar bymtheg.

Ddau gan mlynedd yn ôl, roedd Caergybi yn un o borthladdoedd pwysicaf Prydain, a hynny am resymau gwleidyddol. Yn 1801, cafodd Iwerddon ei meddiannu gan yr ymerodraeth Brydeinig. O hynny ymlaen, am ymhell dros ganrif, fe fyddai'r ynys gyfan yn cael ei llywodraethu o Loegr. Byddai'n rhaid i wleidyddion Iwerddon deithio yn ôl ac ymlaen i Lundain er mwyn lleisio'u barn yn senedd y Brenin Siôr III. Er mwyn hwyluso'u taith, fe benderfynwyd adeiladu ffordd newydd, un a fyddai'n cysylltu Llundain a Chaergybi.

Roedd Comisiwn Brenhinol wedi penderfynu y byddai llwybr y ffordd newydd yn mynd drwy fynydd-dir Eryri. Cafodd Thomas Telford, y peiriannydd byd-enwog o'r Alban, y gwaith o droi casgliad o fân lonydd tyrpeg yn un ffordd fodern. Roedd yr awdurdodau yn llygad eu lle yn ymddiried y gwaith i ŵr mor alluog â Telford oherwydd roedd y dasg a oedd yn ei wynebu yn un aruthrol.

Gari Wyn

Mi oedd y siwrnai yn y Goets Fawr o Amwythig i Gaergybi yn cymryd tri deg chwe awr yn 1789. Yn 1830, ar ôl gorffen y ffordd i gyd, roedd hynny wedi dod i lawr i wyth awr. Wrth gwrs, roedd hi'n siwrnai ddrud iawn. Mi oedd teithio ar y tu allan i gerbyd y goets yn costio tair ceiniog a theithio tu mewn i'r cerbyd yn chwe cheiniog.

Torri ffordd drwy'r bryniau ac adeiladu ar ben y corsydd oedd y prif broblemau. Mi oedd yn rhaid i Telford wneud yn siŵr nad oedd graddfa'r ffordd yn codi'n uwch na modfedd i'r llathen neu mi fyddai'n rhy anodd i'r ceffylau dynnu'r goets. Fe gafodd hynny ei wneud efo llafur bôn braich a ffrwydradau cyntefig y cyfnod. Doedd dim Jac Codi Baw na *hydraulics* na dim. Roedd hi'n orchest a hanner.

Pont y Borth dros Afon Menai

Codi pont Britannia

Ond er mor brofiadol oedd Telford bu gofyn iddo fo hyd yn oed wrando ar gyngor tyddynwyr a ffermwyr sir Ddinbych cyn llwyddo yn y diwedd i fynd â'r ffordd newydd dros gors Pantdedwydd.

Gari Wyn

Yn ôl Thomas Telford, y darn mwyaf anodd o'r cyfan oedd y filltir a hanner i'r gorllewin o Gerrigydrudion, lle roedd yn rhaid mynd â'r ffordd drwy fawndir gwlyb. Ond suddai'r ffordd i'r gors. Yn y diwedd, ar ôl sawl cynnig aflwyddiannus, fe wrandawodd ar gyngor adeiladwyr lleol. Yn sylfaen i'r ffordd, gosododd Telford yr hyn roedden nhw'n ei alw'n boethwel – cymysgedd o eithin a grug wedi eu llosgi a'u plethu i'w gilydd. Fe gariwyd cannoedd o dunelli o hwnnw yno a rhoi cerrig gwastad ar ben y poethwel. Yna fe osodwyd haen ar ôl haen o gerrig mân a cherrig bras, bob yn ail, nes llwyddwyd yn y diwedd i drechu'r gors.

Roedd y werin gapelyddol Gymraeg yn ddigon hapus i groesawu Thomas Telford i'w plith, ond gwgu wnaen nhw ar weithwyr Telford – y nafis.

Gari Wyn

Mi oedden nhw'n cael cyflog o tua naw swllt yr wythnos – anferth o gyflog ar y pryd. Mi oedden nhw'n griw 'bras eu hiaith ac anfad eu buchedd' yn ôl yr hanesydd lleol, Asiedydd o Walia [John Davies].

Pobol wyllt iawn oedden nhw ac fe fydden nhw'n cwffio ymysg ei gilydd. Eu gorchest fawr nhw oedd eu cryfder corfforol ac mae hynny'n dal i fod yn nodwedd o'r Gymru wledig.

Efallai fod ambell un o'r nafis ychydig yn rhy hoff o'i gwrw, ond annheg fyddai condemnio'r fyddin gyfan o weithwyr a fu wrthi'n chwys diferol yn adeiladu'r A5. Beth bynnag oedd eu ffaeleddau, roedden nhw'n weithwyr penigamp, yn benderfynol ac yn fedrus.

Gyda chymorth y dynion hyn, fe yrrodd Telford ei briffordd drwy gorsydd Uwchaled a llethrau Nant Ffrancon. Ond wedi gorchfygu Eryri, roedd her anferth arall yn wynebu'r peiriannydd – yr her fwyaf o'r cyfan.

Roedd croesi afon Menai yn drafferthus iawn ac yn beryglus tu hwnt. Mae dyfroedd y Fenai yn gallu bod yn gyflym a thwyllodrus. Yn wir, suddodd nifer o'r llongau fferi a groesai'r afon rhwng Môn a'r Tir Mawr. Mewn un digwyddiad yn 1785 fe gollwyd 54 o fywydau, y cyfan ond un o'r trueiniaid a oedd ar fwrdd y fferi.

Mary Lloyd Hughes
O du Aelodau Seneddol Iwerddon y daeth y galw pennaf am bont oherwydd mai'r tamaid byr ar draws y Fenai oedd y rhan fwyaf peryglus o'r holl ffordd o Iwerddon i Lundain.

Er bod awdurdodau Llundain a Dulyn yn frwd dros godi'r bont, ym Môn ei hun roedd gwrthwynebiad iddi.

Mary Lloyd Hughes
Mi fyddai pobol y llongau fferi yn colli busnes. Ac mi oedd porthmyn Môn yn ofni y bydden nhw hefyd yn colli eu gwaith oherwydd y bont. Ac mi oedd rhai pobol yn erbyn codi pont am resymau esthetig. Roedden nhw o'r farn y byddai pont yn difetha'r olygfa ar draws y Fenai.

Ond mewn oes annemocrataidd, doedd gan y bobol leol

fawr o ddewis ond derbyn cynlluniau'r Llywodraeth. Ac fel Monwysyn sy'n falch o allu gadael yr ynys yn ddiymdrech, ac yn falchach byth o gael dychwelyd iddi yr un mor rhwydd, diolchaf am hynny. Erbyn 10 Awst 1819, roedd y garreg sylfaen gyntaf wedi ei gosod.

Bob Morris

Mi oedd codi'r bont yn galw am dipyn o ddychymyg a dyfeisgarwch. Yn naturiol, fe geisiodd Telford bontio'r Fenai yn y lle culaf gan ddefnyddio ynys fechan yn yr afon o'r enw Ynys y Moch i osod un o'r tyrau. Ond mi oedd y Morlys, neu'r Admiralty, yn awyddus i'r llongau hwyliau talaf allu parhau i hwylio i fyny ac i lawr y Fenai. Fe ddywedwyd wrth Telford fod yn rhaid i long efo hwyliau llawn allu mynd dan y bont. Fedra fo, felly, ddim codi cyfres o fwâu ar draws yr afon fel roedd o wedi bwriadu ei wneud. Byddai'r rheini yn rhy gul ac yn rhy isel. Dyna orfododd Telford i godi pont grog.

Roedd codi'r bont yn un o gampau peirianyddol mwya'r cyfnod, yn enwedig o gofio pa mor amrwd a chyntefig mae'r offer a oedd ar gael ar y pryd yn ymddangos i ni heddiw. Dyw hi'n ddim syndod o fath yn y byd fod angen cannoedd o ddynion i gyflawni'r gamp arbenigol hon – camp a oedd yn galw am ddoniau hollol wahanol i'r hyn oedd ei angen i adeiladu ffordd ar wyneb y tir.

Fedrwn ni ddim bod yn berffaith sicr pwy yn union oedd y dynion hyn a heidiodd i Borthaethwy, ond mae cofnod o farwolaethau'r cyfnod adeiladu yn dweud hanes diddorol. Drwy gydol y saith mlynedd a gymerwyd i godi'r bont, dim ond pedwar dyn a laddwyd wrth weithio arni, nifer bychan o gofio peryglon amlwg y gwaith ac absenoldeb y math o offer diogelwch a fyddai'n ofynnol heddiw. Cawn syniad pur dda o'r modd y denwyd gweithwyr o bell ac agos i Borthaethwy gan y ffaith fod pob un o'r meirwon yn hanu o wahanol rannau o Ynys Prydain: un Cymro, un Albanwr, un Gwyddel, ac un Sais.

Bob Morris

Mi oedd hwn yn gyfnod o brosiectau peirianyddol mawr. Roedd Telford ei hun wedi bod yn arwain tîm o adeiladwyr yn yr Alban ac yn Lloegr. Cododd nifer o bontydd, heb sôn am y pymtheng mlynedd, bron iawn, a gymerodd i ddatblygu ffordd Caergybi. Felly, mi oedd yna gannoedd o weithwyr – rhyw fath o garafán fawr ohonyn nhw – yn dilyn y gwaith o le i le. Yn ogystal â'r fintai deithiol honno mi oedd nifer o gontractwyr bychan lleol yn cael y cyfrifoldeb am gyflawni rhannau o'r gwaith. Ac, wrth gwrs, yn sir Gaernarfon a sir Fôn roedd gweithwyr a oedd wedi hen arfer â gweithio mewn llefydd uchel yn y chwareli. Dyna i chi'r gweithlu arbenigol, delfrydol ar gyfer codi pont o'r fath.

Dewrder a chryfder y dynion hynod hyn oedd yn gyfrifol am wireddu breuddwyd Telford. Roedd cynllun y bont gyda'r mwyaf uchelgeisiol yn holl hanes peirianneg. Wedi codi'r ddau brif dŵr, gosodwyd pedair cadwyn haearn rhyngddyn nhw. Ar ôl angori'r cadwyni hynny'n ddwfn yn y tir o boptu i'r afon, crogwyd ffordd oddi tanyn nhw gan gysylltu Môn a'r Tir Mawr am y tro cyntaf. Yn dilyn saith mlynedd o waith caled, roedd y bont yn barod, o'r diwedd, ar 30 Ionawr 1826.

Erbyn diwrnod yr agoriad swyddogol roedd cynnwrf a chyffro rhyfeddol ar lannau Menai. Roedd cannoedd wedi ymgynnull ym Mhorthaethwy i wylio Thomas Telford, Henry Parnell, yr awdur a'r gwleidydd Gwyddelig, a phwysigion eraill yn gyrru'r coetsys cyntaf dros y bont newydd.

Sylweddolai pawb o'r dechrau fod hon yn bont hynod. A dechreuodd pobol deithio o bell, yn unswydd i weld un o ryfeddodau'r byd diwydiannol. Trefnwyd mordeithiau rheolaidd o Lerpwl, yn llawn o dwristiaid chwilfrydig, pob un yn awchu am gael hwylio o dan gampwaith peirianyddol Thomas Telford.

Heidiodd artistiaid i ddarlunio'r bont, ac yn fuan iawn copïau o'u lluniau oedd y delweddau mwyaf poblogaidd ac adnabyddus o'r Gymru newydd. Canodd y bardd Dewi Wyn un o'r englynion mwyaf cyfarwydd sy'n bod i foli'r bont:

Uchelgaer uwch y weilgi – gyr y byd
   Ei gerbydau drosti;
  Chwithau, holl longau y lli,
  Ewch o dan ei chadwyni.

Ond byrhoedlog fu oes Pont y Borth fel yr unig ddolen gyswllt ag Ynys Môn. Ymhen llai nag ugain mlynedd, byddai pwysigrwydd y Goets Fawr yn pylu, a dull newydd, cyffrous o deithio yn ei disodli'n llwyr.

*   *   *

Yn oes y Goets Fawr roedd pawb a oedd angen teithio'r wlad yn dibynnu ar ffyrdd a phontydd peirianwyr fel Thomas Telford – ac ar egni ceffylau. Ond canrif y newidiadau mawr oedd y bedwaredd ganrif ar bymtheg. Roedd yr hen ddull o deithio'r wlad ar fin cael ei chwyldroi'n llwyr gan ddyfodiad y trên. Ac yn y maes hwnnw, fel mewn cymaint o feysydd eraill, roedd cyfraniad Cymru i'r stori yn un arloesol ac allweddol.

David Gwyn
Yng Nghymru y bu taith gyntaf yr injan stêm gyntaf yn ·
y byd. Fe aeth hi ar hyd y dramffordd o Benydarren i

Abercynon ym Morgannwg. Richard Trevithick, dyn o Gernyw, oedd dyfeisydd yr injan chwyldroadol honno.

Y meistr haearn Samuel Homfray, perchennog gwaith haearn Penydarren ym Merthyr Tudful, oedd wedi talu am adeiladu'r injan. Cafodd ei wawdio gan ei gyfaill Richard Crawshay, meistr haearn gwaith cyfagos Cyfarthfa. Credai hwnnw'n sicr mai methiant fyddai'r ddyfais newydd, ond betiodd Homfray y gallai ei injan newydd dynnu wagenni'n cludo pum tunnell ar hugain o haearn a saith deg o ddynion yr holl ffordd o Benydarren i'w iard yn Abercynon – naw milltir a hanner o siwrnai. Derbyniodd Crawshay yr her gan deimlo'n sicr fod ei arian yn gwbl ddiogel.

Ymgasglodd tyrfa fawr ger y rheilffordd ar 21 Chwefror 1804 ac fe gychwynnodd yr injan ar daith a fyddai'n newid cwrs y byd. Ychydig dros ddwy awr yn ddiweddarach roedd hi wedi cyrraedd pen ei thaith a bu'n rhaid i Crawshay dalu mil o bunnau i'w gyfaill. (Cofier y byddai £1,000 yn 1804 yn cyfateb i tua £33,000 erbyn heddiw!)

Ond fu'r dechnoleg newydd ddim yn llwyddiant masnachol i Homfray, fodd bynnag. Roedd injan Trevithick yn rhy drwm, ac oherwydd hynny roedd hi'n gwneud difrod i'r cledrau. Ar wahân i'r arian sylweddol a enillodd wrth fetio efo Crawshay, wnaeth Homfray ddim ceiniog o elw o'r injan.

Datblygwyd y syniad, fodd bynnag. Rhoddwyd y gorau i ddefnyddio haearn bwrw i wneud y cledrau, a defnyddiwyd haearn gyr yn ei le, deunydd a oedd yn ddigon cryf i ddal y llwythi enfawr a oedd yn gadael y gweithfeydd haearn bob dydd. Ond hyd yn oed wrth i'r dechnoleg wella, roedd problemau o hyd i'w datrys – problemau trefniadol.

David Gwyn
Roedd rheilffyrdd cynnar Cymru, y rhai rhwng Merthyr

a chamlas Abercynon, Abertawe a phyllau glo Cwm Tawe, a Thredegar a Chasnewydd, i gyd mewn perchnogaeth breifat. Ond nid perchnogion y rheilffyrdd oedd piau'r locomotifau a deithiai ar y cledrau. Perchnogion y rheini oedd y bobol fentrus a oedd yn fodlon buddsoddi yn nhechnoleg newydd yr injan stêm.

I bob pwrpas ymarferol, y diwydianwyr oedd yr unig rai oedd â'r modd i wneud buddsoddiad o'r fath – a'r rheswm dros ei wneud.

Gwyn Briwnant Jones

Er mwyn cario nwyddau y datblygwyd y rheilffyrdd yn y lle cyntaf. Doedd teithwyr ddim yn cael eu hystyried o gwbl. Er bod niferoedd lawer o ddynion, yn ogystal â llwyth trwm o haearn, wedi cael eu cludo ar y siwrnai drên gyntaf un honno yn 1804, o ran chwilfrydedd yr oedden nhw'n bresennol. Cludo llechi yn y gogledd, a glo a haearn yn y de, i lawr o'r Cymoedd a'r dyffrynnoedd i'r porthladdoedd oedd diben trenau.

Diwydiant, felly, fu'n gyfrifol am sicrhau datblygiad y rheilffyrdd ond, fesul tipyn, dechreuodd y trenau gael eu defnyddio i gario mwy na haearn a llechi'n unig. Wrth i'r mân linellau unigol gael eu cysylltu i greu rhwydwaith cynhwysfawr, daeth yr arfer o gludo pobol yn fwy cyffredin.

Gwyn Briwnant Jones

Ar wahân i'r llinellau cludo llechi a haearn, datblygwyd dwy brif reilffordd yng Nghymru, un ar hyd arfordir y gogledd i Gaergybi, a'r llall ar draws y de i Aberdaugleddau. A phwrpas y rheini oedd cludo teithwyr a nwyddau i Iwerddon. Doedd gan Gymru ddim byd i'w wneud â'r peth. Dim ond gwlad yr oedd yn rhaid mynd drwyddi i gyrraedd Llundain neu Iwerddon oedd Cymru.

Fel y soniwyd ar ddechrau'r bennod hon, roedd y ffaith fod Iwerddon wedi dod dan reolaeth Prydain yn 1801 wedi dwysáu'r angen am well cyswllt rhwng Llundain a'r Ynys Werdd. Serch hynny, fe gymerodd hi hyd at 1856 i osod rheilffordd yr holl ffordd i Aberdaugleddau, y porthladd a oedd yn cysylltu de Cymru â Waterford yn Iwerddon.

Ond y cyswllt hwylusaf, ar dir a môr, rhwng Llundain a Dulyn, yn 1801 fel y mae heddiw, yw'r un drwy ogledd Cymru. Rheilffordd Stevenson fyddai'n disodli Lôn Bost Telford fel y ddolen bwysicaf yn y gadwyn honno, ac yn naturiol fe fyddai adeiladwyr y rheilffordd yn gorfod wynebu'r un her ag a wynebodd Thomas Telford pan bontiodd ef afon Menai chwarter canrif ynghynt.

Bob Morris

Mi oedd George Stevenson a'i fab, Robert Stevenson – Robert wnaeth y rhan fwyaf o'r gwaith, mewn gwirionedd – wedi cael eu comisiynu i ddatblygu rheilffordd o Gaer i Gaergybi. Yn amlwg, golygai hynny y byddai'n rhaid croesi afon Menai.

Y ffordd rwyddaf o wneud hynny fyddai gwneud defnydd o'r bont a oedd yno eisoes, pont Thomas Telford. Tybiai George Stevenson y gellid defnyddio ceffylau i dynnu coetsys y trên ar draws y bont wreiddiol, Pont y Borth. Ac fe gynigiodd hynny i'r awdurdodau.

Ond er nad oedd neb ar y pryd wedi dychmygu y byddai ceir a bysiau a lorïau yn croesi'r bont o fewn ychydig ddegawdau, roedd yr awdurdodau'n ddigon doeth i ddweud yn blwmp ac yn blaen wrth Stevenson am fynd ati i gynllunio a chodi ail bont dros afon Menai ar gyfer y rheilffordd.

Bob Morris

Wrth gwrs, mi oedd y lle gorau i godi pont, sef y man culaf, wedi cael ei ddefnyddio gan Telford. Roedd yn rhaid i Stevenson, felly, fynd ymhellach i lawr yr afon, ac eto o fewn golwg i Bont y Borth. Canolbwyntiodd ar graig a oedd yn weddol agos at ganol yr afon, craig a oedd yn cael ei galw'n Graig Britannia. A dyna sut y cafodd y bont ei henw.

Fel Telford, fe gafodd Stevenson hefyd drafferth gyda'r Morlys. Nhw oedd yn gyfrifol am fuddiannau'r llongau a oedd yn defnyddio afon Menai fel priffordd rhwng un pen o Wynedd a'r llall. Roedd y Morlys yn benderfynol na fyddai'r bont newydd yn amharu ar y llongau, a chafodd Stevenson orchymyn fod yn rhaid i'r bont orffenedig fod o leiaf gan troedfedd uwchlaw lefel yr afon. O ganlyniad, gwrthodwyd cynllun gwreiddiol Stevenson – pont fwa dwbl. Gan ei fod yn credu nad oedd pont grog yn ddigon cryf ar gyfer trên, roedd gofyn iddo ddyfeisio dull newydd o bontio'r afon.

Bob Morris

Ar ôl pendroni'n hir, dyma fo'n taro ar y syniad o osod trawstiau mawr haearn – neu *girders* – ar draws y Fenai. Y gair a ddefnyddiwyd ar lafar am ei ddyfais oedd 'y tiwb'. Mewn gwirionedd, dau flwch hirsgwar, gwag oedden nhw, gyda'r blychau wedi'u gwneud o haearn, a hwnnw'n haearn gyr. Mae hwnnw'n haearn caletach o lawer na'r haearn bwrw arferol.

Roedd y blwch neu'r tiwb yn cael ei gryfhau â chyfres o

gelloedd haearn a osodwyd ar frig ac ar waelod y ddau flwch. Yn ychwanegol at hynny, atgyfnerthwyd yr adeiladwaith gan gyfres o asennau a bracedi haearn. Drwy ymorol am strwythur cadarn o'r fath doedd dim peryg i'r tiwb blygu yn y canol.

Bob Morris
Unwaith roedd Stevenson wedi mireinio'i gynllun dyfeisgar roedd yn rhaid mynd ati i'w gynhyrchu. Ac ar ôl gwneud hynny, rhaid oedd ei godi i ben tyrrau'r bont – can troedfedd, cofiwch – uwchben yr afon. Roedd hynny'n un o ddigwyddiadau mawr, a mwyaf cyffrous, y 1840au yng ngogledd Cymru. Fe heidiodd miloedd o bobol i weld yr orchest o godi'r ddau diwb i'w lle.

Ond, fel yr esbonnir yn ddiweddarach yn y bennod hon, dyma'r adeg pan oedd Cymru'n dechrau ymhyfrydu yn yr enw 'Gwlad y Gân'. A bu'n rhaid i un o gampau peirianyddol godidocaf y Chwyldro Diwydiannol aros nes roedd y Cymry wedi cael canu.

Mary Lloyd Hughes
Cyn i'r tiwbiau gael eu codi i'w lle, fe osodwyd seddi yng nghrombil un tiwb ac fe gynhaliwyd cyngerdd mawreddog y tu mewn i'r tiwb ei hun.

Yn dilyn y cyngerdd, fe aed ati i godi'r tiwbiau anferth i'w lle. Gosodwyd nhw ar lwyfan pren a oedd yn arnofio yn y dŵr. Lli'r afon oedd yn gyfrifol wedyn am symud y llwyfan, gyda'r gweithwyr ar y lan yn ei lywio i'w le drwy dynnu ar raffau. Ond y gamp wirioneddol fawr oedd codi'r ddau diwb at y tyrau. I'r perwyl hwnnw, roedd Stevenson wedi dyfeisio jac arbennig, un a oedd yn defnyddio pwysedd y dŵr i godi'r tiwbiau i'w lle, fesul modfedd. Camp aruthrol ond un a gyflawnwyd, fel cynifer o orchestion Cymru'r Chwyldro Diwydiannol, gyda dychymyg, dyfeisgarwch, dycnwch a dyfalbarhad. Ond collwyd deunaw o weithwyr wrth adeiladu Pont Britannia. Mae cyfenwau Cymreig nifer ohonyn nhw – William Jones, Owen Parry, William Lewis ac ati – yn awgrymu efallai fod mwy o Gymry'n gyflogedig ar Bont Britannia na Phont y Borth er nad oes sicrwydd o hynny.

Doedd y bont newydd ddim yn bont hardd fel un Telford. Ond fe fu ymdrech i'w gwneud hi'n fwy deniadol. (Fyddai pawb ddim yn gwerthfawrogi'r ymdrech honno.) Roedd un o'r cynlluniau cynnar ar gyfer ei 'harddu' yn cynnwys codi cerflun 60 troedfedd o'r Brydeinwraig anorchfygol Britannia'n torsythu dros wastadeddau Môn a mynyddoedd Eryri o ben tŵr canol yr afon. *Britannia rules the waves?* Drwy drugaredd chafodd hi ddim rheoli tonnau Menai. Yn y geiriau digrif-ddwys a roddodd y dramodydd Wil Sam Jones yng ngenau'r sylwebydd cymdeithasol deifiol hwnnw, Ifas y Tryc, arbedwyd ni rhag gorfod dioddef cerflun a hawliai mai *'Britannia rules the Wales'.*

Yn y diwedd, yn ddoeth iawn, fe benderfynwyd ar gynllun llai uchelgeisiol. Comisiynwyd John Thomas, pensaer Tŷ'r Cyffredin yn Llundain, i greu pedwar llew anferth, wedi eu cerfio o garreg galch Penmon. Maen nhw'n greadigaethau rhagorol – er nad yw eu perthnasedd i greaduriaid cynhenid glannau Menai yn oramlwg.

Tra cafodd pont Telford ei hanfarwoli gan Dewi Wyn, bu'n rhaid i bont Stevenson a llewod Thomas fodloni ar eiriau ysgafnach y Bardd Cocos (John Evans):

Pedwar llew tew
Heb ddim blew:
Dau'r ochor yma
A dau'r ochor drew.

Tim buddugol Cymru a drechodd Seland Newydd yn 1905

Twr Marcwis, Llanfair Pwllgwyngyll

Llandudno – enghraifft o dre glan y môr a dyfodd yn sgil y rheilffyrdd

Seindorf Arian Dyffryn Nantlle, 1907

Campwaith peirianyddol, yn hytrach na champwaith esthetig, oedd Pont Britannia. A bu cynllun y bont yn ddylanwad ar un arall o gewri'r Chwyldro Diwydiannol. Roedd Isambard Kingdom Brunel yn un o ffrindiau gorau Stevenson, ac fe aeth Brunel ati i fabwysiadu ac i ymgorffori elfennau mwyaf heriol a blaengar Pont Britannia yn nifer o'i gynlluniau ei hun.

Bob Morris
Ychydig wedyn, yn 1859, fe gododd Brunel bont yn Saltash yng Nghernyw. Pont yw honno sy'n efelychiad o'r hyn a wnaeth Stevenson gyda Phont Britannia. Roedd Brunel ar y pryd hefyd yn arbrofi efo'i gynlluniau ar gyfer adeiladu llongau mawr wedi'u gwneud o haearn, ac fe sylweddolodd y byddai'r union gynllun a ddyfeisiodd Stevenson ar gyfer Pont Britannia yn gallu cael ei addasu'n hawdd ar gyfer adeiladu llongau cryfach nag erioed.

Mae'r dylanwad hwnnw i'w weld ar ei fwyaf amlwg yn y *Great Eastern*, y llong olaf i Brunel ei hadeiladu. Mae sawl hanesydd wedi disgrifio'r llong arbennig honno fel tiwb Stevenson â thrwyn a phen-ôl cwch wedi eu hasio wrth bob pen iddi!

Agorwyd Pont Britannia am y tro cyntaf ar 18 Mawrth 1850. Bu trenau rhwng Llundain a Môn yn mynd trosti am 120 o flynyddoedd.

Ond daeth oes y bont diwb wreiddiol i ben yn drist – a dramatig – ar 23 Mai 1970. Cafodd tân ei gynnau yn ddamweiniol y tu mewn i'r tiwb gan ddau fachgen ysgol. Y noson honno roedd yn chwythu'n arw. Ffyrnigodd hynny'r fflamau a chyflymu eu lledaeniad. O fewn dim roedd y bont yn wenfflam.

Cafodd ei hailadeiladu yn ystod y 1970au, a chodwyd ffordd ychwanegol ar y bont ar gyfer ceir a lorïau. Ond pont reilffordd oedd pont Stevenson yn ei hanfod, pont a oedd wedi ei chynllunio a'i hadeiladu yn ystod oes aur rheilffyrdd Cymru.

* * *

Fel rheol, y cyfoethogion a'r pwysigion yw'r rhai cyntaf i fanteisio ar ddyfeisiadau newydd – fel yn achos y car modur, er enghraifft. Ond o'r cychwyn cyntaf roedd y trên ar gael ar gyfer y werin bobol yn ogystal â'r bobol freintiedig. Ar y trên y byddai llu o weithwyr yn teithio i'w gwaith a'u plant yn teithio i'r ysgol. Ac o dipyn i beth fe âi pobol ar deithiau pleser ar y trên. Dyma'r cyfrwng, yn anad yr un arall, hyd nes dyfodiad y bws, a ehangodd orwelion trwch y boblogaeth.

Gwyn Briwnant Jones
Bellach roedd pobol, am y tro cyntaf erioed, yn medru cael eu cludo ar y tir yn bell o'u milltir sgwâr. Cyn hynny, prin y byddai'r mwyafrif o bobol yn crwydro mwy na deng milltir o'u broydd genedigol. Ar ddiwedd y ddeunawfed ganrif hefyd, wrth i'r gymdeithas gael ei diwydiannu, roedd gwell cyflog i'w gael, ac fe ddaeth gwyliau ar lan y môr yn ffasiynol.

Y trên oedd yn gyfrifol am ddatblygu llefydd fel Prestatyn a'r Rhyl, dyweder, yn ganolfannau gwyliau y gallai pobol ymweld â nhw am y diwrnod.

Ond roedd pris i'w dalu am gynnydd. Nid *yuppies* a gamblwyr anghyfrifol marchnadoedd arian a banciau buddsoddi direolaeth Thatcher, Blair a Brown, ac eraill o'r un anian ledled y byd cyfalafol, oedd yr unig rai a weithredai'n unol â'r gred fod angen troi pob un munud yn elw. Honno hefyd, er mor wahanol yw'r allanolion, oedd union athroniaeth diwydianwyr Oes Fictoria.

Owen G. Roberts

Yn y byd diwydiannol newydd roedd pawb yn gorfod cychwyn eu gwaith ar amser penodedig. Felly mae'r cloc ac amser yn dod yn hynod bwysig ym mywydau pobol i raddau nad oedd wedi bodoli erioed o'r blaen. Oherwydd dibyniaeth ar y cloc y daeth y patrwm hamdden sy'n gyfarwydd inni heddiw i fodolaeth. Mi oedd y gweithwyr i gyd mewn diwydiant arbennig yn cael eu rhyddhau o'r gwaith ar yr un adeg. Erbyn diwedd y bedwaredd ganrif ar bymtheg roedd y gweithlu diwydiannol i gyd i bob pwrpas yn cael pnawn dydd Sadwrn yn rhydd. Yn sgil hynny mae gweithgareddau hamdden pnawniau Sadwrn yn dod yn fwyfwy poblogaidd.

Roedd hynny'n arbennig o wir yn achos y miloedd a weithiai dros y ffin, ond o fewn cyrraedd i Gymru, ym melinau cotwm a ffatrïoedd eraill gogledd Lloegr. O ganlyniad i gyfuniad o gyflog cyson, amser hamdden penodedig, a'r gallu i deithio'n hwylus o le i le, daeth mynd ar wyliau yn beth lled gyffredin.

Yng ngogledd Cymru, y prif ganolfannau gwyliau oedd Llandudno a'r Rhyl. Roedd gwahaniaethau pendant rhwng y ddwy dref – gwahaniaethau sydd wedi para hyd y dydd heddiw.

Aed ati'n fwriadol i droi pentref Llandudno yn dref wyliau, gan adeiladu promenâd mawr agored, gwestai crand, pier a pharciau hardd. Llandudno oedd y noddfa berffaith i'r dosbarth canol ariannog a oedd yn ceisio dianc rhag hagrwch y trefi diwydiannol. Coronodd Llandudno ei hun yn frenhines trefi glan môr Cymru, teitl y mae'n dal i'w arddel yn falch.

Gan fod y Rhyl yn agosach o rai milltiroedd na Llandudno at y ffin â Lloegr, a bod rheilffordd Stevenson yn mynd drwy'r dref, roedd gweithwyr cyffredin ffatrïoedd gogledd Lloegr yn gallu picio yno am y diwrnod. O'r dechrau, felly, delwedd werinol fu gan y Rhyl.

Yn y de, addaswyd porthladd diwydiannol i fod yn ganolfan adloniant. Doedd Porthcawl ddim yn gallu cystadlu â Chaerdydd a'r Barri a Chasnewydd fel canolfan allforio glo, ond manteisiwyd ar y rheilffordd i lawr o'r Cymoedd i ddod â phobol yno ar wyliau, neu o leiaf ar wibdeithiau. Yn y canolbarth, heidiai twristiaid i Aberystwyth ar lan y môr, ac at ffynhonnau (honedig iachusol) Llandrindod a Llanwrtyd.

Erbyn heddiw, twristiaeth yw un o brif ddiwydiannau Cymru, ond mae hi'n bwysig cofio mai'r hen ddiwydiannau trymion roddodd fod i drefi gwyliau Cymru.

Roedd yna bobol yn Oes Fictoria, fodd bynnag, a gredai nad oedd unrhyw les yn deillio o laesu dwylo, ac y byddai'r diafol yn arwain y segur ar gyfeiliorn.

Owen G. Roberts

Yn gynyddol erbyn diwedd Oes Fictoria mae'r capeli a'r dosbarth canol yn dechrau dadlau bod rhai mathau o hamdden yn peryglu moesau'r werin bobol. Maen nhw'n dechrau darparu gweithgareddau hamdden mwy 'moesol' ar gyfer y gweithwyr drwy agor parciau cyhoeddus, er enghraifft. Ac fe wnaeth y capeli ddechrau cynnal corau a chymdeithasau llenyddol ac ati i gadw pobol allan o'r tafarnau yn eu hamser hamdden. Wrth gwrs, oherwydd ei chysylltiad ag addoliad roedd y Cymry'n credu bod cerddoriaeth yn weithgarwch moesol iawn. Felly, dyma'r capeli a'r diwydianwyr yn sefydlu bandiau pres a chorau ac yn annog eu haelodau a'u gweithwyr i gymryd rhan yn y gweithgareddau hynny.

Ond, mewn gwirionedd, ychydig iawn o sail oedd i'r gred y byddai cerddoriaeth yn dofi'r gweithwyr. I'r gwrthwyneb yn llwyr. Yn aml iawn, roedd y byd cerddorol – a byd y bandiau pres yn enwedig – yn un digon garw.

Geraint Jones

Mi oedd y bandiau yn ymdeithio o flaen gorymdeithiau ysgolion Sul, mudiadau dirwest, y Temlwyr Da, Blodau'r Oes – y llu mudiadau parchus iawn, iawn oedd ar gael yn Oes Fictoria. Roedd hynny'n rhoi'r argraff fod y bandiau wedi ymbarchuso ers eu dyddiau cynnar. Ond fel mae'r Beibl yn gofyn, A gyll y llewpard ei frychni? Yn hanes llawer iawn o'r bandiau roedd y brychni, mae gen i ofn, yn aros ac yn cynyddu. Byddai llawer iawn o'r bandiau'n wyllt iawn ac yn cambyhafio'n ddybryd.

Wrth i enw drwg y bandiau ledaenu, dechreuodd rhai parchusion ailfeddwl ynglŷn â dylanwad moesol cerddoriaeth. Daeth y bandiau pres yn sefydliadau a gâi eu beirniadu'n hallt gan bileri'r gymdeithas.

Geraint Jones

Mi oedd cyngerdd yn Nefyn noson Nadolig 1861 a band Llanrug yno'n perfformio. Mae gohebydd *Yr Herald Cymraeg* yn cyfeirio at y gerddoriaeth fel 'swp o lygredigaeth'. Nid yw canu offerynnau pres, medda fo, yn ddim byd ond dyfais 'i feithrin nwydau pechadurus mewn dynion'.

Dyna i chi beth oedd agwedd llawer iawn o bobol grefyddol yr oes tuag at fandiau pres.

Ond erbyn canol y bedwaredd ganrif ar bymtheg, roedd y bandiau pres wedi tanio dychymyg y gweithwyr, ac roedd yr ardaloedd chwarelyddol yn berwi efo dwsinau o wahanol fandiau. Roedd wyth band i'w cael yn Nyffryn Nantlle yn unig, a'r un oedd y stori yn Nyffryn Ogwen, Pen Llŷn a Ffestiniog. A chyda cynifer o fandiau'n ymgiprys yn erbyn ei gilydd, roedd hi'n anorfod y byddai gwrthdaro rhyngddyn nhw, yn hwyr neu'n hwyrach.

Geraint Jones

Roedd 'na elyniaeth fawr rhwng band Llanllyfni a band Nebo. Mi oedden nhw wedi bod yn chwarae mewn cyngerdd ar y cyd. Doedd hogiau Llanllyfni – ac mi oedd y rhain yn wariars – ddim yn hoffi gweld bod aelodaeth band Nebo wedi cynyddu. Y nos Sadwrn ddilynol dyma nhw'n ymguddio tu ôl i'r clawdd mewn lle o'r enw Pont Crychddwr, rhwng Llanllyfni a Nebo, ac yn ymosod ar hogiau Nebo wrth i'r rheini ddychwelyd o'r dafarn. Roedd bandwyr Llanllyfni dan orchymyn i anelu eu dyrnau at wefusau hogiau band Nebo fel na fasa'r rheini yn medru chwythu eu cyrn.

Er bod y cyrn eu hunain yn bethau cymharol rad i'w prynu, roedd rhedeg band yn medru bod yn waith drud. Bu'n rhaid i nifer o'r bandiau droi at ddynion ariannog lleol i helpu gyda'r costau, a bu sawl band yn ddibynnol ar gyfoeth perchnogion y chwareli – y gelynion mawr – am eu nawdd. Dyna oedd hanes Band Llanrug.

Geraint Jones

Mi brynodd Yswain y Faenol, Assheton Smith, set o gyrn iddyn nhw. Roedd o hefyd wedi rhoi cwt band iddyn nhw yn y Gilfach Ddu yn Llanberis. Ac roedd o wedi rhoi arweinydd iddyn nhw yn 1880 – John

Titswell, gan dalu cyflog iddo fo o £10 y mis am arwain y band. [Yn ôl Archifdy Gwynedd, cyflog misol chwarelwr yn 1888 oedd £6.] Yn ogystal roedd Assheton Smith wedi prynu gwisgoedd i'r band.

Ond yn 1885 fe aeth hi'n helynt fawr yn chwarel Dinorwig ac fe glowyd y dynion allan o'r chwarel – y 'loc-owt' enwog. Roedd cyrn y band yn eiddo i Yswain y Faenol, perchennog y chwarel, ac fe alwyd y cyrn yn ôl i'r Gilfach Ddu.

Fe benderfynodd band Llanrug fartsio i lawr yno i ddychwelyd y cyrn. Ond wrth basio Pen Llyn dyma nhw'n gweld bod yna gyfarfod mawr o'r chwarelwyr o gwmpas Craig yr Undeb. Ymunodd y band â'r cyfarfod a dechrau chwarae.

Gwylltiodd hynny Assheton Smith a chawson nhw ddim o'u cyrn yn ôl ganddo fo byth wedyn. Fe fu'n rhaid i'r band brynu set o gyrn newydd, ac mi gollon nhw eu harweinydd. Mi gollon nhw eu cwt band. Mi gollon nhw'r cwbl.

* * *

Ar gyfartaledd, fe gafodd un capel ei godi bob wyth diwrnod yng Nghymru drwy gydol y bedwaredd ganrif ar bymtheg. Mae o'n ystadegyn rhyfeddol. Ac roedd peth myrdd o'r capeli hynny'n rhoi cyfle i bobol fwynhau'r profiad o ganu mewn côr. Does ryfedd, felly, fod canu corawl wedi cael y fath afael ar y cymunedau diwydiannol yn arbennig.

Yng nghymoedd y de, fe welwyd twf anhygoel ym mhoblogrwydd canu corawl. Wedi'r cyfan, roedd digonedd o bobol yn byw yn yr ardaloedd hynny, a llawer iawn ohonyn nhw'n chwilio am rywbeth i'w wneud ar derfyn diwrnod gwaith.

Gareth Williams

Roedd y corau hyn yn gwbl gynrychioliadol o'u cymunedau a'u broydd. Glowyr – coliers – a'u gwragedd oedden nhw, corau cymysg mawr gyda 200 neu 250 o aelodau. Ac roedden nhw'n canu darnau o'r oratorios, cytganau mewn math o gynghanedd leisiol a oedd yn gyfarwydd i'r aelodau oherwydd canu cynulleidfaol grymus capeli'r Cymoedd.

Roedd y corau mawr, cymysg hyn yn hynod boblogaidd, ac mewn diwylliant gwrywaidd iawn roedden nhw'n rhoi cyfle i ferched ddianc o'r gegin am ysbaid, a chymysgu â dynion. Ond doedd dim osgoi dylanwad y gymdeithas batriarchaidd, ac yn raddol fe ddaeth y corau meibion i hawlio'r sylw pennaf.

Gareth Williams

Roedd gan y corau meibion apêl arbennig iawn oherwydd bod y gymdeithas a fodolai yn y Cymoedd yn un wrywaidd ei natur. Dynion oedd yn y mwyafrif. Roedd eu gwaith nhw'n gorfforol. Ac roedden nhw'n chwilio am gyfleoedd hamdden ac adloniant y tu allan i'r gwaith.

Roedd y corau'n rhoi cyfle nid yn unig iddyn nhw ganu gyda'i gilydd ond i deithio hefyd. Mae Côr y Rhondda yn mynd i Ffair y Byd yn Chicago yn 1893. Ac mae Côr Treorci yn mynd ar daith o amgylch y byd yn 1908. Maen nhw i ffwrdd am bron i ddwy flynedd, yn teithio 150,000 o filltiroedd, ac yn cynnal dros 300 o gyngherddau. Felly dyma'r syniad o Gymru fel Gwlad y Gân yn lledu drwy'r byd.

Yn ogystal â rhoi cyfle i'r dynion ymlacio ar ôl diwrnod caled o waith, a mentro tu hwnt i ffiniau Cymru, roedd y corau hefyd yn fodd o greu undod cymdeithasol, lleol.

Gareth Williams

Roedden nhw'n destun balchder yn eu cymunedau, ac roedd llawer o'r cymunedau hynny'n rhai newydd, cymunedau nad oedd wedi cael eu ffurfio ers rhagor nag ugain mlynedd, efallai. Llefydd oedden nhw a oedd yn chwilio am eu hunaniaeth ac am ffyrdd o gael eu hadnabod ar lefel genedlaethol a rhyngwladol. Ac mae'r corau'n cyflawni hynny drwy eu llwyddiant ar lwyfan yr Eisteddfod Genedlaethol a thrwy fynd dramor i ganu.

Wrth gwrs, nid canu er mwyn pleser yn unig a wnâi'r dynion hyn. Doedd bod yn aelod o unrhyw hen gôr ddim yn ddigon da. Gyda balchder y dref neu'r pentref cyfan yn y fantol, roedd yn rhaid profi mai eich côr chi oedd y côr gorau. Byddai betio trwm ar y cystadlaethau corawl yn yr Eisteddfodau Cenedlaethol ac mewn eisteddfodau eraill, gyda'r bwcis yn cynnig prisiau neu *odds* megis 'Treorchy, *Two to One*; Aberdare, *Five to One*' ac ati.

Gareth Williams

Mae'n anodd i ni heddiw ddychmygu pa mor daer oedd yr ymladd a'r cystadlu rhwng y corau hyn. Roedd ganddyn nhw gannoedd o gefnogwyr yn eu dilyn o eisteddfod i eisteddfod. A phan fyddai'r beirniad yn dyfarnu yn erbyn y côr roedden nhw'n ei gefnogi, byddai'r cefnogwyr yn troi'n reit gas. Mae digonedd o enghreifftiau, o Eisteddfodau Cenedlaethol i eisteddfodau mewn festrïoedd capeli, pan fu raid galw'r heddlu i gadw trefen ar gefnogwyr siomedig a oedd wedi buddsoddi cymaint yn emosiynol yn eu hoff gorau. Byddai gweld eu côr yn cael cam yn gwneud iddyn nhw ymfflamychu a byddai'r gymdeithas yn ferw gwyllt adeg y cystadlaethau corawl.

O hynny y tarddodd y cyfeiriadau mynych sydd i'w cael hyd heddiw at y 'Cythraul Canu'. Gobaith rhai oedd y byddai cerddoriaeth yn lleddfu natur wyllt y dosbarth gweithiol diwydiannol. Ond, yn amlwg, fe fethodd canu corawl, a'r bandiau pres, â gwneud hynny. Roedd angen gweithgarwch hamdden a fyddai'n cael gwared â rhagor o'r egni corfforol a oedd yn berwi drosodd mor aml.

Owen G. Roberts
Mi oedd llawer o'r diwydianwyr, efo sêl bendith y capeli a'r eglwysi, wedi mynd ati i hybu chwaraeon tîm. Roedden nhw'n credu y byddai hynny'n annog *esprit de corps* ymhlith y dosbarth gweithiol.

Pêl-droed oedd gêm y werin ddiwydiannol yn Lloegr. Roedd cynghrair genedlaethol wedi ei sefydlu yno yn 1888, a hanai'r timau cynnar i gyd o ogledd a chanoldir diwydiannol Lloegr. Arsenal yn 1893 oedd y tîm cyntaf o'r de i ymuno â Chynghrair Lloegr a doedd gan Chelsea ddim tîm tan 1905. Ym mlynyddoedd cynnar y gêm, un o'r timau mwyaf llwyddiannus oedd Preston North End, tîm a gâi ei adnabod fel yr 'Invincibles'. Chwaraewr dros Preston oedd un o'r cenhadon a ddaeth â phêl-droed i ogledd Cymru – ac yn benodol i Lanberis wrth droed yr Wyddfa.

Arwel Jones
Mae'n rhaid inni fynd yn ôl i ddiwedd y bedwaredd ganrif ar bymtheg a gŵr arbennig iawn a ddaeth yma i fyw ac i weithio. Dr R. H. Mills-Roberts oedd gôl-geidwad enwog tîm Preston North End. Brodor o Benmachno oedd o ac mi aeth i Ysgol Friars ym Mangor ac wedyn i St Thomas's yn Llundain,

lle graddiodd o fel meddyg. Roedd y dyn yn arwr.

Er mai ym myd chwaraeon y daeth Dr Mills-Roberts i amlygrwydd, roedd hefyd yn feddyg hynod o ddawnus. Wrth weithio yn ysbyty chwarel Dinorwig, aeth ati i ddyfeisio nifer o freichiau a choesau artiffisial. Roedd damweiniau a marwolaethau yn ddigwyddiadau rhy gyffredin o lawer ym mywyd beunyddiol y chwareli. Yn ddyn o flaen ei amser, bu'r pêl-droediwr meddygol yn cynghori'r gweithwyr sut i wella eu hamodau byw, er mwyn eu hiechyd.

Ond ar y maes chwarae y taniodd Mills-Roberts ddychymyg hogiau'r chwarel. Fe aeth nifer ohonyn nhw ati i ddechrau chwarae'r gêm eu hunain. Ym mhresenoldeb yr arwr mawr, fe dyfodd diddordeb yn y gêm ar raddfa aruthrol. Sefydlwyd wyth tîm o fewn dim o dro ym mhentref Llanberis, gyda phawb, o'r chwarelwyr cyffredin i'r swyddogion, ar dân dros gael eu dewis.

O dipyn i beth ymledodd y gêm drwy ogledd Cymru. Roedd pêl-droed wedi cyrraedd y gogledd-ddwyrain yn gymharol gynnar, gyda'r gweithwyr diwydiannol oedd wedi symud yno o ogledd Lloegr. Ffurfiwyd tîm Wrecsam yn ôl yn 1874, ond mewn cynghrair dros y ffin yn Lloegr roedd Wrecsam yn chwarae – a dyna mae'r clwb yn ei wneud hyd heddiw.

Roedd y gêm yn boblogaidd drwy'r gogledd-ddwyrain diwydiannol, mewn trefi fel Treffynnon, Prestatyn, yr Wyddgrug a'r Rhyl. A bron yn ddieithriad, yn achos pêl-droed yng Ngwynedd, roedd gan y timau yno gysylltiad agos â'r chwarel.

Arwel Jones
Roedd y gemau rhyngddyn nhw'n rhyfeloedd ynddyn nhw eu hunain. Mi fyddai adroddiadau am y gemau'n

ymddangos yn y papurau – ond nid yn y papurau Cymraeg, nid yn *Awel Eryri* neu'r *Chwarelwr Cymreig* na'r *Herald Cymraeg*. Fyddai 'na byth sôn am bêl-droed yn y rheini. Y *North Wales Chronicle* oedd y papur pêl-droed. Yn hwnnw roedd adroddiadau amleiriog a blodeuog o'r gemau, ac roedd un neu ddau o'r gohebwyr yn barddoni. Dwi'n cofio darllen 'The Quarrymen's Struggle', cerdd am gêm bêl-droed rhwng Stiniog a Llanberis:

> The enemies met on the treacherous ground
> While hurricanes swept the hills around
> And the signal for battle, both shrill and clear,
> Filled our bosoms with awe and fear.

Ymhlith y cannoedd o filoedd o weithwyr a heidiodd i dde a gogledd Cymru yn y bedwaredd ganrif ar bymtheg roedd nifer sylweddol o bobol broffesiynol, fel Dr Mills-Roberts. Ac fel yn achos meddyg chwarel Dinorwig roedden nhw'n dod â'u chwaraeon i'w canlyn. Yno hefyd mae gwreiddiau'n cariad ni at y bêl hirgron.

Gareth Williams

Mae rygbi'n cyrraedd Cymru drwy gyfrwng cyn-ddisgyblion a chyn-fyfyrwyr ysgolion bonedd a hen brifysgolion Lloegr. Fe ddaeth y rheini i weithio mewn colegau yng Nghymru fel Llambed, Llanymddyfri, Coleg Crist, Aberhonddu neu Goleg Trefynwy. Yn eu tro mae cyn-fyfyrwyr y colegau hynny'n mynd draw i gymoedd y de i wasanaethu'r Chwyldro Diwydiannol fel cyfreithwyr, meddygon, penseiri, tirfesurwyr ac yn y blaen. A nhw sy'n ffurfio'r clybiau rygbi. Efo'r twf enfawr yn y boblogaeth mae'r clybiau'n troi at ddynion o'r dosbarth gweithiol i chwarae drostyn nhw, dynion cryf o ran corff ac awyddus i gymryd rhan mewn gêm galed o'r fath. Dywedai llawer sylwebydd ar y pryd, po fwyaf corfforol eich gwaith beunyddiol, y mwyaf corfforol hefyd fyddai eich gweithgarwch hamdden.

Er mai o Loegr y daeth rygbi i Gymru, fe gydiodd glowyr y de yn arbennig yn y gêm a mynd ati i roi eu stamp eu hunain arni.

Gareth Williams

Yn Lloegr mae hi'n gêm ddosbarth canol sy'n cael ei chwarae gan ddynion cysurus eu byd. Maen nhw wedi cael eu bwydo'n dda ar hyd eu hoes ac aen nhw'n gorfforol fawr. Ond mae'r Cymry, at ei gilydd, yn llai o ran maint. Yr unig ffordd i guro'r Saeson yw drwy fod yn chwim eich troed ac yn chwim eich meddwl. Dyna sut y datblygodd yr arferiad Cymreig o chwarae'r gêm drwy ochrgamu, igam-ogamu, ac osgoi yn hytrach na rhedeg i mewn i'ch gwrthwynebydd.

Yn yr un modd ag yr oedd y corau meibion yn mynegi balchder bro, tyfodd y timau rygbi i fod yn symbolau o gadernid y cymdeithasau clòs, Cymreig a ffurfiwyd ym mwrlwm y Chwyldro Diwydiannol. Does dim o'r fath beth i'w gael â chôr cenedlaethol Cymru ond mae gennym dîm rygbi cenedlaethol er 1881. A daeth arddull arbennig y tîm hwnnw yn fynegiant o ysbryd hyderus y genedl Gymreig fodern.

Gareth Williams

Mae Cymru, drwy ei dulliau chwarae, yn dod yn llawer mwy llwyddiannus na'r gwledydd eraill – yn rhannol o leiaf oherwydd mai'r dosbarth gweithiol yng Nghymru sy'n chwarae rygbi.

Y gêm sy'n sefyll allan fel carreg filltir yn ein diwylliant yn genedlaethol – nid ar y maes chwarae yn unig – yw'r fuddugoliaeth dros Grysau Duon Seland Newydd yn 1905. Ar eu taith drwy wledydd Prydain roedden nhw wedi ennill eu gemau i gyd yn erbyn siroedd a thimau cenedlaethol Lloegr, yr Alban ac Iwerddon. Ond pan gyrhaeddon nhw Gymru, dyma'r Crysau Duon yn cael eu trechu.

Yn y flwyddyn neilltuol honno, 1905, roedd nifer o bethau'n dod at ei gilydd. Mae'r gêm yn cael ei chwarae yng Nghaerdydd. Dyna pryd yr agorwyd Neuadd y Ddinas, yn yr union flwyddyn y dyrchafwyd Caerdydd yn ddinas. Yn 1905 disgrifiwyd Caerdydd fel 'Chicago Cymru' ar sail ei bwrlwm diwydiannol eithriadol. Dyma ddinas oedd yn allforio glo o un o'r prif feysydd glo yn y byd i gyd. Yng Nghymru 1905 mae cyffro. Mae hunanhyder. Mae nifer o sefydliadau cenedlaethol Cymreig naill ai wedi cael eu sefydlu neu'n cael eu sefydlu. Ac mae Cymru'n datblygu'r ymdeimlad o genedligrwydd.

A heb yr hyder cenedlaethol hwnnw – hyder a ddeilliodd yn uniongyrchol o'n profiad o fod yn rym diwydiannol byd-eang – mae'n amheus a fyddai'r cysyniad o Gymru fel cenedl wedi goroesi.

Yn nüwch y lofa, llwch y chwarel a fflamau'r ffwrnes y gosodwyd seiliau ein parhad.

Y Chwyldro Diwydiannol: Gwas a Meistr

Fe ellir cymharu'r effaith a gafodd diwydiannu Cymru ar raddfa eang ymhell dros gant a hanner o flynyddoedd yn ôl â chorwynt nerthol. Cyffyrddodd mewn rhyw ffordd neu'i gilydd â phob un o hen siroedd Cymru, y tair ar ddeg ohonyn nhw. Yn ei sgil trawsnewidiwyd y ffordd yr oedd pobol yn byw eu bywydau bob dydd.

At y Chwyldro *Diwydiannol* yr ydan ni'n cyfeirio ond, mewn gwirionedd, roedd hwn hefyd yn chwyldro a siglodd y drefn gymdeithasol drwyddi draw, yng Ngwynedd fel ym Morgannwg. Dan ei ddylanwad, yn y bedwaredd ganrif ar bymtheg fe gafodd yr hen batrymau cymdeithasol eu hailddiffinio a'u hail-lunio.

Ers canrifoedd roedd gwerin bobol Cymru – fel y werin yn Lloegr a'r Alban ac Iwerddon – wedi bod yn ddarostyngedig i rym ac awdurdod y bonedd neu'r 'bobol fawr'. Ac roedd y bonedd, yn eu tro, yn gorfod plygu glin ac ufuddhau i'r goron. Dyna, wedi'r cyfan, sut y cafodd y rhan fwyaf ohonyn nhw eu tiroedd yn y lle cyntaf.

Ond erbyn troad y bedwaredd ganrif ar bymtheg roedd yr hen drefn yn gwegian. Nid genedigaeth fraint oedd pob dim bellach. Ysbryd mentrus yr entrepreneuriaid newydd ym myd masnach – ac ym myd diwydiant yn arbennig – oedd yn angenrheidiol bellach er mwyn sicrhau rhagor o gyfoeth bydol.

Wrth i'r byd diwydiannol ddechrau disodli'r hen oruchwyliaeth, sylweddolodd y mwyaf effro o'r meistri tir fod yn rhaid iddyn nhw hefyd geisio efelychu'r entrepreneuriaid. Roedd y dynion hynny wedi dod o hyd i ddulliau newydd o wneud arian. Yn eu plith roedd teulu Richard

Pennant, sy'n cael ei gysylltu hyd heddiw â stad a chwarel y Penrhyn yn sir Gaernarfon.

J. Elwyn Hughes

Yn sir y Fflint yr oedd gwreiddiau'r Pennantiaid ond fel masnachwyr yn Lerpwl ac yn arbennig fel perchnogion stadau siwgr enfawr yn Jamaica y gwnaethon nhw eu ffortiwn. I roi syniad o'u cyfoeth nhw yn y Caribî, roedd John Pennant yn 1781 yn berchennog ar werth £75,000 o gaethweision. Byddai hynny'n cyfateb i rywle o gwmpas £12 miliwn yn arian heddiw. Roedd ei fab, Richard, yn ddyn cefnog hyd yn oed cyn iddo fo etifeddu holl gyfoeth ei dad oherwydd ei fod o wedi priodi Ann Suzanna Warburton, etifedd teulu stad y Penrhyn yng nghyffiniau Bangor. Fe ddaru nhw fynd ati i godi Castell Penrhyn tua diwedd y 1820au a chymryd rhyw ddeng mlynedd i gwblhau prif gorff y castell ar gost o tua £150,000 ar y pryd. Ond beth oedd hynny i stad enfawr y Penrhyn? Stad gyda'r fwyaf yng Nghymru. A'r fwyaf dadleuol hefyd ...

Mae hi'n cael ei galw'n stad 'ddadleuol' yn bennaf am ei bod hi'n cynnwys Chwarel y Penrhyn, un o'r ddwy chwarel lechi fwyaf yn y byd.

J. Elwyn Hughes

Erbyn diwedd y bedwaredd ganrif ar bymtheg roedd pethau wedi mynd o ddrwg i waeth a'r sefyllfa rhwng George Sholto Douglas Pennant, yr ail Arglwydd Penrhyn, a'i weithwyr, chwarelwyr y Penrhyn, yn eithriadol o chwerw. Yn wir, roedd llawer o bobol yn cymharu'r chwarelwyr druan â'r caethweision a arferai weithio i'r teulu yn Jamaica.

Canlyniad y gwrthdaro oedd Streic Fawr y Penrhyn,

streic enbyd a barodd am dair blynedd gyfan gan rannu a rhwygo'r gymdeithas ym Methesda a Dyffryn Ogwen rhwng Tachwedd 1900 a Thachwedd 1903.

Ond er i rym teulu'r Penrhyn oroesi i'r ugeinfed ganrif gyda thwf masnach a diwydiant, bellach nid bod yn berchennog ar stad fawr oedd yr unig ffordd o ddod yn gyfoethog.

Ers canrifoedd credai'r hen fonedd eu bod nhw wedi cael eu geni i dra-arglwyddiaethu ac i reoli pawb. Ond dros nos, bron, cafodd y gred honno ei herio. Yn sydyn gallai plant addysgedig teuluoedd cyffredin, a bwrw bod ganddyn nhw dipyn o fenter, wneud eu ffortiwn. Fodd bynnag, yn union fel mae cyfoethogion heddiw yn edrych i lawr eu trwynau ar enillwyr y loteri, roedd bonedd y bedwaredd ganrif ar bymtheg yn llawn dirmyg tuag at 'arian newydd' y masnachwyr a'r diwydianwyr. Nid bod hynny wedi atal y cyfoethogion newydd rhag efelychu'r hen fonedd. I'r gwrthwyneb, fe wnaethon nhw hynny gydag arddeliad.

J. Elwyn Hughes

I'r dosbarth newydd hwn roedd cestyll, fel Castell Penrhyn, yn symbol amlwg, clir, gweladwy o'u llwyddiant materol nhw, o'u cyfoeth nhw, a'u goruchafiaeth nhw dros bawb a phopeth o fewn eu cyrraedd. Roedd diwedd ail hanner y bedwaredd ganrif ar bymtheg yn gyfnod o newid aruthrol yn y byd diwydiannol. A'i roi o ar ei fwyaf syml, roedd y byd i gyd yn newid.

Mae cyfnod o newid mawr yn peri i bobol edrych yn ôl yn hiraethus ar y gorffennol ac at yr hyn sy'n ymddangos fel petai'n rhamant oes a fu. Yn sicr, roedd penseiri'r cyfnod yn troi tuag at yr Oesoedd Canol am yr ysbrydoliaeth ar gyfer codi eglwysi a chestyll. Ac i'r haen newydd o ddiwydianwyr cefnog roedd y castell yn symbol o dras a hynafiaeth a fyddai'n eu cydio nhw yng ngolwg pobol wrth ryw orffennol cwbl ffug.

Dyna'n sicr oedd nod teulu'r Crawshays, a oedd wedi symud i dde Cymru o Swydd Efrog yn bobol ddosbarth canol lled gyffredin. Ond fe wnaethon nhw eu ffortiwn ym Merthyr Tudful a chodi castell, Castell Cyfarthfa, yn 1825. Er mai plasty castellog oedd Cyfarthfa yn hytrach na chastell anferth fel un y Penrhyn, torsythai castell y Crawshays dros weithfeydd haearn y teulu a thros gartrefi'r miloedd o weithwyr a oedd yn cael eu cyflogi yno.

Emyr Morgan

Blwyddyn gymron nhw i adeiladu Castell Cyfarthfa, ar gost ar y pryd o £30,000, gyda 72 o ystafelloedd a 365 o ffenestri, un ar gyfer bob dydd o'r flwyddyn. Roedd e'n gastell oedd yn ffitio ac yn siwtio uchelgais William Crawshay. Roedd e'n cael ei alw'n Frenin Haearn Merthyr. Wrth gwrs, roedd yn rhaid, felly, i frenin gael castell.

Nid bod y Crawshays yn deulu brenhinol o fath yn y byd, wrth reswm! Mab i ffermwr oedd y meistr haearn gwreiddiol, Richard. Aeth i Lundain, lle treuliodd flynyddoedd lawer yn gwerthu nwyddau haearn cyn prynu siâr yn un o'r gweithfeydd oedd yn gyfrifol am gynhyrchu haearn. O ganlyniad i ddyfeisgarwch Richard Crawshay a'i feibion, daeth gwaith Cyfarthfa yn un o'r canolfannau cynhyrchu haearn pwysicaf yn y byd.

Emyr Morgan

Yn 1787 fe gofrestrodd Richard Crawshay batent a fyddai'n chwyldroi'r broses o gynhyrchu a thrin haearn.

Castell Penrhyn

Cerflun David Davies yn y Barri

Castell Cyfarthfa, Merthyr Tudful

Taflen Undeb y Chwarelwyr

Fe gymrodd e chwe blynedd a £50,000 i berffeithio proses a fyddai'n dod i gael ei hadnabod fel 'y dull Cymreig'. Beth wnaeth e oedd ailgynhesu'r haearn mewn ffwrn arbennig a mynd ati wedyn i falu a rowlio'r haearn poeth i gael gwared â'r carbon ohono. Dyna gyfraniad pwysicaf Richard Crawshay i'r Chwyldro Diwydiannol.

Daeth y dechneg newydd honno o gynhyrchu haearn i sylw'r llywodraeth ac erbyn dechrau'r bedwaredd ganrif ar bymtheg roedd gwaith Cyfarthfa yn gyfrifol am gynhyrchu arfau ar gyfer y llynges a'r fyddin. Roedd y gwaith yn ddigon pwysig i deilyngu ymweliad swyddogol yn 1802 gan y llyngesydd Horatio Nelson yn ei holl ogoniant.

Mewnfudwyr, dynion dŵad, oedd llawer iawn o ddiwydianwyr mawr Cymru yn y cyfnod cynnar. Dynion o Loegr oedd y rhai a aeth ati gyntaf i fanteisio ar gyfoeth naturiol ein gwlad. Ond roedd un eithriad nodedig. Ymhell o'i gartref yn sir Drefaldwyn y gwireddodd un Cymro ei freuddwydion diwydiannol.

Cafodd Robert Owen ei eni yn 1771 yn y Drenewydd, un o ganolfannau'r diwydiant gwlân. Ond, ac yntau'n dal yn fachgen ifanc, dechreuodd lygadu'r byd mawr y tu hwnt i ffiniau canolbarth Cymru – nid bod ganddo, ar y dechrau beth bynnag, lawer o ddewis yn y mater.

Cyril Jones

A Robert yn ddim ond deg oed fe anfonwyd e bant gan ei dad i weithio fel dilledydd yn Swydd Lincoln. Bu yno nes ei fod e'n 16 oed cyn symud i Lundain. Yn y fan honno fe welodd e am y tro cyntaf gyflwr truenus y gweithwyr diwydiannol. O Lundain fe aeth Robert i weithio i Fanceinion, prifddinas y diwydiant gwlân ar y pryd. Roedd blynyddoedd Manceinion yn rhai ffurfiannol yn hanes Robert Owen. Yn ugain oed, yn 1791, daeth yn rheolwr ar ffatri wlân gan ennill yr enw o fod yn gynhyrchydd edafedd cotwm arbennig o dda.

Roedd e hefyd yn aelod o gymdeithasau pwysig iawn ym Manceinion, yn enwedig Cymdeithas Lenyddol ac Athronyddol y ddinas. Yno cymdeithasai â rhai o ysgolheigion pennaf y dydd. Roedd e'n ffrindiau gyda'r bardd Samuel Taylor Coleridge, cyfaill William Wordsworth.

Ond er mai Robert Owen y Drenewydd yw e i ni, yn New Lanark yn yr Alban y gwnaeth e ei enw. Yno, o'r cychwyn cyntaf yn 1810, roedd e'n eithriad ymhlith perchnogion y melinau gwlân. 'Fy mwriad i,' meddai, 'oedd gwella amgylchiadau'r gweithwyr, nid rheoli melinau.' Mae hynny'n crynhoi ei syniadaeth e.

Ym Manceinion roedd Robert Owen wedi gweld erchyllterau'r gymdeithas newydd ddiwydiannol â'i lygaid ei hun. Yn Lanark Newydd, felly, aeth ati i geisio creu gwell amodau byw i'w weithwyr. Ar safle'r felin adeiladodd dai cadarn ar eu cyfer, yn ogystal ag ysgol i addysgu'r plant a'r oedolion. A chanrif dda cyn i Lloyd George ddod yn enw adnabyddus darparodd Robert Owen bensiwn ar gyfer henoed y gymuned. Yn ddiweddarach fe fyddai diwydianwyr mawr eraill, fel teulu siocled Cadbury yn Birmingham a'r gwneuthurwyr sebon, Lever, yng Nghilgwri, ger Lerpwl, yn codi tai diddos ar gyfer eu gweithwyr ac yn ymorol am eu lles. Ond yr arloeswr oedd Robert Owen, gartref ac oddi cartref.

Yn 1826 fe aeth â'i syniadau chwyldroadol i America. Yn chwarter cyntaf y bedwaredd ganrif ar bymtheg America oedd Gwlad yr Addewid. Dim ond hanner can mlynedd oedd wedi mynd heibio ers i America ennill ei hannibyniaeth, ac roedd y wlad yn llawn syniadau blaengar. Gobaith Robert Owen oedd creu Lanark Newydd enfawr yn America.

Cyril Jones
Bu'n teithio ledled yr Unol Daleithiau yn darlithio ac yn hyrwyddo'i syniadau dyngarol. Cafodd gyfle, hyd yn oed, i annerch y Gyngres yn Washington.

Yn hyderus y byddai'r Wlad Newydd yn elwa o'i athroniaeth, prynodd stad yn Indiana a'i galw'n New Harmony, gydag adlais amlwg o'i New Lanark Albanaidd. Roedd y safle'n ddelfrydol ar gyfer ei genhadaeth, gyda digonedd o dir amaeth ac amrywiaeth o fân ddiwydiannau. Yno roedd cyfle i Robert Owen roi ar waith y fenter gymunedol gydweithredol a oedd yn rhan mor ganolog o'i syniadaeth. Roedd pobol yn heidio yno a rhoddodd Robert Owen y gwaith o reoli'r lle i'w fab. Ymbiliodd hwnnw'n ofer ar ei dad i roi'r gorau i anfon rhagor o bobol i New Harmony. Problem llwyddiant oedd problem New Harmony. Yn y diwedd roedd mwy o bobol nag y gallai'r fenter gydweithredol ymdopi â nhw wedi ymgartrefu yno.

Mae'n briodol fod Robert Owen ar derfyn ei oes wedi cyfannu cylch ei fywyd drwy ddychwelyd i'w fro enedigol.

Cyril Jones
Pan adawodd e yn 1781 dim ond 800 oedd poblogaeth y Drenewydd, ond pan ddychwelodd yno ar derfyn ei oes roedd 4000 yn byw yno. Wrth gwrs, y diwydiant gwlân oedd yn gyfrifol am y twf hwnnw – ond er mai dyna oedd ei faes yntau, doedd Robert Owen ei hun erioed wedi bod yn rhan o'r diwydiant yn ei fro enedigol.

Yn ei flwyddyn olaf ar y ddaear ysgrifennodd ei

hunangofiant ac roedd e'n dal i ddarlithio ac i ymgyrchu reit lan at y diwedd. Ar ei wely angau yn 1858 mynnodd draddodi araith i'w fab ac i reithor y plwyf ar sut y dylid diwygio'r gyfundrefn addysg.

Roedd Robert Owen yn ddyn hynod ar sawl cyfri: perchennog ffatri a oedd ar yr un pryd yn galw am gwtogi oriau gwaith ei weithlu, ac am roi rhagor o rym i'r undebau llafur. Yn naturiol, doedd o ddim yn ddyn poblogaidd yng ngolwg meistri eraill, ond yn dilyn ei farwolaeth fe fyddai eraill yn ceisio efelychu Robert Owen. Sicrhaodd ei gydwybod cymdeithasol a'i ddulliau dyngarol o drin ei weithwyr a'u teuluoedd anfarwoldeb i'r diwygiwr mawr o'r Drenewydd.

Yn 1818 ganwyd un arall o gewri diwydiannol Cymru, ar adeg pan oedd pobol o bob man yn heidio i weithfeydd de Cymru. Fel Robert Owen o'i flaen, yn sir Drefaldwyn y cafodd hwn hefyd ei eni – ym mhentref gwledig Llandinam. Tyddyn bychan, Drain Tewion, oedd cartref David Davies. Fel yr hynaf o naw o blant cafodd fagwraeth syml ond dedwydd.

Ar ôl gadael yr ysgol yn 11 oed fe aeth David Davies i weithio i adeiladydd lleol. Buan iawn y daeth yn amlwg fod gan y bachgen allu naturiol i drin coed.

Yn ychwanegol at hynny, roedd ganddo'r ddawn ryfeddol o wybod yn union beth oedd gwerth masnachol boncyff coeden drwy gymryd dim ond un cip sydyn ar y coedyn. Nid coed oedd ei unig arbenigedd. O fewn dim roedd galluoedd amryddawn David Davies, Llandinam, wedi dod i sylw pobol ddylanwadol yn sir Drefaldwyn.

Gwyn Briwnant Jones

Roedd o wedi bod yn atgyweirio darn o'r ffordd yn ymyl Llandinam ar waelod y dyffryn ac fe ddigwyddodd

Thomas Penson, syrfëwr y sir, ddod heibio a sylwi ar safon uchel y gwaith. Ar sail hynny, cynigiodd Penson gytundeb i David Davies adeiladu darn o'r ffordd yn Llandinam lle bellach mae cerflun y darpar ddiwydiannwr wrth ochr yr A470, y briffordd rhwng de a gogledd Cymru. David Davies osododd sylfeini'r ffordd honno a sylfeini pont haearn yn ei hymyl.

Yn fuan, roedd enw David Davies yn adnabyddus drwy sir Drefaldwyn ac fe enillodd gytundebau i godi nifer o bontydd. Yn 1855 fe gafodd y gwaith o adeiladu rheilffordd rhwng Llanidloes a'r Drenewydd, ac ar y cyd â Thomas Saving bu'n gyfrifol am reilffordd yn Nyffryn Clwyd, yn ogystal â llinellau o'r Drenewydd i Groesoswallt, ac o'r Drenewydd i Fachynlleth. Ond erbyn canol y 1860au roedd porfeydd brasach na rhai Maldwyn yn denu David Davies.

Gwyn Briwnant Jones

Pan symudodd i lawr i'r Rhondda fe aeth i ben uchaf y cwm, i Graig-cefn-parc, ac yno fe ddechreuodd suddo pwll glo. Roedd o wedi deall bod cyfoeth diderfyn o lo da ar gael yno. Ond er iddo dyllu'n ddwfn, ddaeth o ddim yn agos at ddarganfod unrhyw arwydd o lo.

Yn y diwedd bu'n rhaid iddo alw ei weithwyr ynghyd ac esbonio nad oedd ganddo ddigon o arian ar ôl i'w cyflogi nhw i ddal ati i dyllu. Ond pwysleisiodd wrth y dynion ei fod o'n ffyddiog eu bod nhw'n bur agos at gyrraedd haenau ar haenau o lo, digon i'w cadw mewn gwaith am weddill eu dyddiau. Apeliodd arnyn nhw i weithio iddo fo yn ddi-dâl am un wythnos arall. Aeth i'w boced a thynnu allan hanner coron, sef deuddeg ceiniog a hanner yn arian heddiw. Gan ddweud mai dyna'r cyfan o arian a feddai, fel arwydd o ewyllys da taflodd yr hanner coron i ganol y dyrfa. Drwy hynny perswadiodd David Davies nhw i barhau i dyllu.

Fe wobrwywyd ffydd y dynion yn David Davies ar ei ganfed. Cyn diwedd yr wythnos honno roedden nhw wedi dod o hyd i lo – digonedd ohono. Wrth dyllu heb gyflog daeth y dynion ar draws gwythïen anferth a oedd yn mynd drwy Gwm Parc yn y Rhondda Fawr. Byddai'r wythïen honno'n trawsnewid David Davies, mab y tyddyn tlawd, yn un o ddynion pwysicaf a chyfoethocaf Cymru.

Gwyn Briwnant Jones
David Davies oedd miliwnydd Cymreig cyntaf Cymru. Ac yng Nghymru y gwnaeth o bob ceiniog o'i gyfoeth. A hynny drwy ei ymdrechion ei hun. Roedd ei orchest yn un anhygoel.

Yn ôl ein safonau ni, mae ail hanner y bedwaredd ganrif ar bymtheg yn ymddangos yn un ddigon caled i'r werin. Doedd yna ddim gwasanaeth iechyd rhad ac am ddim nag yswiriant cenedlaethol. Roedd teuluoedd mawr yn byw mewn tai afiach, a'r penteulu'n gweithio oriau hir dan amodau peryglus. Ond roedd gan y gweithwyr diwydiannol, serch hynny, sawl mantais dros eu cyndadau amaethyddol. Efallai fod y gwaith yn fwy peryglus ond roedd y tâl yn well, ac roedd yna gyfle i unigolyn ddod ymlaen yn y byd. David Davies, Llandinam, yw'r enghraifft fwyaf nodedig o Gymro cyffredin yn llwyddo i ymgyfoethogi'n aruthrol, ond llwyddodd sawl un arall i grynhoi cryn gyfoeth. Perchnogion siopau bach oedd David Davies, Ferndale, a Samuel Thomas, Ysgubor Wen, cyn iddyn nhw fuddsoddi mewn pyllau glo a gwneud eu ffortiwn.

Roedd cyfle i weithwyr cyffredin ddod yn eu blaenau hefyd. Gallai glöwr a oedd yn weithiwr caled, â thipyn yn ei ben, gael ei ddyrchafu'n oruchwyliwr neu'n glerc. Codwyd rhai yn rheolwyr hyd yn oed. Ond mae hanes y dynion cyffredin a lwyddodd wedi mynd yn angof i bob pwrpas. Mae ein hanes poblogaidd wedi portreadu'r broses o ddiwydiannu fel brwydr rhwng gwas a meistr, a rhwng gweithiwr a pherchennog. Ond rhwng y ddau begwn hynny fe dyfodd dosbarth canol llewyrchus drwy gydol y bedwaredd ganrif ar bymtheg – swyddogion chwareli, goruchwylwyr pyllau glo, meddygon, athrawon, cyfreithwyr, bancwyr. Fyddai dyn ddim yn dod yn filiwnydd drwy gadw siop groser, efallai, ond fe fyddai ganddo safon byw braf, a safle parchus o fewn cymdeithas.

Wrth i rai aelodau o'r werin ymddyrchafu, roedd perchnogion y stadau mawr yn dod fwyfwy dan warchae. Ganddyn nhw roedd y crandrwydd a'r statws o hyd. Ond roedd eu dylanwad yn cael ei erydu'n raddol.

Ymhlith y dosbarth canol newydd roedd ymdeimlad o gydwybod cymdeithasol yn datblygu. A'r rhain, nid y byddigion, ddechreuodd ymorol am les y werin.

W. P. Griffith

Mae sefydlu Undebau'r Tlodion yn nhri degau a phedwar degau'r bedwaredd ganrif ar bymtheg yn drobwynt pwysig oherwydd y bobol sy'n ymwneud â nhw ydi aelodau o'r dosbarth canol: ffermwyr amlwg, siopwyr, cyfreithwyr. Y bobol hyn, nid y bonedd, sy'n dod yn Warcheidwaid y Tlodion ac yn aelodau o'r byrddau ac ati a fyddai'n gofalu am les y tlawd a'r anghenus. Mae'r dosbarth canol drwy hynny yn magu profiad o weinyddu sy'n eu harwain nhw i gredu y gallan nhw gyfrannu ymhellach drwy ddod, er enghraifft, yn ynadon heddwch. Roedd yr ynadaeth heddwch wedi bod yn gaeedig i bob pwrpas cyn hynny i bawb ond y bonedd ac i rai clerigwyr Anglicanaidd.

Y fantais fawr a oedd gan y dosbarth canol oedd eu bod nhw mewn cysylltiad cyson â'r werin yn rhinwedd eu gwaith. Yn wahanol i'r arglwydd yn ei blas, roedd ganddyn nhw ddealltwriaeth pur dda o broblemau cymdeithasol y werin bobol. Oherwydd hynny, daeth y dosbarth canol i chwarae rhan allweddol yn natblygiad gwleidyddol y bedwaredd ganrif ar bymtheg. Nhw yn aml iawn fyddai'n gyfrifol am leisio barn y werin, mewn geiriau a oedd eto'n ddigon cymedrol i gael gwrandawiad gan y sefydliad bonheddig.

Roedd y drefn wleidyddol ym Mhrydain yn wynebu newidiadau na welwyd eu tebyg erioed o'r blaen. Yn araf bach byddai cyfundrefn a oedd wedi bodoli ers cyfnod y Rhyfel Cartref yn Lloegr (1642–1651) yn datgymalu. Yn 1834 fe losgwyd senedd-dy San Steffan yn ulw – yn ddamweiniol, nid drwy chwyldro. Dechreuwyd ar y gwaith o godi adeilad newydd chwe blynedd yn ddiweddarach. Ac fe fyddai pensaernïaeth ysblennydd Augustus Welby Northmore Pugin yn dod yn gartref i fath newydd o wleidyddiaeth, un mwy cynrychioladol nag a fu.

Erbyn dechrau'r bedwaredd ganrif ar bymtheg roedd trigolion cyffredin Prydain wedi cael llond bol ar drefn wleidyddol a oedd yn ffafrio'r hen fonedd. Yn Ewrop ac America roedd y werin wedi troi at ddulliau chwyldro er mwyn lleisio'i hanniddigrwydd. Ac yng Nghymru fel yn Lloegr cafwyd terfysgoedd mewn sawl dinas a thref ddiwydiannol, o Gasnewydd i Ferthyr i Lanidloes.

Sylweddolodd y sefydliad gwleidyddol fod yn rhaid i bethau newid os oedden nhw am osgoi chwyldro ym Mhrydain tebyg i'r un a siglodd Ffrainc at ei seiliau rhwng 1789 ac 1799. Yn 1832 fe gafwyd y gyntaf o dair deddf i ddiwygio'r Senedd. Gan gydnabod am y tro cyntaf fod y Chwyldro Diwydiannol wedi trawsnewid rhannau helaeth o wledydd Prydain, newidiwyd ffiniau'r etholaethau seneddol er mwyn cryfhau llais y broydd newydd diwydiannol. Ond yn bwysicach na dim fe gafodd pob dyn oedd ag eiddo gwerth mwy na £10 y flwyddyn yr hawl i bleidleisio. Dros nos fe gynyddodd nifer yr etholwyr ym Mhrydain o 435,000 i 650,000.

Y dosbarth canol uwch a elwodd fwyaf o ddeddf 1832, ond yn raddol dros gyfnod o hanner can mlynedd fe gafodd mwy a mwy o ddynion yr hawl i bleidleisio. (Dim ond dynion, sylwer!) Yn 1867 ychwanegwyd miliwn o enwau at y gofrestr etholwyr, ac yn 1884 fe dreblwyd y nifer a allai bleidleisio. Mewn llai na chan mlynedd roedd gwleidyddiaeth Prydain wedi esblygu o fod yn drefn ffiwdal a gâi ei rheoli gan y bonedd i fod yn rhywbeth a ymdebygai i ddemocratiaeth.

Roedd y bedwaredd ganrif ar bymtheg, felly, yn gyfnod o ddemocrateiddio syfrdanol: proses a lwyddodd yn y pen draw i danseilio grym y bonedd. Ond peidied neb â meddwl bod y broses yma wedi bod yn un hawdd na bod y daith wedi bod yn un esmwyth. Roedd y bedwaredd ganrif ar bymtheg hefyd yn gyfnod cythryblus. Er na fu yma chwyldro ar ddim byd tebyg i raddfa'r Chwyldro Ffrengig, fel y soniwyd yn barod, roedd terfysg yn beth digon cyffredin ym Mhrydain ac yn sicr yng Nghymru'r cyfnod.

Yn y gorllewin gwledig trodd y boblogaeth yn erbyn perchnogion y ffyrdd tyrpeg. Gan alw eu hunain yn Ferched Beca, byddai dynion wedi eu gwisgo fel merched yn ymosod ar dollbyrth a oedd yn codi crocbris am gludo nwyddau a gwrtaith ar hyd y ffyrdd. Yn yr Efail-wen yn sir Benfro y bu'r ymosodiad cyntaf yn 1839 ac o hynny tan 1843, pan hanerwyd y tollau teithio, ymosododd Beca ar dros 250 o ddollbyrth, y mwyafrif ohonyn nhw yn sir Gaerfyrddin.

Wrth reswm, yn ardaloedd poblog y gweithfeydd diwydiannol y bu'r terfysgoedd ar eu ffyrnicaf. Y Santes Tudful, nid Dic Penderyn, yw'r merthyr tybiedig a goffeir yn enw'r hen dref haearn, Merthyr. Ond Richard Lewis, a rhoi iddo'i enw bedydd, yw merthyr cyntaf y werin ddiwydiannol. Crogwyd ef – ar gam, gellir dweud i sicrwydd, bron – am ei ran yn y gwrthryfel yn 1831 pan feddiannwyd y dref fwyaf yng Nghymru am dridiau gan y gweithwyr. Gwladwr oedd Dic Penderyn a gwreiddiau gwledig oedd i rai o'r terfysgoedd trefol hefyd.

Paul O'Leary

Yn y gymdeithas ddiwydiannol gynnar fe ffurfiwyd mudiadau cudd ar lun mudiadau a oedd yn bodoli yng nghefn gwlad fel y Ceffyl Pren. [Cosb gymunedol wledig lle byddai gwŷr neu wragedd a oedd yn cael eu hamau o anffyddlondeb yn cael eu clymu wrth ffrâm bren a'u gwawdio'n gyhoeddus. Yn yr ardaloedd diwydiannol addaswyd yr arferiad fel cosb ar elynion y dosbarth gweithiol.] Efallai mai'r pwysicaf o'r mudiadau hyn oedd y Teirw Scotch. Er gwaetha'r enw, doedd dim cysylltiad â'r Alban nag Albanwyr. Dyma fudiad a weithredai yn ystod y nos mewn trefi fel Tredegar. Roedd yr aelodau'n gwisgo cyrn anifeiliaid ac yn creu stŵr. Roedden nhw'n ymosod ar dai ac, weithiau, ar unigolion oedd yn cael eu hamau o fod yn gweithio yn erbyn buddiannau'r gymuned – pobol, er enghraifft, oedd yn torri streiciau. Ar rai adegau fe welid y mudiad yn gweithredu'n feiddgar dros ben gan fygwth rhai o berchnogion y gweithfeydd. Mewn un achos, hyd yn oed, fe anfonodd y Teirw Scotch lythyr bygythiol at y Fonesig Charlotte Guest, perchennog un o'r gweithfeydd haearn mwyaf ym Merthyr ac, yn wir, un o'r gweithfeydd haearn mwyaf yn y byd.

Wrth i ddynion dibleidlais ddechrau ymwleidydda o ddifri, terfysg oedd eu ffordd nhw o fynegi eu barn. Hyd yn oed ar

ôl i'r gyntaf o ddeddfau diwygio'r Senedd ddod i rym roedd
pwysau cynyddol am fwy fyth o newid. Sefydlwyd Mudiad y
Siartwyr yn 1836, mudiad poblogaidd oedd yn ymgyrchu
dros ragor o hawliau democrataidd. Denodd filoedd o
gefnogwyr ymhlith rhengoedd y gweithwyr diwydiannol yn
ne a chanolbarth Cymru.

Draenen bigog yn ystlys y sefydliad oedd y Siartwyr.
Roedd rhai o fewn y mudiad yn cefnogi defnyddio trais i
ddymchwel y llywodraeth. Yn 1839 aeth criw o Siartwyr
Casnewydd ati i geisio cychwyn gwrthryfel. Roedden nhw
dan yr argraff fod Henry Vincent, ffigwr amlwg yn y mudiad,
wedi cael ei garcharu yng ngwesty'r Westgate. Dan
arweinyddiaeth John Frost, cyn-faer Casnewydd, fe
ymosodwyd ar y gwesty. Fe aeth hi'n frwydr rhwng y
Siartwyr a charfan o gwnstabliaid arbennig, a lladdwyd deg
o'r Siartwyr.

Drwy gyfuniad o fygythiad a pherswâd, terfysg a thrafod,
erbyn canol y bedwaredd ganrif ar bymtheg fe
drosglwyddwyd mwy o rym gwleidyddol i ddwylo'r werin.
Ac o dipyn i beth byddai'r syniadau blaengar a gâi eu harddel
gan y Siartwyr yn cael eu hadleisio gan rai o arweinyddion
cymdeithas. Oedd, roedd rhai yn dal i ddyheu am chwyldro
gwaedlyd, ond rhoi eu ffydd yn y blaid Ryddfrydol a dulliau
cyfansoddiadol o gael y maen i'r wal wnaeth y rhan fwyaf o'r
werin.

Drwy gydol ail hanner y bedwaredd ganrif ar bymtheg
tyfodd grym y Blaid Ryddfrydol yng Nghymru ar raddfa
aruthrol. Yn Etholiad Cyffredinol 1880 fe etholwyd 29 o
aelodau Rhyddfrydol, gyda'r Ceidwadwyr yn llwyddo i ddal
eu gafael ar ddim ond pedair sedd. Am dros ddeugain
mlynedd fe fyddai'r Rhyddfrydwyr yn rheoli Cymru.
Fedrai'r Torïaid wneud dim o gwbl i'w hatal. Ac yn
allweddol, dynion o gefndir dosbarth canol oedd asgwrn
cefn y blaid yn ystod y cyfnod hwnnw.

Yn sgil y fath newid yn natur gwleidyddiaeth Cymru fe gafodd gwerthoedd arbennig iawn eu meithrin. Byth ers hynny bu gwleidyddiaeth Cymru mewn sawl dull a modd yn wahanol iawn i wleidyddiaeth Lloegr. (Credid am gyfnod byr yn saith degau ac wyth degau'r ugeinfed ganrif fod y Prif Weinidog, Margaret Thatcher, wedi llwyddo i gael gwared â'r gwahaniaeth hanesyddol hwnnw wrth i'r Toriaid gipio 14 o seddau Cymreig yn etholiad cyffredinol 1983. Ond byrhoedlog fu llwyddiant y blaid Geidwadol yng Nghymru. Yn dilyn etholiadau cyffredinol 1997 a 2001 doedd gan y Toriaid ddim un Aelod Seneddol drwy Gymru gyfan.)

Ond er mor barod oedd Cymry'r bedwaredd ganrif ar bymtheg i sôn am ryddid, mae angen esbonio sut yr oedden nhw ar y pryd yn dehongli'r gair. Er i'r mudiad Cymru Fydd gael ei sefydlu yn 1886, gyda'r bwriad o efelychu'r galw cynyddol yn Iwerddon am hunanlywodraeth, nid yn nhermau annibyniaeth yr oedd radicaliaid Cymru drwy'r trwch yn ystyried 'rhyddid'.

Paul O'Leary
Roedd y syniad o ryddid yn hollol greiddiol i radicaliaeth y bedwaredd ganrif ar bymtheg ond roedd ystyr rhyddid i bobol y cyfnod yn wahanol i'r ystyr a roddwn ni heddiw i'r gair. Cael y bleidlais oedd ystyr rhyddid gwleidyddol bryd hynny. Ond yn ogystal – ac yn fwy penodol – roedd rhyddid cydwybod a rhyddid crefyddol yn allweddol.

Tân ar groen cenedl o gapelwyr oedd yr orfodaeth a roddid ar amaethwyr, a'r rheini'n gapelwyr bron i gyd, i dalu'r ddegfed ran o'u hincwm i'r eglwys Anglicanaidd, eglwys na fyddai'r mwyafrif llethol ohonyn nhw byth yn ei thywyllu. Prawf o'r ffaith nad yn yr ardaloedd diwydiannol yn unig y bu terfysg yn y 1880au yw'r ymrafael ffyrnig rhwng y

ffermwyr a'r awdurdodau – yn sir Ddinbych yn bennaf – a
ddaeth i gael ei adnabod fel Rhyfel y Degwm. Er mai
datgysylltu eglwysi Cymru oddi wrth Eglwys Loegr oedd
nod yr ymladdwyr, ysbryd y gwrthryfelwyr hynny oedd man
cychwyn modern y mudiad dros senedd i Gymru a
gymerodd dros ganrif i ddwyn ffrwyth yn refferendwm
datganoli 1997.

O gofio am draddodiad radical cefn gwlad ni ddylid
synnu mai dynion o ardaloedd gwledig oedd sawl un o
broffwydi'r genedl newydd, dynion fel Henry Richard,
Tregaron. Ond yn yr ardaloedd diwydiannol y daethon nhw
o hyd i'w cynulleidfa. Mae Henry Richard yn cael ei
adnabod fel yr Apostol Heddwch ond gwyddai hefyd sut i
ysbrydoli'r werin ddiwydiannol. Hunaniaeth Gymreig wedi
ei seilio ar werthoedd anghydffurfiaeth yn hytrach na'r
eglwys wladol oedd ei bregeth fawr pan etholwyd ef yn
Aelod Seneddol Merthyr yn 1868.

Paul O'Leary

Fe roddodd e araith yn ystod yr ymgyrch etholiadol
oedd yn crisialu holl syniadaeth y Gymru
anghydffurfiol. Gwahaniaethodd yn llwyr rhwng y
Cymry anghydffurfiol a'r bobol nad oedd yn perthyn i'r
genedl, sef, yn ei farn ef, y tirfeddianwyr, y cyflogwyr, yr
eglwyswyr. Ac i osgoi unrhyw gamddealltwriaeth
dyma fe'n datgan: *Ni* yw'r genedl ac nid *chi*.

Er bod Cymru'n newid yn syfrdanol o gyflym – ac er bod
ysbryd radicalaidd ar gerdded drwy'r tir – doedd yr hen
fonedd ddim wedi gollwng gafael ar eu grym. Gyda'r teulu
grymusaf yn y cyd-destun diwydiannol yr oedd llinach Bute,
meistri Caerdydd.

David Jenkins

John, Ail Ardalydd Bute, oedd y person mwyaf dylanwadol ohonyn nhw. Fo oedd y dyn â'r weledigaeth i ddatblygu dociau Caerdydd. Mae pobol yn meddwl bod y teulu Bute wedi gwneud ffortiwn o'r dociau ond dyw hynny ddim yn wir o gwbl. Fe wnaethon nhw ffortiwn o'r ffaith fod ganddyn nhw hawl i godi treth ar bob tunnell o lo oedd yn cael ei allforio o Gaerdydd. Ond, a dweud y gwir, arllwys pres i'r dociau heb gael llawer yn ôl fu hanes y teulu. Gyda datblygiad llongau yn y bedwaredd ganrif ar bymtheg a'r symudiad o longau hwyliau wedi'u hadeiladu o bren i longau ager oedd yn dair a phedair a dengwaith maint y llongau hwyliau, drwy gydol y ganrif, roedd angen codi dociau newydd o hyd yng Nghaerdydd.

Wrth i'r porthladdoedd o gwmpas Caerdydd ehangu, yno yr ymladdwyd y frwydr rhwng yr hen drefn a'r drefn newydd. Un o'r allforwyr glo pwysicaf erbyn hyn oedd y bachgen o Landinam, David Davies. A doedd David Davies ddim yn hapus ei fod yn gorfod talu gwrogaeth – a thalu arian, yn enwedig – i'r hen drefn etifeddol.

Dyma ddyn oedd wedi codi o ddechreuadau hynod o gyffredin i fod yn berchennog cwmni glo cynhyrchiol a phroffidiol. Ac yn 1874 roedd o wedi cael ei ethol i'r Senedd yn ddiwrthwynebiad fel yr Aelod Rhyddfrydol (afraid dweud!) dros Geredigion. Doedd dyn mor benderfynol â David Davies ddim yn mynd i adael i'r teulu Bute gael eu dwylo ar ei arian. Yn hytrach na pharhau i dalu treth i Ardalydd Bute am gael gyrru ei lo trwy ddociau Caerdydd, aeth Davies ati i adeiladu ei ddociau ei hun.

David Jenkins

Fe edrychodd o ar nifer o ddewisiadau. Roedd sôn am godi porthladd lle mae afon Ogwr yn mynd i'r môr, ond yn y diwedd penderfynwyd ceisio codi dociau yn y Barri. Doedd y Barri'r adeg honno yn ddim ond pwtyn bach o bentref ym Mro Morgannwg.

Bu'n frwydr wedyn drwy'r 1880au. Roedd cefnogwyr Bute yn Nhŷ'r Arglwyddi yn gwrthwynebu mesur David Davies a'i Barry Railway Company i godi rheilffordd o'r Rhondda i'r Barri ac agor porthladd yn y Barri. Enillodd cwmni David Davies y ddadl yn 1884. Ac yn 1889 agorodd dociau'r Barri.

O fewn dim roedd glo Cwmni'r Ocean yn llifo i lawr y Cymoedd ar raddfa aruthrol.

Gwyn Briwnant Jones

Roedd David Davies wedi amcangyfrif efo'i gywirdeb arferol y byddai llong 6,000 tunnell yn gallu cael ei llwytho mewn deg awr. Roedd hynny'n golygu llwytho 600 tunnell yr awr. Efo wagenni glo ar y pryd yn cario deg tunnell yr un, golygai hynny 60 o wagenni bob awr, sef un bob munud.

Drwy weithredu'n unol ag effeithlonrwydd a chysactrwydd David Davies daeth dociau'r Barri yn symbol o oruchafiaeth y drefn newydd dros yr hen un. Roedd Davies wedi gorfod ennill sêl bendith y Senedd yn Llundain. Ystyriwch arwyddocâd hynny: Cymro o gefndir hollol gyffredin yn trechu'r sefydliad Prydeinig yn Senedd Fictoria, Ymerodres India. Gorchest ryfeddol.

Yn y Brydain ddemocrataidd newydd roedd mab tyddyn yn Llandinam yn gallu dod yn un o gewri diwydiannol a gwleidyddol amlycaf Cymru – rhywbeth a fyddai wedi bod yn amhosib ddwy genhedlaeth ynghynt. Erbyn y 1880au roedd natur gwleidyddiaeth Cymru a Phrydain wedi newid yn llwyr.

Ond gyda phob newid gwleidyddol, pa mor radical bynnag y bo, mae rhai sy'n dal yn anfodlon. Neu tecach yw dweud nad pawb oedd yn gallu manteisio ar y cyfleoedd a gynigid gan y ddemocratiaeth newydd. Eithriad oedd David Davies wedi'r cyfan. Roedd o wedi llwyddo i gyrraedd uchelfannau grym, cyfoeth ac awdurdod. Ond am bob David Davies roedd miloedd ar filoedd o deuluoedd a oedd yn dal i fyw ar gyrion cymdeithas. Ac roedden nhw eto i gael eu hargyhoeddi bod y ddemocratiaeth newydd yn cynnig gwaredigaeth iddyn nhw a'u tebyg.

Drwy gydol y bedwaredd ganrif ar bymtheg fe aeth y drefn ddemocrataidd ym Mhrydain drwy newidiadau arwyddocaol. Ond hyd yn oed ar ôl Deddf 1884, dim ond tua chwech y cant o ddynion Prydain oedd â'r hawl i bleidleisio. Rhaid oedd bod yn berchen yn gyntaf ar eiddo, a dyna'r maen tramgwydd mawr. Trodd rhai o'r gweithwyr di-lais hyn at yr undebau llafur mewn ymgais i fynegi eu hanniddigrwydd.

Ar ddechrau'r Chwyldro Diwydiannol roedd undebaeth lafur yn anghyfreithlon ym Mhrydain, a'r un oedd y sefyllfa hefyd yn y rhan fwyaf o'r gwledydd datblygedig. Ond ar ôl i Gomisiwn Brenhinol ddyfarnu y byddai undebaeth drefnus a chyfrifol yn fanteisiol i'r gwas a'r meistr fel ei gilydd, cyfreithlonwyd undebau llafur yn 1871.

Yng Nghymoedd y De rhoddwyd pwyslais sylweddol ar y syniad o undod undebol. Yn 1898 ffurfiwyd Ffederasiwn Glowyr De Cymru – neu'r Ffed, fel yr adnabyddid rhagflaenydd Undeb Cenedlaethol y Glowyr – undeb a fyddai'n cynrychioli holl lowyr y de. Yn y blynyddoedd cynnar roedd yn fudiad digon cymedrol, yn cael ei arwain gan Mabon, sef William Abraham, Aelod Seneddol Rhyddfrydol y Rhondda ers 1885.

Wrth i'r blynyddoedd fynd rhagddynt daeth y Ffed yn un o fudiadau mwyaf radical Cymru. Etholwyd Arthur

Horner, a oedd yn gomiwnydd, yn arweinydd arno yn 1936. Ni ellir dechrau gwneud cyfiawnder â'r dylanwad a gafodd y Ffed, a'i olynydd, Undeb Cenedlaethol y Glowyr, ar hanes de Cymru yn enwedig. Drwy ei lyfrgelloedd, ei neuaddau lles ac eisteddfod flynyddol y glowyr ym Mhorthcawl, yn ddiwylliannol yn ogystal ag yn faterol, bu'r dylanwad hwnnw'n llesol drwodd a thro.

Mae'n bwysig cofio, hefyd, fod gan chwarelwyr y gogledd undeb lafur.

Dafydd Roberts

Fe sefydlwyd Undeb Chwarelwyr Gogledd Cymru ym Mhen Llyn, Llanberis, yn 1874. A dyna'r undeb oedd yn cynrychioli'r chwarelwyr a phawb arall oedd yn gysylltiedig â'r diwydiant chwareli tan iddi gael ei thraflyncu gan Undeb y Gweithwyr Cludiant a Chyffredinol – yr undeb fawr, Brydeinig – yng nghanol y 1920au.

Fu Undeb Chwarelwyr Gogledd Cymru erioed yn undeb a gafodd gefnogaeth enfawr ym mhob un o'r chwareli. Ar ei chryfaf fe fyddai gan yr undeb aelodaeth o 8,000 neu 9,000, allan o weithlu o hyd at 15,000 yn chwareli'r gogledd i gyd. Ond roedd yr undeb yn ddylanwadol ac yn eiconaidd, bron, o safbwynt undebaeth yng Nghymru. Dyma, wedi'r cyfan, yr undeb ddaru ymladd y Streic Fawr yn Chwarel y Penrhyn rhwng 1900 ac 1903.

Yn ogystal ag ymgyrchu dros fwy o dâl a gwell amodau gwaith, roedd Undeb y Chwarelwyr yn fodd o sicrhau bod safbwyntiau'r aelodau'n cael eu trafod yn y wasg. Drwy siarad ag un llais roedd y chwarelwyr yn gallu ennill cydymdeimlad y cyhoedd yn gyffredinol i'w hachos gan roi pwysau ar y perchnogion i wrando ar ddyheadau chwarelwyr Bethesda, Llanberis, Dyffryn Nantlle a Blaenau Ffestiniog.

Dafydd Roberts
Mae'n rhaid cofio nad oedd gan ddynion cyffredin bleidlais seneddol tan yn hwyr yn y bedwaredd ganrif ar bymtheg. Ond unwaith y cafwyd y bleidlais, datblygodd ardaloedd y chwareli i fod yn gadarnleoedd i'r blaid Ryddfrydol. I raddau helaeth fe barhaodd hynny i fod yn wir tan ymhell iawn i mewn i'r ugeinfed ganrif.

O 1890 tan 1945 David Lloyd George ei hun oedd Aelod Seneddol Bwrdeistrefi Caernarfon – etholaeth oedd yn cwmpasu chwe bwrdeistref: Caernarfon, Bangor, Conwy, Cricieth, Nefyn a Phwllheli. Yn sir Feirionnydd wnaeth y Blaid Lafur ddim llwyddo i ennill y sedd oddi ar y Rhyddfrydwyr tan 1951. Felly, mae tystiolaeth sicr fod y Blaid Ryddfrydol yn apelio at y chwarelwyr a'u teuluoedd.

Yn bennaf oherwydd enwogrwydd Streic Fawr y Penrhyn yn hanes undebaeth lafur drwy wledydd Prydain a thu hwnt, mae chwarelwyr gogledd Cymru wedi dod i gael eu hadnabod fel rhai o radicaliaid chwedlonol y byd diwydiannol. Er na ellir bychanu am eiliad eu haberth a'u hymroddiad dros chwarae teg a chyfiawnder, gellir dadlau bod gwahaniaethau arwyddocaol rhwng chwarelwyr y gogledd a glowyr de Cymru.

Osian Jones
Dwi ddim yn derbyn y syniad o'r chwarelwr radicalaidd ar droad yr ugeinfed ganrif. Wrth inni graffu ar yr hanes, fe welwn mai creadur gwahanol iawn i'r glöwr yng Nghymoedd y de oedd y chwarelwr yng Ngwynedd.

Rhyddfrydwyr i'r carn oedd y rhan fwyaf o'r

chwarelwyr, dynion yn arddel y capel a'r iaith Gymraeg, a Lloyd George ei hun yn bennaeth ar y cyfan ac yn symbol o'r gwareiddiad anghydffurfiol Cymreig.

Dafydd Roberts

Fe arweiniwyd Undeb y Chwarelwyr dros y blynyddoedd gan wahanol fathau o ddynion. Roedd yr arweinwyr cyntaf wedi codi o blith yr hyn y byddech chi, mae'n debyg, yn ei alw'n ddosbarth canol Cymraeg y cyfnod yng Ngwynedd. Ond erbyn dechrau'r ugeinfed ganrif roedd yr Undeb wedi newid ac wedi dewis dynion o blith y rhengoedd i'w harwain nhw. Chwarelwyr cyffredin oedd y rhain yn aml iawn, ac roedden nhw'n fodlon ymladd y frwydr yn erbyn y perchnogion mewn ffordd fwy mileinig nag y byddai'r arweinwyr dosbarth canol cyntaf wedi'i wneud.

Tyfu, felly, wnaeth radicaliaeth y chwarelwyr gydag amser. Ond er i Undeb Chwarelwyr Gogledd Cymru frwydro'n chwyrn yn erbyn y perchnogion, parhau'n ffyddlon i'r Blaid Ryddfrydol wnaeth chwarelwyr y gogledd ymhell ar ôl i drwch y werin ddiwydiannol Gymreig roi eu ffydd yn y Blaid Lafur.

Osian Jones

Mae hanes Cymoedd glofaol y de yn dangos bod y glowyr wedi croesawu sosialaeth efo breichiau agored. Eto i gyd, mae'n rhaid cofio nad oedd yna ddim byd organaidd yn hynny. Doedd y syniadau sosialaidd newydd ddim wedi tyfu o dir y de. Pobol ddŵad, pobol oedd wedi symud i Gymru o Loegr i chwilio am waith, oedd pregethwyr mwyaf pybyr y grefydd newydd sosialaidd.

Hyd yn oed pan fyddai cenhadon sosialaidd, megis y Gymdeithas Ffabiaidd, yn ymweld â gogledd-orllewin Cymru, ychydig iawn o ymateb roedden nhw'n ei gael.

Osian Jones

Fe wyddom ni fod y gymdeithas honno wedi cynnal cyfarfodydd ledled gogledd Cymru ond wnaeth gweithwyr cyffredin yr ardaloedd hynny ddim cymryd dim sylw o gwbl ohoni hi. Yr unig rai oedd yn mynychu'r cyfarfodydd hynny oedd pobol ddosbarth canol oedd yn gweithio fel athrawon a doctoriaid a chyfreithwyr.

Cyn darllen gormod i hyn, teg yw nodi na fyddai gan y rhan fwyaf o chwarelwyr Gwynedd ddim digon o Saesneg i allu dilyn yr hyn a ddywedid yn y cyfarfodydd hynny. Er na thaniwyd dychymyg y chwarelwyr, am ba reswm bynnag, gan efengyl y Gymdeithas Ffabiaidd, cafodd y weledigaeth sosialaidd ddylanwad parhaol ar Gymro alltud nodedig iawn, yr addysgwr unplyg David Thomas (1880–1967).

Osian Jones

Wrth edrych ar fywyd a gwaith David Thomas fe welwn ei fod wedi cael ei eni a'i fagu yn Llanfyllin ym Mhowys, ardal oedd yn bell iawn o unrhyw ganolfan ddiwydiannol fawr. Ond fe aeth ati'n ifanc i ddarllen gwaith sylwebwyr cymdeithasol Fictoraidd fel John Ruskin a Thomas Carlyle. Heb unrhyw amheuaeth, fe ddylanwadodd eu hysgrifau a'u syniadau nhw yn drwm ar y David Thomas ifanc.

Fe aeth o ymlaen wedyn i fod yn athro ysgol yn Birmingham. Ar y pryd roedd o'n darllen un o lyfrau mwyaf adnabyddus y cyfnod, 'The White Slaves of England', Robert Sherard. Ond yn fwy na dim, mae'n gwbl amlwg fod byw ymhlith y dosbarth gweithiol

Llongau glo yn nociau Caerdydd

Iard wagenni glo ar y cei yng Nghaerdydd

diwydiannol, yng nghanol eu gormes a'u dioddefaint, wedi cael dylanwad mawr ar David Thomas. Pan ddaeth o 'nôl i Gymru roedd y profiadau a gawsai yng nghanoldir diwydiannol Lloegr wedi ei symbylu i weithio fel sosialydd.

Ar ôl gadael Birmingham, maes cenhadol David Thomas oedd dyffrynnoedd chwarelyddol Arfon. O'r dau ddegau ymlaen, yn bennaf drwy Fudiad Addysg y Gweithwyr, treuliodd oes faith ymhlith gwerin a oedd wedi ei magu i eilunaddoli Lloyd George. Ond er bod Llafur wedi llwyddo i drechu'r Rhyddfrydwyr yn etholiad 1945 yn sir Gaernarfon, mae lle i ddadlau nad oedd yr etholwyr yn sosialwyr tanbaid.

Osian Jones
Dwi ddim yn meddwl bod gweithwyr gogledd-orllewin Cymru wedi llyncu abwyd sosialaeth. A chafodd y gwreiddiau sosialaidd ddim eu plannu mor ddwfn yn y gogledd ag a gafon nhw yng nghymoedd y de.

Beth bynnag am hynny, gwleidyddiaeth a oedd yn mynnu rhagor o rym i werin gwlad fu gwleidyddiaeth Cymru. Ers y bedwaredd ganrif ar bymtheg roedd y glöwr a'r tyddynnwr fel ei gilydd wedi brwydro am yr hawl i fod â rhan amlycach ym mywyd gwleidyddol eu gwlad. Er i Ryddfrydiaeth barhau i hawlio teyrngarwch llaweroedd o Gymry'r ardaloedd gwledig, yn enwedig yn y canolbarth, sosialaeth fyddai'n rhoi ei stamp ar wleidyddiaeth y Gymru fodern. Ac roedd hynny'n golygu mynd ati i rannu peth o gyfoeth y breintiedig efo'r difreintiedig.

Yn eironig, proses oedd honno a oedd wedi cael ei chychwyn nid gan sosialydd ond gan Ryddfrydwr o Gymro Cymraeg, David Lloyd George, pan oedd o'n Ganghellor y

Trysorlys. Gwnaeth ei gyllideb chwyldroadol yn 1904, Cyllideb y Bobol, i'r cyfoethog wingo a phoeri gwaed.

Ond doedd dim modd atal y llanw gwerinol. Gan mlynedd ynghynt, y byddigion oedd yn dal i arglwyddiaethu dros y werin. Ar lannau Menai, ym Mhlas Newydd roedd Henry Paget, Ardalydd Cyntaf Môn, yn ŵr a oedd yn adnabyddus ar hyd a lled Ewrop, yn arwr Brwydr Waterloo ac yn Aelod Seneddol. Fo yw preswylydd unig copa Tŵr Marcwis yn Llanfair-pwll ac arwr ungoes rhigwm y Bardd Cocos: 'Marcwis of Angelsi gollodd ei glun, / Tasa fo wedi colli'r llall fasa gynno fo ddim un.'

Erbyn troad y ganrif newydd roedd ei orwyr wedi etifeddu'r teitl. Dyn gwahanol iawn i'w ragflaenwyr oedd y Pumed Marcwis. Henry Paget oedd ei enw yntau hefyd, ond dyn heb y mymryn lleiaf o ddiddordeb ym mywyd cyhoeddus ei genedl oedd yr Henry hwn. Wrth ei fodd yn gwisgo dillad merched, gwariodd arian y teulu ar wisgoedd a gemau drudfawr. Adeiladodd theatr yn y plas, lle treuliodd y rhan fwyaf o'i amser yn actio ac yn diddanu ei ffrindiau. Er iddo gael ei ddisgrifio fel 'aristocrat hoyw mwyaf drwg-enwog ei gyfnod', y gred bellach yw na fu i Henry, fel Narcissus o'i flaen, garu neb ond fo ei hun. Yn 1904 cafodd ei wneud yn fethdalwr efo dyledion o £549,000 (dros £60 miliwn heddiw).

Erbyn dechrau'r ugeinfed ganrif roedd llawer iawn o'r dosbarth bonheddig yn ymdrybaeddu – er nad i'r un graddau â Phumed Ardalydd Môn – yn eu pleserau eu hunain heb boeni dam am neb na dim y tu allan i furiau eu plastai. Prin, bellach, oedd y bonheddwyr a ddaliai i arddel y syniad o *noblesse oblige*. Ond, yng nghanol eu golud, efallai eu bod nhw'n teimlo erbyn hynny dan warchae. Yn sicr, byddai'r mwyaf hirben ohonyn nhw yn sylweddoli bod y byd eisoes wedi newid, ac y byddai'n newid rhagor. A hynny'n frawychus o sydyn.

Y Rhyfel Mawr, yn eironig, a newidiodd fywydau bonedd a gwrêng. Aeth llawer o'r bonheddwyr a oedd yn dal i'w hystyried eu hunain yn aelodau o'r dosbarth llywodraethol ati i brofi eu teyrngarwch i Brydain drwy aberthu eu meibion ar faes y gad. Pan ddaeth yr heddwch yn 1918, bu cytundeb Versailles yn ergyd drom i economi Cymru. Gorfodwyd yr Almaen, fel cosb am ddechrau'r rhyfel, i gyflenwi'r gwledydd buddugoliaethus â glo. Cosb hynod ffôl ac andwyol oedd honno – yn arbennig felly yn achos gwlad fel Cymru a allforiai ei glo i bedwar ban byd. Bu'r cyflenwadau o lo rhad o'r Almaen yn ergyd ddifrifol i ddiwydiant glo Cymru.

Roedd y Chwyldro Diwydiannol wedi chwyldroi sawl gwedd ar gymdeithas, ond dirwasgiad a diweithdra fyddai hanes diwydiannau trymion Cymru am weddill yr ugeinfed ganrif.

Y Chwyldro Diwydiannol:
Hunaniaeth a Delwedd

Hyd heddiw, mae diwydiant wrth galon ein syniad a'n cysyniad o'r hyn mae bod yn Gymro neu'n Gymraes yn ei olygu o ddifrif. Ymhell cyn imi erioed weld tomennydd llechi Bethesda a Blaenau Ffestiniog, heb sôn am fynd ar gyfyl pyllau glo'r Rhondda neu Rosllannerchrugog roeddwn i, gwladwr o berfeddion Môn, eisoes yn uniaethu'n reddfol â glowyr a chwarelwyr Cymru. A doedd dim byd anghyffredin yn hynny. Adeg streic fawr olaf y glowyr yn 1984 ac 1985 roedd y parseli bwyd wythnosol a anfonid o Wynedd at deuluoedd y streicwyr yn siroedd y de yn brawf o'r cydymdeimlad llwythol a fodolai rhwng pobl a rannai'r un hanes. Lle bynnag y cawsom ein magu, allwn ni ddim osgoi'r ffaith mai diwydiant a luniodd y Gymru fodern.

Nid odli yn unig mae'r geiriau 'iaith' a 'gwaith' yn ei wneud. Yn hanes ein cenedl maen nhw'n anwahanadwy. Dadleuodd economegydd o statws rhyngwladol, yr Athro Brinley Thomas (1906–1994), brodor o Bont-rhyd-y-fen a chyfaill agos i'r bardd Waldo Williams, mai'r Chwyldro Diwydiannol sy'n gyfrifol am y ffaith fod y Gymraeg yn iaith fyw o hyd – a'i bod hi'n iaith gryfach o lawer na'r Wyddeleg, er enghraifft. Gwlad heb ddiwydiant oedd Iwerddon. Gadael eu gwlad fu'n rhaid i'r Gwyddelod ei wneud, neu farw o newyn yn eu cannoedd ar gannoedd o filoedd yng nghanol y bedwaredd ganrif ar bymtheg. Ond heidio i Gymru wnaeth pobl o sawl cyfandir.

Er gwaethaf hynny, fel atodiad ymylol i Loegr y cafodd Cymru ei thrin – os cyfeirid ati o gwbl – yn y gwersi hanes y cawsom ein gorfodi i'w dioddef yn yr ysgol. Chlywais i 'run athro erioed, er enghraifft, yn crybwyll y ffaith mai Cymru oedd pwerdy'r Ymerodraeth Brydeinig.

Dafydd Trystan

Mae pawb yn meddwl bod globaleiddio yn rhywbeth newydd sydd wedi dod yn sgil y rhyngrwyd. Yn sydyn mae pawb ar draws y byd yn gallu siarad â'i gilydd. Dyna'r canfyddiad. Ac mae'r holl batrymau newydd yma yn cael eu galw'n 'globaleiddio'.

Ond cymharol yw pob dim. Drwy holl hanes dyn, mynd yn llai wnaeth y byd wrth i bobol deithio o wlad i wlad. Yn amlach na pheidio, ysbeilio gwledydd o'u cyfoeth a'u meddiannu oedd y nod. Ond yn sgil hynny, yn ogystal â phrynu a gwerthu neu gyfnewid nwyddau, roedd syniadau ac arferion diwylliannol a chrefyddol yn cael eu hallforio hefyd. Fe wnaethom ni hyd yn oed allforio diwygiad crefyddol 1904–05 o Gymru i wledydd a chyfandiroedd ar hyd a lled y byd.

Mewn sawl ffordd roedd Cymru'n rhan ganolog o'r farchnad ryngwladol ymhell cyn i'r term 'globaleiddio' gael ei fathu. Oeddem, roeddem ni'n arbenigwyr ar godi glo o'r ddaear a'i ddefnyddio i doddi haearn. Roeddem ni hefyd yn arbenigwyr ar ei farchnata a'i werthu. Ond er bod stori Cymru yn un wirioneddol ryfeddol, nid ein *story* ni oedd yr *history* a ddysgwyd inni'n blant yn ysgolion Cymru. Oherwydd hynny, wnaethon ni ddim sylweddoli am eiliad pa mor bwysig oedd Cymru yn hanes economaidd y byd mawr crwn. Mewn cyfnod pan oedd glo yr un mor bwysig ag yw olew bellach, roedd y modd y gosodid pris yr adnodd hanfodol hwnnw yn y Gyfnewidfa Lo yng Nghaerdydd yn cael yr un dylanwad ar farchnadoedd y byd â'r dylanwad sydd gan farwniaid olew OPEC heddiw. Pe byddem ni wedi

Glöwr 'dan ddaear'

Parc Cathays, Caerdydd

cael dysgu hynny yn yr ysgol, pwy all ddweud pa effaith fyddai'r wybodaeth honno wedi ei chael ar ein hunanhyder cenedlaethol?

David Jenkins
Roedd glo de Cymru ar ddechrau'r ugeinfed ganrif yn gyfystyr â'r hyn yw olew heddiw, sef prif ffynhonnell ynni'r byd. Mi oedd tua thrigain y cant o lo de Cymru yn cael ei allforio, ac mi oedd yn hynod, hynod bwysig drwy'r byd.

Dafydd Trystan
Mae'n bosib cyfrifo bod tua chwarter allforion glo'r byd i gyd yn mynd trwy borthladdoedd Cymru. Ac os meddyliwch chi am y cynhyrchion electronig sy'n dod o Siapan a'r dwyrain ar hyn o bryd, dyna'r union fath o awdurdod byd-eang yn nhermau'r farchnad lo a oedd gan Gymru ar ddechrau'r ugeinfed ganrif.

David Jenkins
Mi oedd y ffaith fod glo yn cael ei allforio o dde Cymru yn ffactor bwysig iawn hefyd yn economi cyffredinol Prydain ar y pryd. Gan fod Cymru'n allforio glo dros y byd fe olygai hynny wedyn ein bod ni, ar y siwrneion adref, yn gallu mewnforio'n rhad bob math o ddeunydd crai, yn enwedig ŷd. Mi oedden nhw'n disgrifio masnach llongau Caerdydd yr adeg honno fel 'coal out, grain home'. Fe fydden nhw'n dod ag ŷd yn ôl o'r Môr Du neu o'r Ariannin. Cludid rhywfaint ohono i mewn i Brydain ond byddai llawer ohono hefyd yn cael ei gario i mewn i borthladdoedd gogledd Ewrop. Ac felly, mi oedd y ffaith fod cymaint o lo i'w gael yn ne Cymru yn ffactor hanfodol bwysig yn economi Prydain gyfan yn ystod y cyfnod yna.

Dafydd Trystan

Yr hyn sydd yn amlwg iawn yw fod yna fwrlwm rhyfeddol o amgylch porthladdoedd Cymru, a Chaerdydd yn arbennig. Mi oedd Caerdydd yn ganolfan ariannol o bwysigrwydd rhyngwladol. Roedd y Gyfnewidfa Lo yn hollbwysig yng nghyd-destun y farchnad lo drwy'r byd i gyd. Nid yn y Ddinas yn Llundain ond yng Nghymru, yn nociau Caerdydd yn 1909, y cafodd y siec gyntaf erioed am filiwn o bunnau ei sgwennu.

Wrth gymryd dros ganrif o chwyddiant i ystyriaeth, byddai'r siec hanesyddol gyntaf honno am filiwn o bunnau yn werth ymhell dros gan miliwn o bunnau heddiw. Erbyn 1911, a phorthladdoedd glo Cymru ar eu prysuraf, roedd Caerdydd wedi tyfu'n ganolfan fasnachol a oedd lawn mor bwysig yng nghyswllt economi'r byd ag yr oedd Llundain.

Dafydd Trystan

Mi oedd yr holl fwrlwm ar yr ochr economaidd ac ariannol yn cael ei gydnabod gan bresenoldeb swyddogol gwladwriaethau tramor yng Nghaerdydd. Erbyn y cyfnod dan sylw roedd rhyw ugain o lywodraethau wedi agor llysgenadaethau neu *consulates* yng Nghaerdydd. Felly roedd porthladdoedd y de yn bwysig nid yn unig mewn termau economaidd, ond mi roedd yna ddimensiwn gwleidyddol i'r datblygiad hwnnw hefyd.

Ar droad yr ugeinfed ganrif, Caerdydd oedd un o'r canolfannau economaidd pwysicaf yn y byd i gyd. Yn 1905, fe'i dyrchafwyd yn ddinas, gweithred a oedd yn cydnabod pwysigrwydd rhyngwladol y Gymru ddiwydiannol fodern.

Pan aethpwyd ati i godi Neuadd y Ddinas, yr adeilad mawreddog hwnnw ym Mharc Cathays, fe gyfrannodd David Alfred Thomas, Arglwydd Rhondda ac un o ddiwydianwyr amlycaf Cymru, swm sylweddol o arian i addurno'r neuadd. Roedd yr Arglwydd yn awyddus i hyrwyddo delwedd Caerdydd fel Jerwsalem Newydd y Gymru ddiwydiannol. Trawodd ar y syniad ysbrydoledig o gomisiynu cerfluniau o ddeg arwr Cymreig, cerfluniau a fyddai'n cael eu gosod yng nghyntedd y neuadd. Er iddo ddewis ambell ffigwr a oedd, mewn gwirionedd, yn fwy Prydeinig na Chymreig, megis Syr Thomas Picton, arwr Rhyfeloedd Napoleon, yn y bôn roedd y cerfluniau'n cyfleu ymdeimlad o falchder a gwladgarwch Cymreig twymgalon.

Rhoddwyd lle amlwg i Llywelyn ein Llyw Olaf ac Owain Glyndŵr, y ddau symbol grymusaf o Gymru fel cenedl annibynnol. Ac mewn cyfnod pan oedd y Gymraeg yn dechrau dod dan warchae, comisiynwyd cerfluniau'n clodfori rhai o gewri'r iaith – dynion fel yr Esgob William Morgan, cyfieithydd y Beibl; yr emynydd William Williams, Pantycelyn, a Dafydd ap Gwilym, gyda'r godidocaf o feirdd Ewrop yn yr Oesoedd Canol.

Drwy gomisiynu cerfluniau o arwyr Cymru, roedd Arglwydd Rhondda a'i debyg yn gwneud datganiad gwleidyddol o'r pwysigrwydd mwyaf. Nid nepell o Gaerdydd, ar draws Môr Hafren, roedd dinas Bryste, hen ganolfan forwrol a'i phoblogaeth yn 1901 yn 333,000 o bobol, bron i ddwywaith poblogaeth Caerdydd ar y pryd. (Teg yw dweud mai closio'n unig at y niferoedd hynny mae poblogaeth bresennol Caerdydd.)

Ond os oedd poblogaeth Caerdydd yn fychan o'i chymharu â phoblogaeth Bryste, Caerdydd bellach oedd un o'r canolfannau ariannol a masnachol pwysicaf ar bum cyfandir. Pwysleisio'i goruchafiaeth dros ei chymydog Seisnig, ac ymhyfrydu yn ei hunaniaeth Gymreig, yr oedd

Caerdydd yn ei wneud drwy arddangos arwyr Cymru yn adeilad newydd ysblennydd Neuadd y Ddinas.

Roedd hi'n weithred symbolaidd eithriadol o bwysig mewn dinas a fyddai'n cael yr anhawster rhyfeddaf am y rhan helaethaf o'r ugeinfed ganrif i ymdopi'n hapus â bodolaeth y Gymraeg oddi mewn i'w ffiniau. Fe allasai perthynas Caerdydd â'r Gymraeg wedi bod yn llawer agosach pe na byddai'r Dirwasgiad a ddilynodd y Rhyfel Byd Cyntaf wedi rhoi'r fath dolc yn hyder a balchder Cymreig y ddinas oludog, gynt.

Byddai'n rhaid aros am hanner can mlynedd arall, tan 1955, cyn i Gaerdydd gael ei dyrchafu'n swyddogol yn brifddinas Cymru. Erbyn hynny byddai ei phwysigrwydd rhyngwladol wedi hen bylu. Mae'n rhyfedd meddwl ei bod hi wedi bod yn brif ddinas ryngwladol ymhell cyn iddi ddod yn brifddinas Cymru.

Un yn unig mewn cadwyn o sefydliadau a oedd yn mynegi balchder cenedlaethol y Gymru newydd, hyderus, oedd Neuadd y Ddinas yng Nghaerdydd. Roedd pwysicach adeiladau – a sefydliadau – ar fin cael eu codi. Yn 1907 rhoddwyd Siarter Brenhinol i Amgueddfa Genedlaethol Cymru yng Nghaerdydd a hefyd i Lyfrgell Genedlaethol Cymru yn Aberystwyth.

Roedd cyfoeth y glo yn cael ei ddefnyddio i adeiladu cenedl. Heb fodolaeth sefydliadau ac iddyn nhw statws cenedlaethol, fe allai Cymru'n hawdd fod wedi cael ei darostwng i fod yn ddim ond rhanbarth Prydeinig – Gorllewin Prydain – yn ystod y dirwasgiad torcalonnus a hirhoedlog a orfododd yn agos i 400,000 o bobol i ymfudo o Gymru i chwilio am waith rhwng 1925 ac 1939. O safbwynt y Gymraeg, dyna oedd ein 'Iwerddon' ni – yn enwedig yng nghymoedd y de-ddwyrain.

Y mynegiant llenyddol mwyaf ingol o hynny yw pryddest 'Y Llen' gan Dyfnallt Morgan, y gwrthodwyd coron Eisteddfod Genedlaethol y Rhyl iddi yn 1953. O'r tri beirniad – T. H. Parry-Williams yn eu plith – Saunders Lewis yn unig ddeallodd wir bwysigrwydd ac arwyddocâd y gerdd: 'Disgrifia derfyn gwareiddiad Cymraeg mewn cwm diwydiannol a'r llen haearn rhwng yr hen fywyd Cymraeg a'r bywyd di-Gymraeg sy'n ei ddisodli.'

Erbyn blynyddoedd yr ymfudo mawr o Gymru roedd gennym o leiaf sefydliadau cenedlaethol Cymreig. Gellid dadlau mai'r sefydliad mwyaf dylanwadol ohonyn nhw i gyd oedd yr un a gafodd ei ffurfio ar ddiwedd y bedwaredd ganrif ar bymtheg – Prifysgol Cymru. Ac fe fyddai'r sefydliad newydd hwnnw yn meithrin perthynas agos â byd diwydiant – roedd y diwydiannau trymion angen mwy a mwy o wybodaeth arbenigol, wyddonol. Nid y celfyddydau yn unig a elwodd ar Brifysgol Cymru. Roedd gwlad ddiwydiannol angen prifysgol ddiwydiannol.

J. Gwynn Williams

Roedd yr Almaen ar flaen y gad fel petai, ac roedd pobol yn teimlo'n anesmwyth iawn ynglŷn â'r Almaen am ei bod hi'n llwyddo i gymhwyso'r gwyddorau i bwrpas diwydiant. Er bod yr Alban yn gwneud hynny'n dda iawn, nid felly Caergrawnt a Rhydychen. Mewn merddwr, braidd, oedden nhw. Fe ddatblygodd colegau yng ngogledd Lloegr ac yng nghanolbarth Lloegr a oedd yn rhoi tipyn o bwyslais ar ddiwydiant. A phan sefydlwyd y colegau yng Nghymru – roedd hynny cyn sefydlu Prifysgol Cymru yn 1893 – roedd y colegau'n ceisio denu cymaint o help ag y medren nhw ei gael gan ddiwydiant. Ac yn eu tro, roedden nhw'n rhoi tipyn o gynhorthwy i ddiwydiant.

Doedd codi coleg ddim yn fusnes rhad. Roedd y gallu i ddod o hyd i nawdd yn hanfodol i ddyfodol y Brifysgol.

J. Gwynn Williams

Doedd yna ddim help i'w gael gan y wladwriaeth yr adeg honno. Roedd yn rhaid dibynnu ar unigolion. Ac roedd nifer o bobol gyffredin wedi cyfrannu'n helaeth tuag at Brifysgol Cymru. Er enghraifft, cyfrannodd dros gan mil ohonyn nhw lai na hanner coron yr un. [Deuddeg ceiniog a hanner yn arian heddiw.]

Ond roedd un gŵr yn arbennig yn gefn aruthrol i Goleg Aberystwyth, sef David Davies, y diwydiannwr mawr o Landinam. Fe roddodd o help amserol iawn i gael Aberystwyth ar ei draed pan oedd sefyllfa'r coleg yn argyfyngus. Ac mae teulu Llandinam yn haeddu cael eu hanrhydeddu am ddefnyddio'u cyfoeth diwydiannol i adfywio bywyd Cymru mewn modd rhyfeddol.

Ond, fel y nodwyd, nid cyfoethogion oedd yr unig rai a gyfrannodd at y gost o godi'r colegau. Roedd llawer o lowyr a chwarelwyr yn gweld addysg prifysgol fel cyfrwng i'w plant ddianc rhag peryglon ac afiechydon y pwll a'r graig. Roedd Bangor, y Coleg ar y Bryn, yn enghraifft nodedig o hynny.

Wedi cyfnod yn y Penrhyn Arms, hen dafarn y Goets Fawr, lle cychwynnodd yn 1884 efo 58 o fyfyrwyr a staff o ddeuddeg, fe aeth Coleg Bangor ati i geisio codi digon o arian i adeiladu cartref parhaol. Cafwyd £15,000 gan Gyngor y ddinas ac £20,000 gan y llywodraeth yn Llundain, sefydliad a oedd bellach wedi dechrau estyn cymorth i golegau prifysgol.

Ond fe godwyd y rhan fwyaf o'r arian, dros £60,000 – sy'n cyfateb i dros £6 miliwn yn arian heddiw – trwy haelioni unigolion, nifer fawr ohonyn nhw'n chwarelwyr. Mae'r llinell 'rhoes ei geiniog brin i godi coleg' yn wir bob gair.

Yn ogystal â chyfrannu'n ariannol at y Brifysgol, fe

aberthodd y werin ymhellach drwy annog ei phlant i fynd yn fyfyrwyr a derbyn manteision addysg prifysgol.

J. Gwynn Williams
Y tebygrwydd ydi na fyddai meibion siopwyr a ffermwyr bychain a chwarelwyr Lloegr a oedd yn perthyn i'r genhedlaeth honno ddim wedi mynd i brifysgol o gwbl. Ond fe ddaru nhw yng Nghymru. Mae'n hollol resymol galw Prifysgol Cymru yn Brifysgol y Werin. Gwerin gyffredin, ie. Ond gwerin pur anghyffredin hefyd.

Nid addysgu meibion a (rhai) merched y werin oedd unig gymwynas y colegau, fodd bynnag. Mewn cyfnod pan oedd Cymru bellach yn wlad hyderus, lwyddiannus, roedd y Brifysgol yn symbol gweledol amlwg o rym a gallu'r Gymru newydd.

J. Gwynn Williams
Roedd Viriamu Jones, prifathro cyntaf Coleg Caerdydd yn 1883, ac eraill o'i gyfoedion, yn edrych ar Brifysgol Cymru fel gorchest fwyaf y mudiad cenedlaethol hyd at y flwyddyn honno. Roedd yna rywbeth unigryw yn ei chylch hi. Byddem yn cael Amgueddfa Genedlaethol, ac wedyn Llyfrgell Genedlaethol. Ond hon, Prifysgol Cymru, ddaeth gyntaf.

Drwy gyfrannu at greu sefydliadau cenedlaethol newydd i Gymru roedd y byd diwydiannol wedi creu hefyd ymdeimlad o falchder cenedlaethol ymhlith y Cymry. Onid oedd y Brifysgol, a'r Amgueddfa a'r Llyfrgell Genedlaethol yn profi ein bod ni, erbyn dechrau'r ugeinfed ganrif, yn genedl go iawn? Ac eto, nid pawb oedd yn hapus gyda'r modd yr oedd diwydiant wedi chwalu'r delweddau cyfarwydd o Gymru a Chymreictod – yn enwedig y ddelwedd o Gymru fel Gwalia Wen.

* * *

Crochan lle mae pob math o gynhwysion yn mudlosgi yw hunaniaeth, mewn gwirionedd. Mae'n syniad ni o beth yw bod yn Gymro neu Gymraes yn amrywio o berson i berson ac yn tarddu o sawl ffynhonnell. I'r perchnogion a oedd wedi elwa ar y Chwyldro Diwydiannol roedd bod yn Gymro'n gyfystyr â bod ynghlwm â glo a dur. Ac wrth i ragor a rhagor o bobol ddod yn ddibynnol ar y gweithfeydd am eu bywoliaeth roedd y canfyddiad o Gymru fel cenedl ddiwydiannol yn ymledu. Ond roedd rhai Cymry dylanwadol yn ymwrthod yn llwyr â'r Gymru ddiwydiannol gan amau a oedd y Gymru honno yn haeddu cael ei galw'n Gymru o gwbl.

Paul O'Leary
Mae ardaloedd diwydiannol Gwent a Morgannwg yn cael eu disgrifio gan rai awduron fel llefydd sydd y tu allan i'r Gymru 'go iawn'. Yma fe welwn ni fwlch yn dechrau ymagor, gyda rhai Cymry anghydffurfiol yn gweld yr ardaloedd amaethyddol fel y wir Gymru a'r gweddill, i raddau helaeth, yn golledig.

Ond cyn bo hir fe fyddai Cymru benbaladr – y Gymru wledig yn ogystal â'r Gymru ddiwydiannol – yn dod dan y lach. Yn 1847, a'r Chwyldro Diwydiannol yn trawsnewid Cymru'n gyflym, digwyddodd Brad y Llyfrau Gleision. Rhwng cloriau gleision y llyfrau hynny cyhoeddwyd ymchwiliad y llywodraeth i safonau addysg elfennol yng Nghymru a'r ddarpariaeth yn yr ysgolion ar gyfer dysgu Saesneg. Roedd hynny mewn cyfnod, cofier, pan oedd y mwyafrif llethol o'r plant a'u rhieni yn uniaith Gymraeg.

Penodwyd tri chomisiynydd, Saeson a bargyfreithwyr ill tri, i wneud y gwaith – Lingen, Symons a Johnson. Yn ddi-ddadl roedden nhw yn llygad eu lle yn condemnio safon isel yr addysg a oedd ar gael ar y pryd gan athrawon a oedd heb unrhyw fath o hyfforddiant na chymhwyster. Nodwyd hefyd fod llawer o'r athrawon yn disgyblu'r plant yn greulon. Portreadir un o'r athrawon melltigedig hynny, Robyn y Sowldiwr, yn nofel Daniel Owen, *Rhys Lewis* (1885). Ymwelodd awduron y Llyfrau Gleision â'r Wyddgrug, tref enedigol y nofelydd, yn 1847. Yn arwyddocaol, cyfeirir yn eu hadroddiad am yr ymweliad hwnnw at athro anghymwys efo coes bren. Gallai hwnnw'n hawdd fod ym meddwl Daniel Owen pan aeth o ati i lunio'r twpsyn sadistaidd Robyn y Sowldiwr.

Gwnaeth y tri chomisiynydd gymwynas fawr â Chymru wrth ddinoethi ffaeleddau o'r fath. Ond, yn anffodus, ddaru nhw ddim bodloni ar wneud hynny'n unig. Wrth geisio dadansoddi'r rhesymau dros fethiannau echrydus yr ysgolion, fe aethon nhw ar gyfeiliorn yn llwyr. Yn eglwyswyr o Saeson na allai ddeall gair o Gymraeg, fe ganiataodd Lingen, Symons a Johnson i offeiriaid yr eglwys wladol eu gwenwyno efo propaganda gwrth-gapelyddol a gwrth-Gymraeg. Ni ellir gwella ar y cofnod cryno o'r sefyllfa a geir yn *Y Cydymaith i Lenyddiaeth Cymru*: 'Fe'u camarweiniwyd gan ragfarn eu tystion Anglicanaidd ac adroddodd y Comisiynwyr fod y Cymry yn fudr, yn ddiog, yn anwybodus, yn ofergoelus, yn dwyllodrus, yn feddw, ac yn gwbl lygredig; rhoddwyd y bai am hyn ar Anghydffurfiaeth a'r iaith Gymraeg.'

Yr eironi mawr oedd fod y werin Gymraeg ymhlith y werin bobol gyntaf yn Ewrop i ddysgu darllen ac ysgrifennu. Roedd Beibl William Morgan, ysgolion cylchynol Griffith Jones, Llanddowror, ac er 1780 rhwydwaith o ysgolion Sul wedi lledaenu llythrennedd drwy'r rhan helaethaf o'r gymdeithas Gymraeg. Ond yng ngolwg comisiynwyr y Llyfrau Gleision roedd llythrennedd yn y Gymraeg yn unig yn gyfystyr ag anllythrennedd. Dywedwyd gyda phendantrwydd trahaus mai rhwystr a maen tramgwydd i'r Cymro oedd y Gymraeg: 'Equally in his new as in his old home [ym mro diwydiant yn ogystal â'r tyddyn gwledig] his language keeps him under the hatches ... He is left to live in an underworld of his own, and the march of society goes completely over his head.'

Byddai'r Llyfrau Gleision yn bwrw eu cysgod dros hanes a hunaniaeth Cymru am genedlaethau lawer. Yn wir, nid yw eto wedi diflannu'n llwyr.

Hywel Teifi Edwards

Wrth geisio crisialu ymateb y diwylliant Cymraeg i gyhoeddi'r Llyfrau Gleision fe fyddwn i'n dechrau yn sicr gydag englyn enwog Caledfryn:

Mawryga gwir Gymreigydd – iaith ei fam,
    Mae wrth ei fodd beunydd:
      Pa wlad, wedi'r siarad, sydd
      Mor lân â Chymru lonydd?

sef yr englyn a gyhoeddwyd yn *Y Dysgedydd* yn union wedi cyhoeddi'r Llyfrau Gleision. Wy'n meddwl bod y llinell olaf – 'Mor lân â Chymru lonydd' – yn mynd at ganol ein stori ni heddi. Fe grëwyd rhyw fath o Gymru wledig ar sail y ddau ansoddair yna, glân a llonydd, ac wy'n meddwl oherwydd hynny ei bod hi wedi mynd yn anodd iawn i'r Gymraeg daclo'r gymdeithas ddiwydiannol, newydd yma, yn enwedig yr un ffrwydrol honno yn y de.
    Wy'n credu i ni fethu am ein bod ni'n wedi gwneud i'r Gymraeg fod ynghlwm wrth y syniad bod pob dim

daionus yn y Gymru wledig, ac yn arbennig yn y Gymru wledig grefyddol. Ac wedyn y ddau ansoddair yna, glân a llonydd, wel mi ro'n nhw'n dderbyniol iawn yn eu cyfnod. Ond o edrych arnyn nhw o safbwynt heddiw, ro'n nhw'n farwol, wrth gwrs. A wy'n credu bod y Gymraeg wedi methu â gwneud unrhyw fath o gyfiawnder â'r Gymru ddiwydiannol. Ac fe dalon ni'r pris am hynny. Fe gollon ni gynulleidfa fawr oherwydd hynny.

Ond roedd un eithriad i'r duedd niweidiol honno, eithriad gwbl nodedig, sef Daniel Owen, y teiliwr, ond yn bennaf oll y nofelydd o'r Wyddgrug. Rhwng 1881 ac 1894 bu'n sylwebydd miniog a threiddgar ar Gymry'r capeli a Chymry'r gweithfeydd.

Hywel Teifi Edwards

Wy'n credu'n bersonol bod Daniel Owen yn sefyll ar ei ben ei hunan o safbwynt Oes Fictoria. Fe, yn bennaf yn y nofel *Enoc Huws*, geisiodd ddweud rhywbeth gwirioneddol bwysig am y Gymru ddiwydiannol, yn enwedig o safbwynt y ffordd roedd y Gymru ddiwydiannol newydd hon yn peryglu'r Gymru lân – y Gymru lonydd.

Mae Capten Trefor yn enghraifft bwerus o'r diwydiannwr cyfrwys a rheibus. Mae e'n bortread ardderchog achos mi ddaeth Daniel Owen ag e i mewn i'r capel, i ganol y grefydd yr oedd ganddo fe gryn olwg arni hi. Roedd Capten Trefor yn gallu defnyddio ieithwedd y seiat i dwyllo'i gyd-aelodau i fuddsoddi mewn gwaith plwm ac yntau'n gwybod yn iawn nad oedd dim plwm i'w gael ar ei gyfyl.

Ond dyn ei gyfnod oedd Daniel Owen, wedi'r cyfan. Roedd ei gefndir Methodistaidd yn llyffethair arno fe hyd yn oed.

Adeilad y 'Pierhead', Bae Caerdydd

Daniel Owen

Prifysgol Aberystwyth

Y Llyfrgell Genedlaethol

Kitchener Davies, Cwm Glo

Roedd e'n gyson yn ysgrifennu drwy *filter* y capel, a Methodistiaeth yn benodol. Yn Capten Trefor fe greodd e un o *villains* mawr llenyddiaeth – sarff o gyfalafwr sy'n dinistrio pawb a phopeth mae e'n ei gyffwrdd. Ond drwy'r cyfan dirywiad Methodistiaeth oedd consýrn pennaf Daniel Owen.

Erbyn ei farwolaeth yn 1895 roedd Daniel Owen o leiaf wedi cydnabod dilysrwydd y profiad diwydiannol Cymreig ac wedi mynd i'r afael â'r rhagrith a oedd i'w ganfod ymhlith pobol y capel yn ogystal ag mewn dihiryn fel Capten Trefor.

Wrth i Gymru ar derfyn Oes Fictoria barhau i dyfu i fod yn ganolfan ddiwydiannol fyd-eang, fel y gwelwyd eisoes yn y penodau hyn, doedd dim modd bellach i lenyddiaeth Gymraeg ddal i anwybyddu'r lofa a'r chwarel. Roedd diwydiant yn ffaith na ellid ei hosgoi, hyd yn oed os oeddech chi'n fardd.

Dyma fynd ati, felly, i *sancteiddio'r* glöwr a'r chwarelwr. Fe gafodd myth newydd ei greu: myth y gwerinwr diwydiannol dewr a diwyd ac, uwchlaw popeth, y gwerinwr diwydiannol rhinweddol a diwylliedig. Diogelwyd myth y Gymru lân, lonydd drwy ei drawsblannu yn y tipiau glo a'r tomennydd llechi.

Chafodd y ddelwedd honno mo'i herio o ddifrif tan 1935 pan anfonodd Kitchener Davies ei ddrama gignoeth *Cwm Glo* i'r Eisteddfod Genedlaethol yng Nghaernarfon.

Os bu bom llenyddol erioed, *Cwm Glo* oedd hwnnw ...

Hywel Teifi Edwards

Yn *Cwm Glo*, mi greodd Kitchener Davies y cymeriad Dai Dafis, ac mae hwnnw'n wrthwyneb llwyr i'r glöwr da. Yn iaith bois Llangennech, *waster* yw e.

Roedd Dai Dafis yn chwalu'n rhacs ddelwedd Gwilym R.

Tilsley, mor ddiweddar ag 1950, o 'arwr glew erwau'r glo'. Roedd Dai Dafis yn bopeth ond arwr glew, fel y nododd y beirniaid.

Hywel Teifi Edwards
Oedd 'da nhw ddim unrhyw amheuaeth nad hon oedd y ddrama ore o ddigon ond o'n nhw'n credu na fyddai cynulleidfa'r Eisteddfod Genedlaethol yn gallu ei stumogi hi oherwydd bod Dai Dafis yn groes graen fel petai i'r syniad derbyniol o'r glöwr bucheddol. Ond fe wnaeth y Cymry ymateb mewn ffordd hollol wahanol achos yr hyn wnaeth Kitchener oedd codi ei gwmni drama ei hunan i lwyfannu'r ddrama wrthodedig. Fe oedd yn chwarae rhan Dai Dafis ac fe gafodd e ei chwaer ei hunan i chware rhan Marged, y ferch ifanc aeth i buteinio. Fe dyrrodd y Cymry yn y Cymoedd i weld perfformio'r ddrama honno, achos roedd y Cymry'n gwybod bod Dai Dafisiaid i'w cael yn y diwydiant glo. Roedd 'na gannoedd ohonyn nhw ar hyd a lled y de – roedden nhw yn y gogledd hefyd, os oedd hi'n dod i hynny. Diolch i Dduw, mi roedd glowyr hefyd i'w cael oedd yn 'arwyr glew erwau'r glo'. Ond un peth oedd eu cydnabod nhw. Stori arall oedd cydnabod Dai Dafis a'i debyg.

Roedd Kitchener Davies a'i ddrama wedi gwneud gelynion – un gelyn yn arbennig. Amanwy oedd hwnnw, enw barddol David Rees Griffiths, brawd Jim Griffiths, Ysgrifennydd Gwladol cyntaf Cymru, a seren y ffilm hunangofiannol, *David*. Yn fardd toreithiog ac yn ymgorfforiad o'r glöwr diwylliedig roedd rhoi lle ar lwyfan i bwdryn fel Dai Dafis yn dân ar groen Amanwy.

Hywel Teifi Edwards

Roedd Amanwy yn sicr yn credu bod Dai Dafis yn sarhad ar y glowyr. Ac oherwydd hynny mi aeth ati i ddarfu ar berfformiad o'r ddrama *Cwm Glo*, lan yn Llandybïe. Fe halodd e ei gyd-lowyr ifanc i'r perfformiad i ddweud wrthyn nhw am roi stop ar y ddrama achos bod y Dai Dafis yma'n gymeriad na ddylid ei weld ar lwyfan oherwydd ei fod e'n gwneud y fath gam â'r gymdeithas lofaol. Ac mae'n rhyfedd meddwl bod hynny'n digwydd mor ddiweddar â 1934–35, ar ôl uffern y Rhyfel Byd Cyntaf, a chyn diwedd blynyddoedd y dirwasgiad. Roedden nhw'n credu y byddai cymeriad fel Dai Dafis yn moelyd y Cymry i'r graddau hynny. Mae'n dweud popeth, wy'n credu, am gryfder y cysyniad yma o'r glöwr fel arwr dewr.

Yr hyn yr oedd Amanwy'n methu neu'n gwrthod ei weld oedd fod Kitchener Davies, mewn gwirionedd, yn cydymdeimlo â Dai Dafis ac â phob Dai Dafis arall.

Wrth gwrs, nid y glöwr oedd unig arwr glew'r fytholeg ddiwydiannol Gymraeg. Fe ddwyfolwyd y chwarelwr hefyd, er bod adar brith yn cael eu lle yn llenyddiaeth y chwarel hithau.

Gwen Angharad Gruffudd

Dydi cymeriad llenyddol y chwarelwr ddim yn dod yn wirioneddol enwog tan iddo fo ymddangos yng ngwaith Kate Roberts a T. Rowland Hughes. Plant chwarelwyr oedd y ddau yma, y genhedlaeth gyntaf i gefnu ar y chwarel, a'r gymdeithas chwarelyddol maes o law hefyd. Yng ngwaith y rhain portreadir y chwarelwr fel gweithiwr caled, balch, yn gadarn o ran ei egwyddorion moesol a gwleidyddol. Mae ganddo barch mawr at addysg, ac mae yna bwyslais mawr ar fod yn ddiwylliedig.

Dafydd Roberts

I'r rhan fwyaf oedd yn byw yn y cymunedau chwarelyddol, cymdeithas wâr a pharchus fyddai hon wedi bod, a chymdeithas lle roedd gwerth sylweddol iawn iawn yn cael ei roi ar ddarlith a phregeth ac ar ddiwylliant yn gyffredinol. Mi oedd gwerthiant llyfrau Cymraeg yn ardaloedd y chwareli yn arbennig o uchel ac mi oedd yna barch mawr iawn yn cael ei roi i ddarlithwyr coleg ac i raddedigion drwy'r ardaloedd yma i gyd. Felly, ardaloedd gwaraidd tu hwnt oedd y rhai chwarelyddol ac mae hynny, wrth gwrs, yn cael ei adlewyrchu yn y diwylliant sydd mor nodweddiadol o'r broydd chwarelyddol.

Ond mae nofelau T. Rowland Hughes yn dangos nad oedd pawb ym mro'r chwareli yn berwi o ddiwylliant.

Gwen Angharad Gruffudd

Mae rhai o gymeriadau enwocaf T. Rowland Hughes yn gymeriadau anniwylliedig, pobol fel William Jones a'i gyfeillion yn y nofel sy'n dwyn ei enw. Ond yn sicr gwahaniaethir rhwng pobol y capel a phobol y dafarn. Mae pob gweithgarwch sy'n cael ei ystyried ychydig yn amheus yn cael ei gysylltu hefo criw'r dafarn. Mae sôn yn *William Jones*, er enghraifft, am bobol yn mynd i'r dafarn er mwyn gwrando ar rasys ceffylau a phêl-droed a gornestau paffio ar y radio. Ac mae cymeriad reit ddiog fel Leusa Jones, gwraig William, yn treulio'i hamser yn y pictiwrs neu'n gwneud ei gwallt. Mae eraill yn segura yn y neuadd filiards. Does gan T. Rowland Hughes ddim llawer i'w ddweud wrth y bobol hynny!

Fu T. Rowland Hughes ddim yn hollti a naddu llechi i'r

Arglwydd Penrhyn ac nid am hwylio swper chwarel y daeth Kate Roberts yn enwog. Edrych yn ôl mae'r ddau.

Gwen Angharad Gruffudd

Un peth pwysig i sylwi arno fo ydi bod tipyn o fwlch rhwng y cyfnod mae'r storïau wedi'u gosod ynddo fo a'r cyfnod pryd y cyfansoddwyd y storïau. Edrychir yn ôl ar ryw oes aur a fu. Wrth gwrs, delfrydau'r cyfnod hwnnw roddodd gyfle i Kate Roberts a T. Rowland Hughes dderbyn bendithion addysg prifysgol ym Mangor oherwydd y pwyslais a roddai eu rhieni ar addysg, ac oherwydd gwerthoedd y gymdeithas wnaeth eu meithrin nhw. Mae'r awduron yn eu tro yn edrych yn ôl ac yn talu teyrnged i'r gymdeithas honno.

Boed fyth, boed ffaith, boed gyfuniad o'r ddeubeth, fe lynodd y ddelwedd yng nghof cenedl:

Cryf oedd calon hen y glas glogwyni,
Cryfach oedd ei ebill ef a'i ddur;
Chwyddodd gyfoeth gŵr yr aur a'r faenol
O'i enillion prin a'i amal gur.

Canodd yn y côr a gadd y wobor;
Gwyddai deithiau gwŷr y llwybrau blin.
Carodd ferch y bryniau, ac fe'i cafodd
Magodd gewri'r bryniau ar ei lin.

Neithiwr daeth tri gŵr o'r gwaith yn gynnar;
Soniwyd am y graig yn torri'n ddwy;
Dygwyd rhywun tua'r tŷ ar elor,
Segur fydd y cŷn a'r morthwyl mwy.

'Cerdd yr Hen Chwarelwr', W. J. Gruffydd

Gwen Angharad Gruffudd

Yr hyn sydd yn rhyfeddol am fyth y chwarelwr mewn gwirionedd ydi ei hirhoedledd. Mae'n hawdd esbonio dechreuadau'r myth fel ymateb i'r feirniadaeth ddaeth yn sgil adroddiad y Llyfrau Gleision. Ond dydi hi ddim mor hawdd esbonio pam bod y myth wedi para yn bell, bell i mewn i'r ugeinfed ganrif, a hyd heddiw i raddau helaeth. Pan oedd yr Eisteddfod Genedlaethol ym Mangor yn 1971, roedd y Gadair yn cael ei chynnig am awdl ar y testun 'Y Chwarelwr' ac mae'n rhyfeddol bod y beirniaid yn cwyno am gyndynrwydd y beirdd i ollwng gafael yn y darlun traddodiadol. Mae'r beirniaid yn mynnu bod hwnnw'n ddarlun henffasiwn, ac maen nhw'n galw ar y beirdd i durio dan yr wyneb am ddehongliad barddonol newydd. Y darlun mae'r beirdd yn tueddu ato fo ydi'r un lle mae pob chwarelwr yn selog yn y capel ar y Suliau ac yn pesychu yn silicosaidd.

Y gwir, fodd bynnag, yw *fod* y pethau hynny'n rhan o chwedl a hanes Cymru'r Chwyldro Diwydiannol. Wrth ddadfytholegu mae perygl inni hefyd wadu'r gwirionedd. Un peth yw rhamanteiddio, peth arall yw gwadu neu fychanu. Nid y gwirionedd i gyd – ond nid celwydd i gyd ychwaith – yw chwedl y chwarelwr a'r glöwr arwrol.

* * *

Fel y pwysleisiwyd yn barod, roedd y berthynas rhwng llenyddiaeth Gymraeg a byd diwydiant yn un ddigon chwerw ar adegau. Ond stori wahanol oedd hi yn achos celf weledol.

Mae diwydiant wedi cael ei ystyried yn destun priodol i arlunwyr fynd i'r afael ag o ers dechrau'r Chwyldro Diwydiannol.

Peter Lord

Yr hyn sydd yn ddiddorol iawn am y golygfeydd cynharaf sydd gyda ni o ddiwydiant yw'r ffaith eu bod nhw'n dyddio o gyfnod cyn i artistiaid ddechrau dod yn rheolaidd i Gymru yn ail hanner yr ail ganrif ar bymtheg. Yn y cyfnod cynharaf, doedd artistiaid ddim yn edrych ar dirwedd fel rhywbeth deniadol o gwbl. Roedd yn gas gan bobol fynyddoedd, er enghraifft. Roedden nhw eisiau cadw draw oddi wrthyn nhw. Unig reswm arlunwyr dros ddod yma i Gymru oedd er mwyn cofnodi holl ddrama'r gweithgareddau diwydiannol.

Ond cyn bo hir, tyfodd y mudiad rhamantaidd yn Lloegr, mudiad a oedd yn mawrygu gogoniant byd natur ac ysblander y greadigaeth naturiol. Yn anochel, o hynny ymlaen, cafodd arlunwyr eu denu i chwilio am ysbrydoliaeth yng Nghymru.

Peter Lord

Mae pobol yn dechrau gweld yn y dirwedd am y tro cyntaf arwyddion o gryfder a nerth yr hyn roedden nhw'n ei ystyried yn rymoedd Duw, yn y mynyddoedd, yn y rhaeadrau ac yn y blaen.

Y delweddau hynny gan J. M. W. Turner a'r Cymro Richard Wilson fyddai'n serio ar ddychymyg y Saeson yn arbennig y syniad o Gymru fel paradwys ddilychwin. Hon yn ddiweddarach oedd y Wyllt Walia y daeth George Borrow i'w throedio yn 1854.

Peter Lord

Ond yn sydyn mae pobol yn dechrau sylweddoli hefyd fod dyn, fod dynoliaeth, yn rhoi her i greadigaeth Duw yn y gweithfeydd diwydiannol. Yng Nghyfarthfa, er enghraifft, ym Merthyr, mae artistiaid yn dod i edrych ar y ffwrneisi haearn, yn arbennig gyda'r nos a'r fflamau'n codi lan i'r awyr. Mae Turner yn dod ac yn darlunio'r tu mewn i'r gweithfeydd yng Nghyfarthfa. A hefyd, lan yn y gogledd, mae maint y gweithfeydd copr ar Fynydd Parys ym Môn cyn troad y bedwaredd ganrif ar bymtheg yn denu pobol o bobman gan taw'r gloddfa yno oedd y twll artiffisial mwyaf yn y byd erbyn hynny.

Syniadau athronyddol oedd wrth wraidd y modd y darluniwyd y gweithfeydd yn ystod y cyfnod hwn. Gan amlaf, dynion o'r tu allan i Gymru oedd yr arlunwyr. Aruthredd dramatig y safleoedd diwydiannol oedd yn mynd â'u bryd nhw, nid bywyd y werin ddiwydiannol. Gwirioni ar dirwedd ac nid ar drigolion a wnaeth artistiaid y mwynfeydd a'r ffwrneisi.

Mae'r wedd honno'n cael ei phwysleisio gan y ffaith mai ffigyrau bychain yw'r gweithwyr yn y lluniau hynny. Ond nid felly'r perchnogion a'r diwydianwyr ...

Peter Lord

Mae traddodiad yn dechrau datblygu o greu portreadau o'r bobol ariannodd y gweithfeydd mawr yma. Y bobol gyntaf i gael eu portreadu yw'r diwydianwyr eu hunain, pobol fel teulu'r Crawshays lawr yng Nghyfarthfa. Mae yna gyfres o luniau o bob cenhedlaeth o deulu'r Crawshays o ddiwedd y ddeunawfed ganrif reit drwyddo i ddiwedd y bedwaredd ganrif ar bymtheg – cyfres hir o bortreadau – ac mae hynny'n wir hefyd am ddiwydianwyr ym mhob rhan o Gymru.

Ond, diolch i Francis Crawshay, un o aelodau teulu

cyfoethog Castell Cyfarthfa, mae darluniau ar gof a chadw hefyd o weithwyr cyffredin y cyfnod. Roedd Mr Frank, fel y'i gelwid, yn ddyn ecsentrig. Dysgodd Gymraeg yn unswydd er mwyn gwneud yn hollol sicr y byddai ei weithwyr haearn yn Nhrefforest yn ei ddeall pan fyddai'n eu rhegi nhw. Yn 1835 comisiynodd gyfres o bortreadau o'i weithwyr gan W. J. Chapman. Doedd neb erioed o'r blaen wedi meddwl am beintio gweithwyr cyffredin. Afraid dweud bod y portreadau hynny yn gofnodion hollbwysig ac yn gyfraniad amhrisiadwy i'n hetifeddiaeth weledol ni.

Peter Lord

Mae 16 o ddelweddau yn y gyfres yn portreadu pob math o weithwyr. Hyd y gwn i, maen nhw'n unigryw. A dweud y gwir, dwi ddim yn gwybod am unrhyw gyfres gyffelyb mewn unrhyw wlad arall yn y byd. Ac wrth gwrs, maen nhw'n dod jest cyn cyfnod ffotograffiaeth. Unwaith mae ffotograffwyr yn dechrau tynnu lluniau o'r gweithwyr hyn, chi'n gallu gweld pa mor gywir wedyn oedd portreadau W. J. Chapman.

Cafodd dyfodiad y camera ddylanwad mawr ar fyd celf. Cyn hynny, gwneud llun â llaw oedd y ffordd fwyaf effeithiol, wrth reswm, o greu delwedd weledol. Ond wrth i ffotograffiaeth ennill ei phlwyf roedd arlunwyr bellach yn rhydd i *ddehongli'r* byd o'u cwmpas nhw yn hytrach na'i gofnodi yn unig.

Drwy gydol y ddeunawfed ganrif a'r bedwaredd ganrif ar bymtheg roedd y delweddau mawr o fyd diwydiannol Cymru wedi cael eu peintio gan artistiaid estron. Yr un pryd, roedd yna haen o 'arlunwyr gwlad' neu 'arlunwyr gwerin'. Cymry oedd y rhain, a phortreadau o bwysigion lleol fydden nhw'n eu peintio. At ei gilydd doedd arlunwyr o'r fath ddim yn uchel iawn eu parch.

Ond erbyn dechrau'r ugeinfed ganrif, roedd nythaid o arlunwyr dawnus Cymreig yn dechrau creu delweddau pwerus o'r byd diwydiannol o'u cwmpas. Fe flodeuon nhw dan arweiniad William Grant Murray, Prifathro Coleg Celf Abertawe rhwng 1908 ac 1943.

Byddai gwaith tri o'i ddisgyblion – Vincent Evans, Evan Walters ac Archie Rhys Griffiths – yn hawlio sylw eang yn y cyfnod rhwng y ddau Ryfel Byd.

Peter Lord

Yn Abertawe roedd yr hen fywyd gwledig Cymreig a Chymraeg yn cwrdd â'r byd diwydiannol newydd. Ac ry'ch chi'n gweld dylanwad y ddau fyd yng ngwaith yr artistiaid hynny, yn arbennig yng ngwaith Evan Walters ac Archie Griffiths. Ry'ch chi'n gweld dylanwad y pulpud a'r traddodiad anghydffurfiol a'r Beibl yn aml iawn. Mae'r ddau'n gweu delweddau beiblaidd yn gymysg â delweddau diwydiannol.

Y llun mwyaf trawiadol, efallai, yn y cyfnod hwnnw yw llun Evan Walters, The Communist. Yn y llun hwnnw mae gyda chi bortread o ddyn yn areithio i griw o ddynion sydd newydd ddod lan o'r pwll glo. Mae'n amlwg taw comiwnydd yw e achos ei fod e'n gwisgo crys coch. Ond mae e'n sefyll gyda'i freichiau ar led sy'n adlewyrchu'r croeshoelio. Felly, mae'r paralel yn cael ei dynnu rhwng yr ateb Cristnogol i her y Gymru ddiwydiannol newydd a'r ateb comiwnyddol, gwleidyddol.

I Peter Lord yn anad neb y mae'r clod am agor ein llygaid yn llythrennol i'r ffaith fod gan Gymru ddiwylliant gweledol egnïol. Diwylliant yw hwnnw sy'n perthyn i'r bobol ac yn dweud hanes y bobol.

Yn y Cymoedd y cafodd rhai o'n harlunwyr gorau eu

geni a'u magu. Mae'r modd y portreadon nhw eu cymunedau o gymorth inni amgyffred caledi – a gorfoledd – Cymru'r Chwyldro Diwydiannol.

A phan wladolwyd y diwydiant glo yn 1947 roedd y glowyr a'u teuluoedd yn llwyr gredu bod oes newydd ar wawrio – oes garedicach. Ac mae'r gobaith hwnnw'n cael ei gyfleu'n berffaith gan genhedlaeth newydd o arlunwyr y Cymoedd.

Peter Lord

Mae yna hyder diwydiannol yn y de am gyfnod rhwng diwedd yr Ail Ryfel Byd a diwedd y pum degau. Ac mae hynny'n cael ei adlewyrchu'n arbennig yng ngwaith to newydd o artistiaid. Mae gyda chi genhedlaeth o bobol fel Glyn Morgan ym Mhontypridd oedd yn gweithio yn y pedwar degau a'r pum degau cynnar ar ddelweddau diwydiannol o Donypandy ac ati. Yn syth ar ôl hynny daeth Grŵp y Rhondda, sef Ernie Zobole, yn bennaf, a Charlie Burton. Maen nhw'n artistiaid enwog iawn erbyn hyn. Yn eu gwaith mae rhyw hyder a ffydd yn y cymunedau diwydiannol. Yn arbennig gyda Zobole, ry'ch chi'n gweld yn ei weithiau e y strydoedd lawr yn y Cymoedd a'r bobol wrth eu gwaith bob dydd – dynes yn gwthio babi mewn coets fach – pethau cyffredin bob dydd sy'n cyfleu ymdeimlad o hyder.

Hyder di-sail oedd yr hyder hwnnw, ysywaeth. Goroesodd y peintiadau, ond diflannu wnaeth y diwydiant a'u hysbrydolodd nhw. Er bod Cymru gyda'r wlad gyntaf yn y byd i gael ei diwydiannu roedd rhai'n dal i bedlera'r myth mai paradwys wledig oedd ein gwlad ni – a phawb am y gorau'n 'canlyn yr arad goch ar ben y mynydd mawr'. Ond, mewn gwirionedd, pedlera myth yr oedd pobol y Cymoedd a'r porthladdoedd diwydiannol yn ei wneud hefyd – myth y proletariat radicalaidd, chwyldroadol.

Richard Wyn Jones

Mae gwreiddiau'r syniad fod radicaliaeth yn rhan ganolog o Gymreictod a'r profiad Cymreig yn ddwfn iawn. Mae o'n cydgerdded â'r syniad nad yw'r Cymry yn gyfalafwyr naturiol a'n bod ni hefo gwerthoedd cymdeithasol gwahanol. Mae hynny'n mynd reit drwy'r ugeinfed ganrif ac ymhell yn ôl i'r ganrif flaenorol o leiaf.

Erbyn diwedd y bedwaredd ganrif ar bymtheg roedd y diwydiannau trymion yng Nghymru'n cyflogi mwy o ddynion na'r un diwydiant arall. Felly roedd hi'n anorfod mai gwerthoedd y dynion hynny fyddai'n cael eu gweld fel gwerthoedd y genedl gyfan.

Richard Wyn Jones

Yn hanesyddol, yr hyn oedd gennym yn 'y profiad Cymreig' oedd cyfres o raniadau cymdeithasol yn cael eu gosod ar ben ei gilydd ac yn atgyfnerthu ei gilydd. Felly roedd gynnoch chi wahaniaeth dosbarth ac roedd gynnoch chi wedyn wahaniaeth crefyddol. Yn ychwanegol at y rheini roedd yna raniad ieithyddol. Roedd y dosbarth gweithiol, anghydffurfiol, Cymraeg ar un pegwn. Ac ar y pegwn arall roedd gynnoch chi'r cyflogwyr, y bonedd, oedd yn fwy Seisnig ac yn fwy Anglicanaidd.

Paul O'Leary

Mae pob hunaniaeth yn defnyddio'r syniad o 'arall'. Dyw rhywun sy'n cefnogi ei dîm pêl-droed lleol ddim yn cefnogi tîm y pentref cyfagos. Yn achos y Gymru fodern, mae hynny wedi bod yn ganolog i'n hunaniaeth ni. Yn y bedwaredd ganrif ar bymtheg fe ledaenwyd y syniad o Gymru, fel 'y Genedl

Anghydffurfiol'. A doedd unrhyw un nad oedd yn ffitio'r syniad hwnnw ddim yn perthyn i'r genedl. Dyna'r meddylfryd.

Roedd un ffordd eithaf rhwydd o adnabod y rhai nad oedd yn cydymffurfio â'r cysyniad o'r hyn y dylai Cymro fod. Yn syml iawn, roedd yna 'ni' a 'nhw'. A'r 'nhw' oedd y Torïaid.

Richard Wyn Jones
Mae yna dystiolaeth eithaf da, a deud y gwir, sy'n dangos bod gwrth-geidwadaeth eto yn rhan o'r naratif cenedlaethol ynglŷn â beth yw bod yn Gymro neu'n Gymraes. Hynny ydi, un o'r pethau sy'n ein diffinio ni ydi'r ffaith nad ydan ni ddim yn Geidwadwyr.

Ar yr wyneb mae honno'n ddadl gref. Mewn tri etholiad cyffredinol rhwng 1906 a 2001 ni chafodd yr un Aelod Seneddol Torïaidd ei ethol drwy Gymru gyfan. Ond mae'r ystadegau hynny'n gamarweiniol, mewn gwirionedd.

Richard Wyn Jones
Mae'r system etholiadol yng Nghymru yn syfrdanol o annheg. Un o'r pethau amdani nad ydi pobol yn ei sylweddoli ydi ei bod hi'n milwrio yn erbyn y Ceidwadwyr yn ofnadwy. Ar y cyfan, mae'r Ceidwadwyr wastad yn ennill rhyw chwarter neu draean o'r gefnogaeth etholiadol yng Nghymru. Ond yn aml ychydig iawn iawn o seddau, os o gwbl, maen nhw'n eu hennill oherwydd effaith y system bleidleisio yn y cyd-destun Cymreig.

Mae'r ffaith fod rhethreg radicaliaeth wedi bod yn rhan mor amlwg o wleidyddiaeth Cymru drwy gydol yr ugeinfed ganrif, a hyd heddiw, yn brawf o allu'r asgell chwith Gymreig i swyno'r etholwyr. Drwy apelio at y myth cenedlaethol, maen nhw wedi sicrhau bod y Ceidwadwyr, er eu bod nhw'n denu llaweroedd o bleidleiswyr, wedi aros ar gyrion y stori wleidyddol Gymreig.

Ond peidied neb â chredu bod hyn wedi arwain at Gymreictod unffurf, gyda phawb yn hapus a chytûn. Mae peth wmbredd o ddadleuon ynglŷn ag egwyddorion a daliadau wedi cyffroi Cymru drwy gydol y ganrif ddiwethaf. Ond er bod tair o'r prif bleidiau yng Nghymru – Llafur, y Rhyddfrydwyr a Phlaid Cymru – wedi anghytuno'n chwyrn ar adegau, mae ganddyn nhw un peth o leiaf yn gyffredin.

Mae'r syniad ein bod ni'n genedl radical, fwy radical o lawer na'r Saeson, wedi bod – ac yn dal i fod – yn rhan annatod o'n hunaniaeth boliticaidd ni. Ac eithrio'r Toriaid, mae pob un o brif bleidiau gwleidyddol Cymru yn ceisio mynnu mai nhw yw gwir etifeddion y traddodiad radical hwnnw.

Yn Refferendwm Datganoli 1979 roedd y ddwy ochr, y rhai a oedd o blaid a'r rhai oedd yn erbyn, yn hawlio mai drwy eu cefnogi nhw yr oedd gwarchod y traddodiad radicalaidd.

Richard Wyn Jones

Yn 1979, er enghraifft, roedd Leo Abse yn dadlau yn erbyn datganoli ar y sail fod Prydain angen radicaliaeth y Cymry. Ac roedd Gwynfor Evans a chefnogwyr datganoli yn dadlau bod Cymru angen ei senedd ei hun er mwyn gallu mynegi ei radicaliaeth.

Roedd y sefydliad diwylliannol yng Nghymru Oes Fictoria wedi mynd ati i greu delwedd ramantaidd o Gymru, delwedd wedi ei seilio i raddau helaeth ar werthoedd y pentref gwledig – gwerthoedd gwahanol i werthoedd trwch y boblogaeth ddiwydiannol. A'r hyn sy'n ddiddorol ynglŷn â'r fytholeg *wleidyddol* genedlaethol yw fod seiliau honno hefyd yn eithaf sigledig, a dweud y gwir.

Richard Wyn Jones

Un o'r pethau trawiadol iawn rydan ni wedi'i ddarganfod bellach ydi hyn: o'n cymharu â phobl yn yr Alban a Lloegr, ni'r Cymry ydi'r bobol fwyaf adain dde a'r lleiaf rhyddfrydol. Dwi'n amau rywsut a fuom ni mor radicalaidd â hynny erioed. Fy nhybiaeth i ydi bod ein hymwybyddiaeth gymdeithasol yn fwy cymunedol – nid yn adain chwith ond yn gymunedol. Ac, wrth gwrs, fe wyddom i gyd nad yw cymunedau o anghenraid yn llefydd rhyddfrydol iawn. Yn wir, maen nhw'n gallu bod yn llefydd sydd yn hynod o annymunol tuag at bobol sydd yn wahanol i'r norm mewn rhyw ffordd neu'i gilydd. Ond yr hyn sydd gennym ni yng Nghymru ydi rhyw fath o ymwybyddiaeth gymunedol. Efallai nad oes gennym ni ryw lawer o amser i unigolyddiaeth yng Nghymru.

*   *   *

Fel yn achos y rhan fwyaf o chwedlau, mae myth cenedlaethol Cymru yn gymysgedd o'r gwir a'r ffansïol. Mae'r ddelwedd Gymreig o'r gweithfeydd a'r corau yn fyw yn y cof torfol o hyd. Ond beth yn hollol yw'r ddelwedd sydd gennym o'r Gymru bresennol, heb sôn am y Gymru fydd?

Dagrau'r sefyllfa yw hyn: mae'r diwydiannau sydd wedi chwarae rhan mor amlwg yn y broses o ffurfio'r myth Cymreig wedi diflannu, bron, oddi ar wyneb y ddaear. Olion yn unig o'r hen genedl ddiwydiannol sydd i'w gweld erbyn hyn.

Ym marn llawer, fe ddaeth dechrau'r diwedd ar fore gwlyb ym mis Hydref 1966. Dros y cenedlaethau roedd tanchwa, cwymp ac afiechyd wedi cipio miloedd o fywydau yn yr ardaloedd glofaol, o Gresffordd yn y gogledd i Senghennydd yn y de. Ond yn Aber-fan, am y tro cyntaf, hawliodd y glo fywydau cenhedlaeth o blant. Yn ogystal â bod yn drychineb roedd Aber-fan hefyd yn ddadrithiad.

Gyda gwladoli'r diwydiant glo yn 1947 gwireddwyd breuddwyd y sosialwyr: y werin bellach oedd perchennog tadol y pyllau. Ond chwalodd Aber-fan y gred honno unwaith ac am byth. Fel perchennog doedd y Bwrdd Glo yn ddim gwell na'r cyfalafwyr a'i rhagflaenodd.

Herciodd y diwydiant yn ei flaen am ryw ugain mlynedd arall. Ond yn wyth degau'r ugeinfed ganrif daeth y glowyr wyneb yn wyneb â holl rym y wladwriaeth Brydeinig. Ni fyddai ond un enillydd.

Yng ngwanwyn mwyn 1984 dechreuodd y frwydr olaf dros ddyfodol y cymunedau glofaol, neu'n hytrach y frwydr olaf rhwng Undeb y Glowyr a'r llywodraeth i benderfynu pwy mewn gwirionedd oedd yn rheoli'r gwledydd hyn.

Roedd hi hefyd yn frwydr a fyddai'n dynodi diwedd diwydiant a oedd wedi gweld mwy na'i siâr o ddioddefaint. Yn Ionawr 2008 fe ddaru glofa'r Twr yn Hirwaun gau am y tro olaf, dair blynedd ar ddeg ar ôl i 239 o'r glowyr ei phrynu efo £8,000 yr un o'u taliadau diswyddo. Roedd y Bwrdd Glo wedi cau'r lofa ar derfyn y streic yn 1985 ond ailagorwyd hi gan y glowyr yn Ionawr 1995 a bu'n broffidiol hyd at y diwedd.

Yn syfrdanol a brawychus o annisgwyl atgoffwyd Cymru gyfan drachefn ym Medi 2011 o wir bris y glo pan gollodd pedwar o ddynion eu bywydau yng nglofa'r Gleision, Cilybebyll, ar y ffin rhwng Cymoedd Nedd a Thawe. Roedd eu marwolaeth yn sioc enbyd. Prin fod y rhan fwyaf ohonom yn sylweddoli bod glowyr yn dal i gael eu cyflogi yng

Nghymru. Ond mae glofeydd drifft yng Nghwm Nedd – lle cloddir y glo yn llorweddol yn hytrach na mynd ato drwy siafft – yn rhoi bywoliaeth ansicr o hyd i ryw ddau gant o ddynion. Cymharer y ffigwr hwnnw efo'r 271,000 o lowyr a gyflogid yng Nghymru pan oedd ein diwydiant glo ar ei brysuraf yn 1920.

Yn haf 2013, dim ond 146,000 o bobol, sef 10.7% yn unig o'r gweithlu yng Nghymru, oedd yn cael eu cyflogi yn y diwydiannau cynhyrchu nwyddau. Y cyflogwr mwyaf o ddigon, efo gweithlu o 334,000, oedd y sector cyhoeddus. Ond efo llywodraeth leol yn wynebu toriadau enbyd yn eu cyllidebau dros y blynyddoedd nesaf, ni ellir parhau i ddibynnu i'r un graddau ar y ffynhonnell honno.

Byr, mewn gwirionedd, fu teyrnasiad Cymru fel un o'r pwerau diwydiannol mwyaf yn y byd. Ac eto, drwy'r cyfan, nid melltith oedd yr aur du a gafodd ei godi o grombil Cymru. Y glo, yn fwy nag un dim arall, a arbedodd ein cyndeidiau rhag gorfod ymfudo, fel y bu'n rhaid i'r Gwyddelod, i bedwar ban byd. A thrwy ein galluogi ni i aros yng Nghymru fe ddaliodd yr iaith Gymraeg ei thir yn rhyfeddol.

Ond mae hi eisoes wedi peidio â bod yn iaith gymunedol mewn rhannau helaeth o'i chadarnleoedd traddodiadol. Roedd ei gweld yn dirywio ymhellach yng Nghyfrifiad 2011 i fod yn iaith leiafrifol yn sir Gaerfyrddin ac yng Ngheredigion yn ergyd drom, yn seicolegol yn ogystal ag yn ymarferol. Dim ond yng Ngwynedd ac Ynys Môn y mae'r Gymraeg o hyd yn iaith y rhan fwyaf y boblogaeth.

Stori ddoe yw'r Chwyldro Diwydiannol. Oes, mae rhai dynion yn dal i weithio yn chwareli Arfon a Meirionnydd, ac er gwaethaf sawl ergyd drom mae diwydiant dur y de-ddwyrain yn gyflogwr sylweddol o hyd. Cafwyd chwyldro. Ond fe gafwyd chwalfa hefyd. Ac ar wahân i un cyfnod gobeithiol ond lled ddarfodedig ar derfyn yr ugeinfed ganrif, prin y cafodd ein cenedl ei chyffwrdd gan yr ail chwyldro, y Chwyldro Technolegol.

Ond, a Chymru wedi bod yn bwerdy'r byd ar un adeg, mae'n gwbl bosib y gallwn ni unwaith eto, drwy gyfuniad o ffynonellau, yn cynnwys gwynt, llanw, tanwydd niwclear – a haul, hyd yn oed! – fod yn gynhyrchydd ac yn allforiwr ynni. Ac, wrth gwrs, mae gennym gyflenwadau dihysbydd o'r adnodd mwyaf angenrheidiol o'r cyfan. Fedr neb na dim fyw heb ddŵr.

Diwygiad 1904–05

Dechrau'r ugeinfed ganrif digwyddodd pethau rhyfedd iawn yng Nghymru. Fe sgubodd diwygiad crefyddol drwy'r wlad, o Fôn i Fynwy, diwygiad na welwyd ei debyg erioed o'r blaen, efo pobol wrth eu miloedd yn canu a gweiddi a gorfoleddu a moliannu Duw. Ar un olwg, fe fyddai rhywun yn disgwyl i'r fath ddefosiwn ac emosiwn ddigwydd mewn cymdeithas eithaf cyntefig – gwlad o bobol syml, ofergoelus ac anllythrennog.

Ond nid gwlad felly oedd Cymru yn 1904. Ac nid pobol felly oedd y Cymry. Roedden nhw'n byw yn un o'r gwledydd diwydiannol pwysicaf yn y byd i gyd. Fel y dangoswyd eisoes, ar dro'r hen ganrif roedd mwy o bobol yn heidio i Gymru i fyw ac i weithio nag i unrhyw wlad arall yn y byd – ar wahân i Unol Daleithiau America. Cymru oedd Klondike Ewrop. Roedd yn wlad a chanddi rwydwaith o weithfeydd glo, dur, haearn a thun. Ac yng Ngwynedd, chwareli'r Penrhyn a Dinorwig oedd y ddwy chwarel lechi fwyaf yn y byd.

Ond glo oedd y Brenin.

David Jenkins

Roedd rheilffyrdd Ffrainc, yr Eidal, yr Aifft, yr Ariannin a Brasil i gyd yn cael eu gyrru gan lo ager de Cymru. Yn wir, fe ellid dweud mai OPEC y byd ar y pryd oedd y Gyfnewidfa Lo yng Nghaerdydd. Nid gormodiaith yw dweud bod Cymru mor bwysig â hynny yn achos tanwydd y byd.

Yn y cyfnod rhyfeddol hwnnw, porthladdoedd Caerdydd a'r

Barri oedd rhai prysura'r byd, ac roedd twf Caerdydd fel canolfan fasnachol, a'r cychwyn a roddwyd i sefydliadau cenedlaethol fel Prifysgol Cymru, yn tystiolaethu i olud a hyder y genedl Gymreig fodern.

Rhywbeth arall a osodai'r Cymry ar wahân i lawer o genhedloedd eraill oedd y ffaith ei bod hi'n genedl lythrennog. Mae Cymru'n ddyledus am hynny i weledigaeth un gŵr, Griffith Jones (1683–1761), ficer Llanddowror yn sir Gaerfyrddin.

Geraint H. Jenkins

Mae e'n darparu rhwydwaith o ysgolion cylchynol a hefyd mae'n sicrhau bod digon o Feiblau a chatecismau ar gael ar gyfer trawsdoriad o'r Cymry, o'r tlotaf hyd at y cyfoethocaf. Dyma'r dyn wnaeth chwyldroi llythrennedd yng Nghymru yn y ddeunawfed ganrif. Erbyn ei farwolaeth roedd tua 200,000 o bobol wedi bod drwy ei ysgolion cylchynol. Erbyn diwedd y ganrif roedd gwerin bobol Cymru gyda'r mwyaf llythrennog yn Ewrop.

Yn sgil twf mawr Anghydffurfiaeth, y Beibl a llyfrau a chylchgronau crefyddol ddaeth yn brif destun darllen y Cymry. Yn wir, mae haneswyr wedi dadlau mai crefydd, ac Anghydffurfiaeth yn benodol, oedd y ddolen gyswllt bwysicaf rhwng y Gymru wledig a'r Gymru ddiwydiannol, rhwng y pwll glo a'r das wair, rhwng y Cymro yng Nghwm Rhymni a'r Gymraes ym Mhen Llŷn.

Felly, ydi hi'n bosib gweld y Diwygiad fel adwaith gan yr hen Gymru anghydffurfiol yn erbyn yr holl newidiadau dramatig a oedd yn trawsnewid eu gwlad o flaen eu llygaid – y diwydiannu di-baid, y cynnydd aruthrol yn y boblogaeth, a'r ffaith mai Saesneg oedd iaith llaweroedd o'r mewnfudwyr?

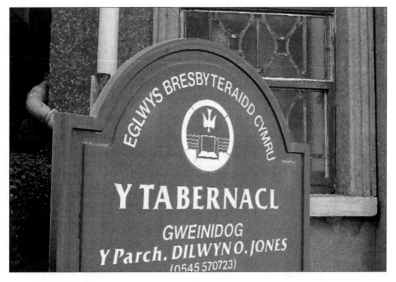

Capel y Methodistiaid, Ceinewydd – lleoliad dechrau'r Diwygiad

Cwpan Evan Roberts

Evan Roberts

Evan Roberts a'i gantoresau

Yn ôl Cyfrifiad 1901, o drwch blewyn roedd y Gymraeg wedi mynd yn iaith y lleiafrif o boblogaeth Cymru. Mae'n anodd cynefino â'r fath newidiadau. Ein tueddiad ar adegau o'r fath yw chwilio am gysur yn y pethau sy'n gyfarwydd inni. Wrth gofleidio'r Diwygiad â'r fath angerdd, ai ceisio troi'r llanw mawr yn ôl yr oedd y Cymry?

R. Tudur Jones
Dwi'n credu bod llawer iawn o wirionedd yn hynny. Roedd pobol yn mynd yn ôl at eu gwreiddiau ysbrydol yn wyneb yr holl bethau dieithr a oedd yn eu herio nhw. Roedd arferion yn newid. Roedd ffasiynau newydd yn llifo i mewn ac roedd hi'n amhosib eu gwrthsefyll nhw. Roedd newid mewn safonau moesol. Daeth rhai pobol i fwynhau safon byw uwch. Rhowch yr elfennau hyn i gyd at ei gilydd ac fe welwch chi fod pobol yn cael eu gyrru yn ôl at eu gwreiddiau. Roedd newidiadau aruthrol yn rhoi straen teimladol mawr arnyn nhw.

Yn sgil y ffactorau hyn i gyd fe dyfodd dyhead dwfn ymhlith y werin bobol am gael dychwelyd at egwyddorion cychwynnol Methodistiaeth. Dyna'r union gredoau a orfododd y Tadau Methodistaidd i adael i adael yr eglwys Anglicanaidd a sefydlu enwad newydd.

Eryn White
Rydym ni'n dueddol o ddyddio cychwyn Methodistiaeth o dröedigaeth Howell Harris a Daniel Rowland yn 1735. Fe fuon nhw wedyn yn cyffroi llawer iawn o bobol i'w dilyn nhw, gan gynnwys y mwyaf enwog, William Williams, Pantycelyn, yr emynydd mawr. Fe ledodd y mudiad o hynny ymlaen ar draws Cymru yn raddol.

Rhaid cofio nad y bwriad ar y dechrau oedd sefydlu enwad newydd. Mewn gwirionedd, dyna'r peth olaf roedden nhw eisiau. Eu hunig fwriad oedd adfywio'r eglwys a rhoi hwb i fywyd ysbrydol Cymru. Ond gwaetha'r modd – cyn belled ag yr oedden nhw yn y cwestiwn – fe fethon nhw wneud hynny i raddau helaeth. Roedd yn rhaid iddyn nhw yn y diwedd ymadael â'r eglwys ond cyndyn iawn oedden nhw i adael. Yn wir roedd yr arweinwyr cynnar yn gwrthod yn lân ag ymadael. Dim ond yn 1811 y gwnaethon nhw o'r diwedd ddechrau ordeinio eu gweinidogion ei hunain. Fe ddigwyddodd hynny dan Thomas Charles o'r Bala er mwyn galluogi'r Methodistiaid i roi cymun i'w haelodau. Oni bai am hynny byddai'n rhaid iddyn nhw ddal i gymuno yn yr eglwys. Yn 1811 roedd y sefyllfa wedi mynd yn hollol annerbyniol a bu'n rhaid iddyn nhw ymwahanu yn y diwedd.

Erbyn canol y bedwaredd ganrif ar bymtheg, yr enwad newydd hwnnw – y Methodistiaid – oedd yr enwad cryfaf yng Nghymru. Dangosodd Cyfrifiad Crefyddol 1851 fod 120,000 o Fethodistiaid yng Nghymru. Yn dynn ar eu sodlau nhw roedd yr Annibynwyr. Ac yn drydydd roedd y Bedyddwyr ag 80,000 o aelodau.

Mewn cyfnod byr iawn, felly, roedd yr eglwys Anglicanaidd wedi cael ei gwthio i'r ymylon a Chymru'n genedl anghydffurfiol. Byddai'r rhan fwyaf ohonom heddiw yn meddwl am y Methodistiaid cynnar fel pobol barchus, ond rebels oedden nhw mewn gwirionedd, rebels a heriodd y drefn. Doedden nhw ddim yn barchus o gwbl yng ngolwg y teuluoedd bonedd a'r tirfeddianwyr a'r dosbarth llywodraethol – heb sôn am yr esgobion a'r offeiriad Anglicanaidd.

Ond ymbarchuso wnaeth y Methodistiaid hefyd. Mae

hi'n hen, hen stori. Daw rebels ddoe yn sefydliad heddiw. Bellach, doedd cael calon lân ddim yn ddigon da. Rhaid oedd cael dillad glân, urddasol.

Eryn White

Fe ddaeth hi'n llai derbyniol i'r aelodau fynd i'r capel yn eu dillad gwaith. Ar y dechrau roedd pobol yn tueddu i fynd i weld pregethwr Methodist yn y dafarn neu'r farchnad neu'r ffair neu mewn cyfarfod awyr agored. Ond wrth inni symud i mewn i'r bedwaredd ganrif ar bymtheg mae capeli mawr crand yn cael eu codi. Doedd e ddim yn dderbyniol wedyn yng ngolwg y dosbarth canol i bobol dlawd ddod i'r capel yn eu dillad bob dydd.

Roedd angen parchuso. Rhaid oedd cael dillad dydd Sul – dillad parch. Gwelwyd agweddau'n newid a daeth mynd i'r capel yn rhyw fath o sioe i'r dosbarth canol gael dangos eu hunain yn eu dilladau drudfawr.

Cafodd y snobyddiaeth a'r traha yma eu fflangellu'n ddidrugaredd o gofiadwy gan Daniel Owen. Yn ei nofelau mae o'n datgelu sut y cafodd purdeb cychwynnol Methodistiaeth ei lygru yn Oes Fictoria. Mae o ar ei fwyaf deifiol yn ei nofel *Enoc Huws* (1891) ac yn arbennig felly yn achos y dihiryn y cyfeiriwyd ato eisoes.

Hywel Teifi Edwards

Dwi ddim yn credu bod *villain* tebyg i Capten Trefor wedi bod yn ein llenyddiaeth erioed. Mae e wedi meistroli iaith y capel a'r seiat yn llwyr ac mae e'n ei defnyddio hi i ddinistrio bywydau pawb sy'n dod o fewn ei gyrraedd. Sarff yw e. Ond mae e'n barchus. Mae e'n captain of industry. Ac mae e'n cael *cushion* dan ei din ar ei sedd yn y capel.

Derec Llwyd Morgan

Yn ei fombast, ond yn ei fombast Beibl-ddysgedig, mae Capten Trefor yn adlewyrchiad o fethdaliad crefydd.

Dadl gref dros ddiwygiad yw Capten Trefor! A rhwng popeth, am yr holl resymau hyn, fe ddechreuodd y werin gapelyddol ddyheu, yn fwy na dim byd arall, am ddiwygiad.

Roedd un wedi bod yn 1859. Diwygiad oedd hwnnw a ychwanegodd tuag ugain mil o aelodau at y capeli mewn ychydig fisoedd; ac fe fu nifer o ddiwygiadau lleol ar ôl hynny, o sir Fôn i'r Rhondda. Ond erbyn 1904, mewn canrif newydd a Chymru newydd, roedd y dyhead am un diwygiad mawr, nerthol, yn ddyfnach nag erioed. A draw yng Nghasllwchwr, rhwng Llanelli ac Abertawe, roedd gŵr ifanc a fyddai'n siglo'r sefydliad anghydffurfiol i'w seiliau gan fynd â than y Diwygiad drwy Gymru benbaladr – a thrwy rannau helaeth o'r byd.

Bellach mae enw Casllwchwr, cartref Evan Roberts y Diwygiwr, yn gyfystyr bron â'r Diwygiad ei hun. Ond mae'n rhaid teithio o Gasllwchwr i fyny arfordir gorllewin Cymru i ganfod y fan lle dechreuodd y cyfan – i'r Ceinewydd yng Ngheredigion.

Mae lle i gredu bellach mai'r Cei, ac nid Talacharn, oedd ym meddwl Dylan Thomas pan aeth o ati i chwilio am gartref i Capten Cat a Polly Garter yn *Dan y Wenallt*. Ond ar wahân i'r Parchedig Eli Jenkins doedd 'na fawr o ôl y Diwygiad ar gymeriadau'r ddrama honno. Y Ceinewydd, serch hynny, oedd crud Diwygiad mawr 1904.

Kevin Adams

Mae gweinidog yno o'r enw Joseph Jenkins ac mae e wedi cael profiad ysbrydol. Mae e'n credu bod Duw wedi siarad ag e. Mae ei ddull e o bregethu'n newid a'r gyntaf i gael ei dylanwadu ganddo fe yw Florrie Evans, merch 16 oed. Yn y cwrdd un bore Sul mae Jenkins yn gofyn i'r gynulleidfa ddweud beth oedd crefydd yn ei olygu iddyn nhw. Mae Florrie'n sefyll lan ac yn cyhoeddi ei bod hi'n caru'r Arglwydd Iesu â'i holl galon. Ar amrantiad mae rhywbeth yn digwydd. Mae'r awyrgylch yn newid. Mae fflam yn cael ei thanio ac mae gwres y fflam honno yn tanio'r ieuenctid a oedd yn y capel. O Sul i Sul mae rhagor a rhagor o'r gynulleidfa, yn enwedig y merched, yn dod 'dan ddylanwadau'r Ysbryd Glân'. Dyna'r geiriau roedden nhw'n eu defnyddio. Mae cyrddau gweddi'n cael eu cynnal a phobl yn gweddïo'n gyhoeddus am y tro cyntaf erioed heb deimlo unrhyw swildod. Mae bwrlwm a chyffro eithriadol i'w deimlo. Daw gweinidogion eraill i glywed am hyn ac maen nhw'n dod draw i weld beth sy'n digwydd. O fewn dim o dro mae'r gair 'diwygiad' yn cael ei grybwyll, ac mae Joseph Jenkins yn anfon llythyr at hen gyfaill iddo, y Parch. Evan Phillips, yn amlinellu'r hyn oedd wedi digwydd yn y Ceinewydd.

Y Parch. Evan Phillips oedd tad prifathro Ysgol Ramadeg Castellnewydd Emlyn, ysgol a oedd â'r enw o fod yn feithrinfa i fechgyn oedd â'u bryd ar y weinidogaeth. Gyda'r union fwriad hwnnw y daeth Evan Roberts yno'n ddisgybl yn 1904 – disgybl aeddfed. Yn chwech ar hugain oed roedd o wedi treulio'i oes waith yn y pwll glo ac yn efail y gof. Ond doedd neb yn synnu gweld Evan Roberts yn paratoi ar gyfer y weinidogaeth. Bu'n hynod o grefyddol erioed.

Erbyn hynny, mis Medi 1904, roedd de Ceredigion yn ferw o gynyrfiadau crefyddol – y cyfan wedi dechrau yn y Ceinewydd ond yn ymestyn bellach drwy'r ardaloedd cyfagos. Roedd Evan Roberts yn un o'r criw a gerddodd o Gastellnewydd i un o'r cyrddau diwygiadol hyn ym

Mlaenannerch, ychydig filltiroedd i'r gogledd o dref Aberteifi.

Y pregethwr y diwrnod hwnnw oedd Seth Joshua, yn wreiddiol o Flaenafon yn sir Fynwy. Cymeriad anghonfensiynol oedd Seth ond dyn cwbl allweddol yn hanes Evan Roberts a'r Diwygiad.

R. Watcyn James

Cyn troi at y weinidogaeth, gweithiwr dur oedd Seth. Roedd e'n anferth o ddyn mawr, cryf, cyhyrog gyda llais canu pert. Gallai hefyd arwain bandiau pres. Dyn dawnus iawn. Ond doedd Methodistiaeth a cherddoriaeth ddim wedi meddalu dim arno fe! Yn y ffair yng Nghastell-nedd roedd Seth yn pregethu ar focs sebon pan ddaeth bocsiwr draw a dechrau ei fygwth. Camodd Seth oddi ar ei focs, tynnu ei siaced, a dangos ei gyhyrau i'r bocsiwr. Diflannodd hwnnw i lawr y stryd nerth ei draed.

Yr arth hwnnw o ddyn, Seth Joshua, yng nghapel Blaenannerch ar 29 Medi 1904 a newidiodd fywyd Evan Roberts am byth.

Kevin Adams

Mae Seth Joshua yn cyhoeddi: 'Mae'r cyfarfod hwn yn agored i'r Ysbryd Glân.' Ac ar hynny mae Evan Roberts yn teimlo rhyw ynni a nerth yn byrlymu y tu mewn iddo fe. Mae e'n crynu ac yn siglo yn ei sedd. Yn sydyn mae'r llifddorau'n agor. Mae e'n byrsto mas mewn gweddi sy'n diasbedain dros y capel: 'Arglwydd, plyg fi. Plyg fi, O Arglwydd.' Doedd dim troi 'nôl i fod. Byddai ei fywyd yn cael ei newid am byth. Mae Evan Roberts yn mynd i mewn i'r cwrdd hwnnw yn fachgen ifanc â'i fryd ar y weinidogaeth. Mae e'n dod mas yn ddiwygiwr.

Does dim modd gorbwysleisio pwysigrwydd y digwyddiad hwnnw ym Mlaenannerch. Dyna'r peth tyngedfennol yn hanes Evan Roberts. Ond cyn hynny, yn ei lety yng Nghastellnewydd Emlyn roedd o wedi cael profiad a oedd hyd yn oed yn fwy ysgytiol.

Siôn Aled

Bu iddo fo a'r bachgen a rannai stafell efo fo, Sydney Evans, a aeth yn genhadwr yn ddiweddarach, brofi gweledigaethau rhyfeddol iawn. Disgrifiodd Evan sut y cafodd ei sugno i bresenoldeb Duw yn oriau mân un bore ac iddo hedfan o'i wely i bresenoldeb Duw. Dyna'r math o beth y byddem ni heddiw yn ei alw'n *out-of-body experience.*

Fedr yr amheuwr mwyaf ddim gwadu nad oedd Evan Roberts yn credu'n gwbl ddiffuant ei fod o wedi bod ym mhresenoldeb Duw a bod gan Dduw waith ar ei gyfer o. Ond roedd o'n dal yn ddisgybl yn Ysgol Ramadeg Castellnewydd Emlyn, lle ceisiai ennill y cymwysterau a fyddai'n caniatáu iddo fo fynd i'r coleg a chymhwyso'i hun yn weinidog. Aeth ei waith ysgol, Groeg a Lladin a phopeth arall, yn angof, fodd bynnag, pan ddychwelodd o Flaenannerch. Cwynodd ei brifathro fod Evan yn esgeuluso'i astudiaethau. Esboniodd y disgybl na allai ganolbwyntio ar ddim byd ond darllen ei Feibl a gweddïo. Roedd ganddo waith i'w gyflawni ar ran Duw, meddai.

Wyneb yn wyneb â'r fath unplygrwydd fe wyddai'r prifathro o'r gorau mai ofer oedd ceisio perswadio Evan Roberts i aros yn yr ysgol. Roedd o'n ysu am fynd yn ôl i Gasllwchwr i ddechrau ar ei genhadaeth fel diwygiwr.

Ac yno i'w gartre, Island House, y dychwelodd Evan ar ddiwrnod olaf Hydref 1904. Pryderai ei rieni yn arw ei fod o wedi rhoi'r gorau i'w addysg ar ôl cyn lleied o amser yn yr ysgol, ond roedd hi'n amlwg iddyn nhw fod Evan yn gyfan gwbl o ddifrif ynglŷn â'r gwaith a oedd yn ei aros. Yn wir, yn syth ar ôl dychwelyd adre cyflawnodd, fe honnir, yr hyn y gellid o bosib ei galw'n wyrth, ar ei frawd ei hun. Haerir bod Dan Roberts wedi cael gwybod gan arbenigwr llygaid nad oedd modd trin yr afiechyd a oedd wedi dechrau peri gofid iddo. Byddai'n mynd yn ddall cyn bo hir. Dyna'r farn feddygol. Wfftiodd Evan at y fath syniad. Gosododd ei law dros lygaid ei frawd ac adferwyd ei olwg yn llwyr. Daeth Dan yn un o weision ffyddlonaf y Diwygiad.

A'r noson honno, nos Lun, 31 Hydref 1904, yn y capel lle cafodd Evan Roberts ei godi – Moriah, Casllwchwr – cynhaliodd ei gyfarfod cyntaf. Cyfarfod pobl ifanc. Ei gyfoedion. Yr union bobl yr oedd o wedi cael ei fagu yn eu plith. Er bod Iesu Grist, yn ôl y Testament Newydd, wedi dweud nad oes anrhydedd i broffwyd yn ei wlad ei hun, nid dyna oedd profiad Evan Roberts. Yn sicr ddim ar y cychwyn. Fe ddechreuodd drwy esbonio bod y Diwygiad, a gychwynnodd yn y Ceinewydd, eisoes ar gerdded drwy Gymru.

Kevin Adams

Yn yr wythnos gyntaf mae dros drigain o bobol yn sefyll lan yng nghyfarfodydd Evan Roberts ac yn cysegru eu bywydau i Grist. Erbyn yr ail wythnos mae'r newyddion am yr hyn sy'n digwydd yng Nghasllwchwr wedi mynd ar led.

Mae e'n cynnal cyfarfodydd mewn capeli eraill yn yr ardal. Does neb eisiau mynd adre ac mae'r cyrddau yn mynd ymlaen yn hwyrach ac yn hwyrach bob nos. Ac mae nifer y bobol, o lowyr i forynion ffermydd, sy'n cyfaddef eu pechodau ac yn troi at Dduw yn anhygoel.

Yn anochel, mae digwyddiadau fel hyn yn dod yn destun siarad ac yn tynnu sylw pobol. Ac fe ellir mentro y bydd straeon o'r fath o fewn dim o dro yn dod i sylw'r wasg. Felly mae hi'r dyddiau hyn. Ac felly roedd hi yn 1904. Roedd y Diwygiad, hyd yn oed, angen cyhoeddusrwydd.

Heddiw, fel yn 1904 ac 1905, mae 'na bobol – Cristnogion selog yn eu plith – sy'n cyfeirio'n feirniadol at y Diwygiad fel 'Diwygiad y *Western Mail*'. Gormodiaith ydi hynny efallai. Ond yn sicr fe aeth y papur hwnnw, a phapurau eraill wedyn, ati'n frwdfrydig tu hwnt i hyrwyddo'r Diwygiad ac i hyrwyddo Evan Roberts.

Gŵr a alwai ei hun yn Awstin oedd prif ohebydd y Diwygiad yn y de, a bu ei adroddiadau llygad-dyst yn hwb mawr i'r achos ac i statws personol Evan Roberts. Casglwyd yr adroddiadau hynny at ei gilydd gan y *Western Mail* a'u cyhoeddi mewn chwe llyfryn misol rhwng Rhagfyr 1904 a Mai 1905.

Prawf o'u poblogrwydd oedd parodrwydd cwmnïau i hysbysebu eu nwyddau yn y llyfrynnau: popeth o ddannedd gosod – pum gini am lond ceg – i ffotograffau o Evan Roberts ar gardiau post *with facsimilie signature*! Fe gynhyrchwyd llestri, hyd yn oed, platiau a chwpanau, efo llun ohono arnyn nhw, yn union fel y cynhyrchir pethau o'r fath i ddathlu coroni neu briodas frenhinol. Felly am bob math o resymau roedd y Diwygiad yn 'stori fawr'. Roedd pobol wrth eu miloedd yn gwirioni'n lân ar ŵr ifanc golygus. Yn union fel y gwirionon nhw, drigain mlynedd yn ddiweddarach, ar grŵp o gantorion pop o Lerpwl.

Gaius Davies

Roedd o'n debyg iawn i Beatlemania yn chwe degau'r ugeinfed ganrif lle byddai merched yn mynd i gyngherddau'r Beatles i sgrechian yn ecstatig ar eu harwyr. Byddai llaweroedd ohonyn nhw'n llewygu a mynd i berlewyg. A dyna'r math o beth fyddai'n digwydd hefyd yn ystod cyfarfodydd y Diwygiad.

I barhau am y tro â'r sôn am ddelwedd Evan Roberts, roedd ganddo griw o ferched ifanc afieithus, rhai ohonyn nhw yn eithriadol o hardd, a fyddai'n cymryd rhan flaenllaw yn ei wasanaethau. A does dim gwadu'r ffaith nad oedden nhw'n gwneud y pecyn cyfan yn un deniadol i werin gwlad – ac i'r wasg.

Catrin Stevens

Mae 'na lun trawiadol o Evan Roberts a'r pum merch o Gasllwchwr a Gorseinon oedd yn ymddangos gydag e mewn cyfarfodydd. Mae sawl un wedi cyfeirio atyn nhw fel rhyw fath o *groupies* penchwiban. Ond dwi'n meddwl bod hynny'n gamargraff fawr. Mi oedden nhw'n tarddu o'r un math o gefndir dosbarth gweithiol ag Evan Roberts ei hun ac roedden nhw'n selog yn y capeli cyn bod sôn am y Diwygiad. Yn ferched prydweddol rhwng 15 a 22 oed, roedden nhw'n canu mewn corau yn eu capeli ac roedden nhw'n athrawesau ysgol Sul. Yn sicr roedd Evan Roberts yn parchu'r merched. Fe ddywedodd ei fod e wedi cael gweledigaeth o gae o ŷd. Merched oedd y rhan fwyaf o'r tywysennau yn y cae, nid dynion. Roedd e'n credu mai arwydd oedd hynny fod gan ferched rôl a swyddogaeth yn y Diwygiad. Ac os astudiwch chi adroddiadau o gyfarfodydd Evan Roberts fe ddaw'n amlwg fod merched nid yn unig yn cymryd rhan ond yn aml nhw oedd yn rheoli'r gweithgareddau. Roedden nhw'n canu ac yn annog y gynulleidfa i droi at Dduw. Oedden, mi oedden nhw'n *warm-up acts* ardderchog cyn i Evan Roberts gyrraedd y capel ond roedden nhw hefyd yn gallu cynnal gwasanaethau eu hunain.

Yn sicr, camgymeriad dybryd fyddai credu mai dim ond addurniadau tlws oedd yn gallu canu'n swynol oedd merched Evan Roberts.

Catrin Stevens
Roedd gofyn i bawb oedd wedi cael tröedigaeth sefyll ar eu traed ar ddiwedd gwasanaeth. Os byddai rhywun yn dal ar ei eistedd, byddai dwy neu dair o'r merched yn mynd ato fe i'w berswadio ei fod yntau hefyd yn barod i gysegru ei fywyd i Dduw. Ac mewn awyrgylch trydanol o'r fath fe fyddai sawl un yn ildio ac yn codi ar ei draed. Dyw *blackmail* emosiynol ddim yn enw rhy gryf ar yr hyn roedd y merched yn ei wneud. Ond roedd y gwaith a wnaethon nhw yn y Diwygiad yn allweddol.

Fel y cawn ni wybod yn nes ymlaen, roedd lle canolog merched yn y cyrddau yn peri pryder i garfan gref o blith y sefydliad anghydffurfiol. Dynion i gyd. Dynion oedd yn poeni bod eu hawdurdod patriarchaidd yn cael ei herio gan y merched hyn.

Anodd ar y dechrau, fodd bynnag, oedd iddyn nhw daflu dŵr oer dros dân oedd yn prysur dyfu'n goelcerth – a'r goelcerth honno'n ymledu'n gyflym ar draws Cymru gyfan. Hyd yn oed os oedd y *Western Mail* wedi penderfynu mai 'Diwygiad Evan Roberts' oedd Diwygiad 04–05, nid dyna'r gwir i gyd. Ar yr union adeg yr oedd Evan Roberts yn dechrau cynnal cyfarfodydd adre yng Nghasllwchwr, roedd hi'n ddiwygiad yn barod, gant a deugain o filltiroedd i ffwrdd yn Rhosllannerchrugog.

Elfed ap Nefydd Roberts
Mae hanes y Diwygiad yn y Rhos yn un o benodau mwyaf diddorol Diwygiad 1904–05. Rhos deimlodd

impact y Diwygiad yn fwy nag unman arall yn y gogledd – ac o flaen pawb arall yn y gogledd. Roedd Rosina Davies, yr efengylwraig, wedi dod i'r Rhos yn gynnar yn 1904 cyn i Evan Roberts gychwyn ar ei waith. Roedd cynyrfiadau mawr yn dilyn ei hymweliad hi. Felly nid rhywbeth ddaru syrthio ar dir diffaith, difywyd a marwaidd oedd y Diwygiad. A phan dorrodd y Diwygiad go iawn dros y Rhos fe gafodd effaith syfrdanol.

Fe ddigwyddodd yn bennaf drwy ymweliad y Parch. R. B. Jones, Porth, y Rhondda. Fe gynhaliodd o gyfres o gyfarfodydd bob noson o'r wythnos yng Nghapel Penuel y Bedyddwyr.

Ar ôl y cyfarfodydd hynny doedd pobol ddim eisiau mynd adre. Roedden nhw'n aros yn y capel ar ôl yr oedfa swyddogol ac yn cynnal cyfarfodydd anffurfiol lle roedden nhw'n gweddïo ac yn canu am oriau. Fe barhaodd tanbeidrwydd y Diwygiad yn y Rhos o Dachwedd 1904 hyd at ddiwedd Mawrth 1905.

Yn ystod y pum mis hynny, mae sôn hefyd am gyfarfodydd dan ddaear yn y pyllau glo. Mi fyddai'r glowyr hefyd – neu'r 'coliars' yn iaith y Rhos – yn aros yn aml ar ganol eu gwaith i weddïo ac i ganu. Fe newidiodd holl awyrgylch y pyllau a holl awyrgylch y pentref yn gyfan gwbl.

Cau fu hanes rhai tafarnau ac roedd y rhai a oedd yn dal ar agor yn gorfod anfon troliau o gwrw yn ôl i'r bragdai am nad oedd cymaint o alw amdano. Ond elwodd busnesau eraill. Gan nad oedd dynion yn gwario'u cyflogau ar gwrw roedd arian i'w wario ar fwyd ac ar ddillad.

Effaith ystadegol y Diwygiad oedd ychwanegu 2,267 o aelodau newydd at y capeli ac at eglwys y plwyf yn y Rhos a Phen-y-cae a Johnstown.

Ond nid yw hynny'n gyfystyr â dweud mai Evan Roberts oedd yn gyfrifol am y cynnydd ystadegol hwnnw. Fel yr esboniwyd uchod, nid fo ddaeth â'r Diwygiad i Rosllannerchrugog.

Eifion Powell

Be ddigwyddodd ym marn llawer o haneswyr – ac mae'r Dr R. Tudur Jones yn pwysleisio hynny – yw fod y *Western Mail* a'r wasg yn gyffredinol wrth dynnu sylw at Evan Roberts yn arbennig wedi camliwio hanes cyfan y Diwygiad. Roedd llawer o ddiwygwyr eraill yn weithgar drwy'r cyfnod ond Evan Roberts gafodd y sylw i gyd gan y wasg. Yn ystod y Diwygiad fe gynhaliwyd degau o filoedd o gyfarfodydd. Dim ond mewn rhyw 250 ohonyn nhw y bu Evan Roberts yn bresennol. Felly roedd y Diwygiad yn fwy na sioe un dyn.

Er bod hynny'n berffaith wir, bu'r holl gyhoeddusrwydd a gafodd Evan Roberts yn y wasg o gymorth mawr i gadw fflam y Diwygiad ynghynn – a hyd yn oed i roi rhagor o lo ar y tân.

Kevin Adams

Fe ddyrchafwyd Evan gan y wasg am ei fod e'n wahanol. Meddyliwch am y gwahaniaeth rhyngddo fe a'r gweinidogion fyddai'n torsythu yn y pulpud chwe throedfedd uwchlaw beirniadaeth gan fynd i hwyl er mwyn ceisio cael eu hadnabod fel pregethwyr *Top of the Bill*. Siarad gyda'r gynulleidfa fyddai Evan yn ei wneud. Pur anaml y byddai'n pregethu o gwbl. Cael pobol i wrando ar Dduw – nid i wrando arno fe – oedd camp Evan Roberts.

Mae'n anodd iawn i ni heddiw werthfawrogi'n llawn pa mor

ddylanwadol oedd y Methodistiaid a'r Annibynwyr a'r Bedyddwyr – yr enwadau anghydffurfiol – gan mlynedd yn ôl. Y nhw (a'r Blaid Ryddfrydol) oedd y sefydliad Cymreig a Chymraeg.

Gweinidogion mwstashog neu farfog-bwysig Oes Fictoria – er bod Fictoria, mewn gwirionedd, wedi marw er 1901 – oedd y dosbarth llywodraethol. Yn eu golwg nhw roedd Evan Roberts a'i ferched yn fygythiad i awdurdod gweinidog o ddyn dros ei braidd.

Elfed ap Nefydd Roberts
Roedd yr Apostol Paul wedi dweud y dylai'r merched fod yn dawel yn yr eglwys. Ond roedd y rhain ymhell o fod yn dawel! Yn ddi-ddadl fe roddodd y Diwygiad hwb mawr i weinidogaeth merched.

Ac roedd y merched yn eu tro yn rhoi hwb sylweddol i gyrddau diwygiadol Evan Roberts. Yn enwedig, felly, Annie Davies o Nantyffyllon, Maesteg.

Catrin Stevens
Roedd hi'n gallu canu'n wych ac roedd ei chanu'n gallu troi cynulleidfa. Roedd ganddi dechneg arbennig. Canai un llinell ac yna byddai'n oedi ac yn edrych ar y gynulleidfa gan hoelio'u sylw nhw a mynnu eu bod nhw'n gwrando arni. Roedd Evan Roberts yn dibynnu'n drwm arni hi. Annie fyddai'n mynd o gwmpas y wlad gydag e, fel conglfaen ei dîm efengylu.

Ond pan fo dyn ifanc golygus, dibriod a dynes ifanc hardd, ddibriod yn cydweithio a chyd-deithio fel y gwnâi Evan ac Annie mae pobol yn sicr o ddyfalu beth yw union natur eu perthynas nhw ...

Kevin Adams

Roedden nhw'n dweud bod Evan Roberts yn ffansïo Annie Davies. A bod Annie Davies yn ffansïo Evan Roberts. Roedden nhw gyda'i gilydd drwy'r Diwygiad. Ond does dim tystiolaeth bod unrhyw beth rhywiol wedi digwydd rhyngddyn nhw. A dweud y gwir, chawson nhw fawr o gyfle. Yn yr oes honno doedden nhw ddim hyd yn oed yn cael lletya dan yr unto. Nid ystafelloedd ar wahân oedd y drefn – ond tai ar wahân.

Er gwaethaf hynny i gyd, a defnyddio gair cyfoes, yn achos 'seléb' fel Evan Roberts roedd gwasg 1904 yn union yr un fath â'r wasg a'r cyfryngau heddiw. Roedden nhw wrth eu boddau'n hel clecs am ei fywyd carwriaethol. Boed ffeithiol neu ddychmygol, doedd dim llawer o wahaniaeth ganddyn nhw. Roedd hanesion am y Diwygiwr yn gwerthu papurau. Ac roedd hynny'n dân ar groen nifer o weinidogion a oedd yn feirniadol o'r cyhoeddusrwydd roedd o'n ei ddenu – ac yn feirniadol o'i ddulliau.

Elfed ap Nefydd Roberts

Ymhlith y beirniaid pennaf roedd y Parch. Peter Price, gweinidog efo'r Annibynwyr yn Nowlais. Fe sgwennodd Price lythyr enwog erbyn hyn i'r *Western Mail* yn tynnu sylw at beryglon y Diwygiad. Doedd o ddim yn elyniaethus i bob gwedd ar y Diwygiad. Ymfalchïai yn y ffaith fod arwyddion o'r Ysbryd Glân ar waith ac o bobol yn cael tröedigaeth i'w gweld ymhobman, gan gynnwys ei gapel ei hun. Ofni roedd Peter Price elfennau mwyaf emosiynol ac eithafol y Diwygiad gan eu cysylltu ag Evan Roberts. Doedd ganddo fo ddim llawer o feddwl o'r Diwygiwr ei hun. Ac roedd o'n meddwl mai ar Evan Roberts roedd y bai am feithrin hysteria a theimladrwydd gormodol. Fe gafodd Peter Price ei feirniadu gan lawer o bobol. Fe gafodd beth canmoliaeth hefyd. Ond rhan ganolog ei ddadl oedd fod y Diwygiad yn ddihangfa oddi wrth rai o'r problemau y dylai'r eglwys fod yn eu hwynebu, yn enwedig cwestiynau rhesymegol a gwyddonol.

Yn 1859 – blwyddyn y diwygiad mawr blaenorol – roedd Charles Darwin wedi cyhoeddi ei ddamcaniaeth chwyldroadol am darddiad dyn. Cabledd noeth yng ngolwg llawer ar y pryd oedd honni mai o fwnci ac nid o Dduw y daeth dyn. Ond sylweddolai pobol fel y Parch. Peter Price y byddai gwyddoniaeth yn dod yn fwy ac yn fwy o her i'r hen gredoau am ddechreuad y byd a dechreuad dyn. Rhaid, medda fo, i Gristion ddadlau yn erbyn y gwyddonydd yn ddeallusol. Defnyddio'i ben, nid dibynnu ar ei galon. Ond yn ogystal â hynny roedd Peter Price hefyd yn feirniadol o arddull y Diwygiwr a'r modd roedd o'n mynd ati i gorddi teimladau.

Elfed ap Nefydd Roberts
Roedd o'n teimlo bod Evan Roberts yn dipyn o *showman* a wyddai sut i fanipiwleiddio cynulleidfa. Fydda fo ddim yn dod i mewn i gapel nes bod rhyw hanner awr o ganu wedi bod a'r tymheredd wedi codi. Ac yna fe fyddai Evan Roberts yn ymddangos fel seren bop ynghanol y cyffro i gyd nes gwneud i ferched yn y gynulleidfa lewygu. Ac weithiau fyddai Evan Roberts yn dweud yr un gair, dim ond sefyll yno. Yng ngolwg Peter Price roedd hynny'n sawru o rywbeth amheus iawn.

Ond amau Peter Price ddaru'r rhan fwyaf o'r rhai wnaeth ymateb yn y *Western Mail*. Nododd un gŵr fod Peter Price wedi disgrifio'i hun yn ei lythyr fel BA Cambridge –

ac fe holodd ai ystyr BA oedd *Bachelor of Asses.*

Bid a fo am hynny, nid Peter Price oedd yr unig weinidog a deimlai'n anesmwyth ynglŷn â rhai agweddau ar y Diwygiad. Wedi'r cyfan, roedd Evan Roberts yn fygythiad i awdurdod y gweinidog a'r diaconiaid.

Alun Tudur

Tuedd cyrff Cristnogol ydi eu bod nhw dros amser yn mynd yn fwy ffurfiol. Ar y dechrau maen nhw'n llawn tân. Maen nhw'n frwdfrydig. Maen nhw'n fyrfyfyr. Ac maen nhw'n llawn emosiwn. Ond wrth i'r blynyddoedd fynd heibio maen nhw'n dod yn fwy ffurfiol yn eu gwasanaethau. Gosodir trefn a phatrwm. Yr hyn mae diwygiad yn ei wneud yw tarfu ar ffurfioldeb ac anwybyddu trefn. Mewn diwygiad mae pobol yn torri allan i ganu yn ddirybudd a diwahoddiad. Mae pobol yn porthi. Maen nhw'n gweiddi dros y capel. Maen nhw'n cymeradwyo. Maen nhw'n anghymeradwyo. Ac maen nhw'n wylo'n hidl.

Ysgrifennodd T. H. Parry-Williams fod Cymru 'yn dipyn o boendod i'r sawl sy'n credu mewn trefn'. A dyna'n union oedd y Diwygiad yng ngolwg rhai arweinyddion. A beth am y crandrwydd Methodistaidd y cyfeiriwyd ato'n gynharach? Roedd hynny ymhell o fod yn flaenoriaeth yn ystod y Diwygiad.

Alun Tudur

Roedd pobol yn cael eu dal gan dân y Diwygiad ac yn mynd yn syth o'r gwaith i gyfarfod diwygiadol. Mae enghreifftiau i'w cael o lowyr yn mynd ar eu gliniau i weddïo, eu hwynebau nhw'n ddu gan lwch glo efo dwy afon wen o ddagrau'n llifo i lawr eu gruddiau nhw.

Roedd dillad gwaith a llwch glo yn tanseilio eto'r

awydd mawr Cymreig i fod yn ddestlus a thrwsiadus yn
y capel. Roedd y Diwygiad yn gyrru gwerinwyr i'r capeli
crand – pobol dlawd, pobol oedd heb ddillad gorau, a
phobol oedd yn drewi.

Os oedd rhai o aelodau'r sefydliad anghydffurfiol yn credu
bod Evan Roberts wedi troi'r drol Fethodistaidd barchus,
iddo fo mae'r clod am boblogrwydd yr eglwysi
Pentecostaidd ac Apostolaidd sy'n gymaint rhan o fywyd
crefyddol de Cymru – ac ymhell tu draw i dde Cymru.

Arnallt Morgan
Mae gwreiddiau'r Eglwys Apostolaidd yn Niwygiad
1904–05 oherwydd bod ein llywydd cyntaf, Daniel
Powell Williams, wedi cerdded drwy'r eira o bentref
Pen-y-groes, sir Gaerfyrddin, ar fore Nadolig 1904 bob
cam i Gasllwchwr i glywed Evan Roberts yn pregethu.
Yno fe gafodd e dröedigaeth a chysegru ei fywyd i
wasanaethu Iesu Grist a'i efengyl. Ond pan
ddechreuodd dylanwad y Diwygiad bylu fe adawodd e
ac eraill yr enwadau traddodiadol ac agor Eglwys
Apostolaidd ym Mhen-y-groes. O'r pentre bychan
hwnnw mae'r enwad wedi ymledu dros bedwar ban
byd. Fe anfonon nhw genhadon o Ben-y-groes i lefydd
fel Affrica, Seland Newydd ac Awstralia i sôn am Iesu
Grist a'r weledigaeth Apostolaidd.

Ac nid sylfaenwyr yr eglwysi Pentecostaidd ac Apostolaidd
ydi'r unig rai a gafodd eu cyfareddu gan Evan Roberts.
Erbyn dechrau 1905 roedd newyddiadurwyr a seicolegwyr o
bob rhan o Ewrop yn heidio i wrando arno fo. Anfonodd
llywodraeth Ffrainc y seiciatrydd Dr J.'Rogues de Fursac i
Gymru i ymchwilio'n fanwl i effeithiau'r Diwygiad ar
ymddygiad y Cymry ac ar ein cyflwr meddyliol.

Cyhoeddwyd ei astudiaeth, *Un mouvement mystique contemporain: le réveil religieux du Pays de Galles* (Y Diwygiad Crefyddol yng Nghymru), yn 1907.

R. Tudur Jones

Mae Diwygiad Evan Roberts yn ddigwyddiad rhyfedd iawn. Fe lanwodd y papurau newydd Ewropeaidd hyd yn oed. Mewn un cyfarfod diwygiad yn Llannerch-y-medd ym Môn roedd newyddiadurwyr o Ffrainc, yr Almaen, yr Iseldiroedd ac o Norwy yn bresennol. A dyma 'na ferch yn codi ar ei thraed ym merw'r Diwygiad ac yn annerch cynulleidfa Llannerch-y-medd mewn Ffrangeg – a neb yn poeni, i bob golwg. Roedd yr holl sylw yn creu mwy a mwy o frwdfrydedd. Mae unrhyw fath o ferw teimladol yn denu pobol. Dim ots os ydi o'n ferw crefyddol ai peidio. Mae 'na bobol sy'n hoffi bod mewn unrhyw fath o gynnwrf teimladol.

Ac yn sicr – am gyfnod – roedd 'na ddigonedd o gynnwrf teimladol i'w gael yng Nghymru. Erbyn Ionawr 1905, deufis yn unig ar ôl i Evan Roberts ddechrau ar ei waith, roedd tân y Diwygiad yn llosgi drwy rannau helaeth o Gymru.

Ac eto, doedd Evan Roberts ei hun ddim wedi cynnal yr un cyfarfod y tu allan i sir Forgannwg. Er mai fo yn ddi-ddadl oedd cymeriad enwocaf Diwygiad 1904–05 nid y fo oedd yr unig ddiwygiwr a oedd wrthi'n cenhadu yn ystod y cyfnod rhyfedd a rhyfeddol hwnnw. Dim ond rhyw ddau gant a hanner o gyfarfodydd y Diwygiad a gynhaliodd Evan Roberts ei hun – dau gant a hanner allan o filoedd lawer ohonyn nhw. Yn ystod y Diwygiad fu Evan Roberts ddim ar gyfyl Caerdydd hyd yn oed. Doedd yr Ysbryd Glân, medda fo, ddim o blaid iddo fynd yno. Ond fe aeth o i'r brifddinas arall honno. Fyddai Caerdydd ddim yn cael ei chodi'n brifddinas Cymru am hanner canrif arall, tan 1955. Yn 1905

Lerpwl oedd y brifddinas – neu hi, o leiaf, oedd prifddinas gogledd Cymru.

D. Ben Rees
Roedd mwy o Gymry Cymraeg yn Lerpwl nag yn unrhyw ddinas neu dref arall. Ar ddechrau'r Diwygiad roedd poblogaeth Gymraeg Lerpwl yn 80,000.

Gweithwyr cyffredin oedd y mwyafrif llethol o'r rhain. Ond roedd hefyd laweroedd o Gymry ymhlith dosbarth mwyaf grymus a dylanwadol a chyfoethog dinas Lerpwl. Dyma'r bobol a gododd Gapel Methodistaidd Princes Road, a ddaeth i gael ei adnabod fel eglwys gadeiriol Cymry Lerpwl. Capel gorchest oedd o mewn gwirionedd, symbol o statws materol y Cymry. Roedd ei dŵr uchel i'w weld o bob cwr o'r ddinas.

Gweinidog Princes Road, y Parchedig Ddoctor John Williams, Brynsiencyn, oedd brenin Cymry Lerpwl. A'r brenin hwnnw a'i lys Methodistaidd a bwysodd yn daer ar Evan Roberts i gynnal cyfres o gyfarfodydd diwygiadol yn ninas Lerpwl. Roedden nhw wedi paratoi'n drylwyr ar ei gyfer gan anfon gwahoddiadau at bwysigion y ddinas a hyd yn oed wedi mynd ati i argraffu tocynnau ar gyfer ei ymddangosiadau.

Yn Princes Road – lle arall? – gerbron cynulleidfa ddisgwylgar o ddeunaw cant yr oedd cyhoeddiad cyntaf Evan Roberts yn Lerpwl ar 29 Mawrth 1905.

John Morris
Roedd y capel dan ei sang erbyn iddo fo gyrraedd am 7 o'r gloch. Fe aeth o'n syth i'r pulpud ac yno y bu am awr a hanner heb yngan yr un gair, dim ond eistedd yno'n gweddïo'n dawel ac yn daer.

Afraid dweud bod John Williams a phobol Lerpwl yn disgwyl dipyn gwell sioe na hynny gan Evan Roberts!

Gaius Davies

Mae hyn yn dangos bod Evan Roberts yn deall yn iawn mai bwriad rhai pobol oedd ei ddefnyddio fo fel pyped. Unwaith y sylweddolodd o mai perfformans roedd llawer o'r rhai a oedd yn bresennol yn y gynulleidfa yn ei ddisgwyl, fe wrthododd roi perfformans. Roedd o'n ymwybodol o arweiniad yr Ysbryd Glân. Efallai ei fod o'n anghywir weithiau yn ei ddehongliad o hynny. Ond dwi'n meddwl ei fod o'n beth da fod Evan Roberts yn barod i siomi pobol ar adegau drwy beidio perfformio ar eu cyfer nhw.

Mae'n wir ei fod o ar ôl hynny wedi cynnal rhai cyfarfodydd llwyddiannus ar lannau Mersi, ond doedd pethau ddim yn rhwydd iddo fo. Ar 7 Ebrill roedd Evan Roberts yn cynnal gwasanaeth gerbron cynulleidfa o chwe mil yn y Sun Hall yn ardal Kensington o Lerpwl. Ar ganol y gweithgareddau fe gyhuddodd Evan Roberts rywun yn y gynulleidfa o fod yn ceisio'i hypnoteiddio fo. Ac roedd o'n hollol gywir. Cyfaddefodd hypnotydd llwyfan, Dr Walford Bodie, mai aelod o'i staff oedd wedi mynd ati i geisio rhoi swyn ar Evan Roberts.

Ond mwy niweidiol na hynny oedd y modd y cafodd Evan Roberts ei lusgo i ganol helynt a oedd wedi rhwygo aelodau capel Cymraeg Chatham Street. Ar ôl i'w gweinidog, W. O. Jones, gael ei gyhuddo gan rai o'r blaenoriaid o yfed alcohol ac o fynd efo puteiniaid, fe adawodd a mynd ati i ffurfio eglwys newydd.

D. Ben Rees

Fe ddilynodd tua hanner y gynulleidfa eu gweinidog ac

fe gychwynnwyd achos newydd yn Hope Hall, sydd erbyn hyn yn gartref i Theatr Everyman. Yn yr oedfa gyntaf ar fore Sul cafwyd cynulleidfa o 600. Erbyn yr ail gyfarfod y noson honno roedd dros 2,000 o bobol yn bresennol. Ar sail y fath gefnogaeth fe sefydlwyd sect newydd, Eglwys Rydd y Cymry.

Ond fe synnwyd ac fe siomwyd yr aelodau hynny'n arw pan glywsant Evan Roberts yn ymosod ar Eglwys Rydd y Cymry ac ar y Parch. W. O. Jones.

John Morris
Roedd hi'n sioc go fawr clywed Evan Roberts y Diwygiwr yn cyhoeddi mai ar dywod, ac nid ar y graig, y codwyd sylfeini ysbrydol yr eglwys newydd hon. Fe gafodd W. O. Jones ei gythruddo'n arw iawn, ynghyd â'r Parch. Daniel Hughes, Caer. Ac fe drodd y gweinidogion hynny yn elynion mawr i Evan Roberts.

D. Ben Rees
Mae'n amlwg fod Evan Roberts wedi cael ei gyflyru gan John Williams, Brynsiencyn, i ymyrryd yn y ddadl er mwyn tanseilio Eglwys Rydd y Cymry ac adfer awdurdod y Methodistiaid a'r sefydliad capelyddol Cymraeg yn Lerpwl – heb sôn am ei awdurdod ei hun. Ac roedd Evan Roberts yn ddigon diniwed i ddweud pethau'n gyhoeddus a oedd yn tarfu ar weinidogion eraill. Roedd W. O. Jones ei hun wedi bod yn gefnogol iawn i Evan Roberts gan ganmol ei dduwioldeb a'i alluoedd dwyfol. Ond ar ddiwedd cenhadaeth Evan Roberts yn Lerpwl, dyma oedd ganddo i'w ddweud am y Diwygiwr: 'Mae'r dyn hwn yn perthyn i'r ocwlt.'

Yn wyneb ymosodiadau o'r fath fe gafodd Evan Roberts bwl

o iselder ysbryd. Ond fe aeth straeon ar led nad oedd y Diwygiwr yn ei lawn bwyll. Ymateb 'ymarferol' John Williams, Brynsiencyn, oedd trefnu i bedwar o feddygon enwocaf Lerpwl archwilio Evan Roberts. Fe ddaeth y meddygon i'r casgliad nad oedd dim byd yn bod arno fo, ar wahân i'r ffaith ei fod o wedi gorweithio a gorflino.

Ar ôl tair wythnos anodd, mae'n bur debyg fod Evan Roberts yn falch o gael gadael Lerpwl. Byddai'n treulio'r mis nesaf yng Nghapel Curig, yn gorffwyso ac yn paratoi ar gyfer ei daith nesaf – i sir Fôn.

Fel yn achos ymweliad Evan Roberts â Lerpwl, y Parch. Ddr John Williams oedd trefnydd taith y diwygiwr i Fôn hefyd. Ar ôl i Evan ymlacio ac atgyfnerthu yng Nghapel Curig, fe gafodd ei dywys yn *open carriage* ei westy mawreddog, y Royal Hotel (canolfan fynydda Plas y Brenin erbyn hyn) i orsaf Betws-y-coed. Oddi yno teithiodd i Gyffordd Llandudno, a throsglwyddodd i drên Caergybi. Gadawodd honno yn y Gaerwen a chymryd trên oddi yno ar draws Môn, drwy Langefni a Llannerch-y-medd, i Ros-goch. Mewn cryn steil unwaith eto, cafodd ei gludo oddi yno i'r plasty yng Nghemaes a fyddai'n gartref iddo am yr wythnosau nesaf.

Gerallt Lloyd Evans
Rhyw gwta ddau fis y buo fo ym Môn a bu'n annerch mewn 28 o gyfarfodydd. Yn ôl tystiolaeth yr heddlu, roedd rhwng 60,000 a 70,000 o bobol wedi dod i wrando arno fo.

Do, fe gafodd Evan Roberts well hwyl o lawer arni ym Môn nag roedd o wedi ei gael yn Lerpwl. Roedd croeso cynnes iddo fo'n bersonol a chroeso cynhesach fyth i'w neges. Rhwng cyhoeddiadau roedd o'n cael pob gofal a thendans ym Mhlas yr Wylfa, ger Cemaes. Yma, ar y safle lle byddai gorsaf niwclear yn cael ei chodi, yr oedd plasty tad yng nghyfraith John Williams, David Hughes, un o deicŵns dinas Lerpwl. Ond efo gweision y plas yr oedd Evan Roberts yn hoffi cymdeithasu.

Gerallt Lloyd Evans

Yn ddiweddar fe ddywedodd cyn-Archesgob Caergaint, Rowan Williams, y dylai crefydd yng Nghymru afael eto yn nychymyg y werin bobol. A dyna'n sicr a ddigwyddodd ym Môn adeg Diwygiad Evan Roberts. Fe afaelodd o yn nychymyg y gweision ffermydd a'r morynion. Ac, wrth gwrs, fe chwyddodd aelodaeth yr enwadau ym Môn. Yn achos yr Hen Gorff yn unig fe gafwyd 2,500 o aelodau newydd mewn saith wythnos a'r rheini'n bobol ifanc, llawn egni a brwdfrydedd.

Gaius Davies

Dwi'n credu ei fod o'n ddiddorol iawn fod Evan Roberts wedi bod mor hapus yn sir Fôn er mai un o'r de oedd o. Fe ddywedodd E. Morgan Humphreys, y newyddiadurwr oedd efo fo mewn 80 o gyfarfodydd, fod y diwygiwr yn hapusach o lawer yn siarad efo'r werin. Yn debyg iawn i'r Arglwydd Iesu, roedd 'y werin gyffredin ffraeth' yn hoffi gwrando arno fo. Does dim sôn yn sir Fôn am y pethau afreolus a ddigwyddodd yn Lerpwl.

Ond hyd yn oed ym Môn roedd o weithiau yn mynd i'w gragen ac yn gwrthod dweud gair o'i ben. Ar y teledu yn 1973 bu Gwyn Erfyl yn holi Percy Ogwen Jones, tad yr Athro Bedwyr Lewis Jones. Siom a gafodd Percy Ogwen pan aeth o, yn ddeg oed, i weld Evan Roberts yn Amlwch.

Percy Ogwen Jones (*Bywyd*, HTV)

Ddaru o ddweud dim. Rhyw hanner cuddio wnaeth o yn y

pulpud. Roedd o'n ddyn golygus ryfeddol. Ond chafodd o ddim effaith arna i. Ac fe gefais i'r un profiad yn union yr eildro ym mhafiliwn Caernarfon. Siomedig hollol oedd o.

Ar y daith arbennig honno, fodd bynnag, prin oedd yr adegau pan fyddai iselder ysbryd yn llethu Evan Roberts. Yn amlach na pheidio, plesio, nid siomi, wnaeth o. Ac fe adroddir straeon am ddigwyddiadau cynhyrfus. Honnai pobol, er enghraifft, fod goleuadau anesboniadwy wedi ymddangos yn yr awyr uwchben capel Bryn Du ym Môn wythnos cyn i Evan Roberts ddod yno i gynnal cyfarfod hynod o emosiynol a gorfoleddus. Roedd adroddiadau am oleuadau o'r fath yn un o nodweddion dyddiau'r Diwygiad – yn enwedig felly yn Egryn, ger Harlech.

Nid Evan Roberts oedd ffigwr canolog y bennod honno yn hanes y Diwygiad. Ac nid un o weinidogion yr Efengyl chwaith. Yn achos Egryn, fe gysylltir y Diwygiad hyd heddiw â gwraig o'r ardal, Mary Jones.

Olwen Lewis

Ganwyd hi tua 1870 ac am ei blynyddoedd cynnar doedd hi'n ddim ond gwraig gyffredin yn magu ei phlant ac yn helpu o gwmpas y fferm. Ond fe aeth hi i wrando ar Evan Roberts a chael tröedigaeth. Fe ddaeth hi'n ôl yn ddynes hollol wahanol.

Yng nghapel Egryn y byddai Mary Jones yn cynnal gwasanaethau fel rheol. Ac fe ddywedir bod golau'n ymddangos uwchben y capel ar yr adegau hynny. Mae T. H. Parry-Williams yn sôn fel hyn am y golau hwnnw: 'Cariadon y Crist a glewion yr Ysbryd Glân / yn gweled yng ngolau Egryn eu Duw yn dân'.

Roedd gan fam Olwen Lewis gof byw iawn o weld golau Egryn yn 1905.

Mary Griffith (*Hel Straeon*, 1986)

Dyma 'Nhad i'r tŷ. Mae hi'n noson glir, medda fo. Dwi am fynd i'r caeau i edrych fydd y golau i'w weld heno. Wel, roedd yn rhaid i minnau gael mynd efo fo i weld! Dyma ni'n sefyll dan goeden dderw a dyma'r golau'n ymddangos uwchben capel Egryn – golau crwn disglair iawn, siâp plât. Fore trannoeth fe aeth 'Nhad i lawr yng ngolau dydd at y dderwen rhag ofn mai golau fferm roeddem ni wedi'i weld o'r fan honno. Ond doedd dim byd yn agos at y llecyn lle roeddem ni wedi gweld y golau. Fe welodd 'Nhad o lawer gwaith, wrth gwrs.

Ac roedd cof Mary Griffith yr un mor glir am ymarweddiad Mary Jones yng nghapel Egryn.

Mary Griffith

Fydda hi byth yn pregethu. Gweddïo fydda hi. Am oriau. A'r chwys yn rhedeg i lawr ei hwyneb hi. Roedd ganddi wyneb tlws efo bochau cochion fel rhosys a'r chwys wrth iddo fo ddiferu yn sgleinio arnyn nhw. Fe fedra hi weddïo heb ailadrodd ei hun. A chyn wired â'i bod hi yno, fe fyddai'r golau uwchben y capel.

Wrth i'r Diwygiad ddod i ben, diffodd ddaru golau Egryn a chilio i'r cysgodion ddaru Mary Jones.

Mary Griffith

Roedd hi wedi bod yn anffyddiwr cyn hynny. Gollodd hi blentyn bach – mi oedd hi wedi digio wrth Dduw am fynd â'r plentyn oddi arni hi. Wedyn fe ddaeth y Diwygiad ac fe gafodd hi'r Troad. Ond ychydig iawn oedd hi'n mynd i le o addoliad ar ddiwedd ei hoes.

Ond pa mor fyrhoedlog bynnag fu'r Diwygiad, fe fu ei ddylanwad yn bellgyrhaeddol – efo'r pwyslais ar y pell. Roedd y Methodistiaid Calfinaidd wedi bod yn anfon cenhadon i Fryniau Casia yng ngogledd-ddwyrain India ers 1841. Y cysylltiad hwnnw fu'n gyfrifol am y ffaith bod tân y Diwygiad wedi lledaenu i India erbyn 1905.

Elfed ap Nefydd Roberts

Fe ddigwyddodd yn y ffordd ryfeddaf. Roedd y Gymanfa Gyffredinol yn cael ei chynnal ym mhentref Mairang ac am y tro cyntaf roedd cynrychiolwyr yn bresennol o Mizoram yn y de lle roedd y gwaith cenhadu ddim ond wedi dechrau ddwy flynedd ynghynt. A phobol beryg oedd pobol Mizoram! Roedden nhw'n *head hunters* ac yn bobol wyllt ar y naw. Ond roedd cenhadwr wedi mynd i'w plith nhw. Ac fe ddaeth pedwar cynrychiolydd o Mizoram i'r Gymanfa.

Mewn cyfarfod gweddi cyn dechrau'r Gymanfa fe aeth hi'n ddiwygiad ym Mairang ar Fryniau Casia. Dychwelodd cynrychiolwyr Mizoram yn ôl adre i'r de gan fynd â thân y Diwygiad efo nhw.

Sut mae esbonio ffenomenon o'r fath? Doedd dim cysylltiad uniongyrchol â Chymru. Doedd neb o'r cenhadon wedi bod yn ôl i Gymru yn ystod cyfnod y Diwygiad. Wn i ddim fydden nhw wedi clywed sôn am yr hyn oedd yn digwydd yng Nghymru. Ac eto mae'r Diwygiad yn torri mewn modd grymus yng nghanol Bryniau Casia.

Heddiw, dros ganrif ar ôl y Diwygiad, mae'r Sul ym Mryniau Casia yn debycach i'r hen Sul Cymreig nag yw'r Sul yn ein Cymru ni. Yno mae'r capeli'n llawn i'r ymylon – a phobman arall ar gau. Ym Mryniau Casia mae gan y Methodistiaid

Calfinaidd dros dri chan mil o aelodau a'r rheini'n mynychu'r oedfaon yn rheolaidd. A thyfu mae'r niferoedd. Bob blwyddyn mae rhyw bedair mil o aelodau newydd yn ymuno â'r capeli.

Ganrif union ar ôl i'r Diwygiad ddod i ben, yn Nantyffyllon, Maesteg, roedd eironi chwerw-felys i'w ganfod. Gweinidog Capel y Drindod oedd y Parchedig Hmar Sangkhuma – o Fryniau Casia.

Hmar Sangkhuma
Mae Cymru'n golygu popeth inni ac mae gennym y parch mwyaf tuag atoch chi. Cyfeiriwn at Gymru fel 'Y Fam Eglwys'. Mae Cymru bron mor gysegredig â Duw ei hun yn ein golwg. Yng ngogledd-ddwyrain India mae Cymru'n eithriadol o bwysig.

Mae'r rhod wedi troi. Mae India erbyn hyn yn anfon cenhadon atom ni i gymoedd dirwasgedig Cymru seciwlar, ôl-ddiwydiannol yr unfed ganrif ar hugain.

Er mor rhyfeddol ydi'r dylanwad mae'r Diwygiad wedi ei gael – ac yn ei gael – ar bobol Bryniau Casia – nid y fan honno a Lerpwl oedd yr unig lefydd y tu allan i Gymru i ddod dan ddylanwad y Diwygiad Cymreig dros ganrif yn ôl.

D. Ben Rees
Fe ymledodd drwy Norwy, Sweden, Denmarc, hyd yn oed i Rwsia ymysg y Bedyddwyr. Ac wrth gwrs fe aeth y Diwygiad i'r trefedigaethau Cymraeg yn America ac i'r Wladfa ym Mhatagonia. Ar yr un pryd cyrhaeddodd Awstralia, Corea ac Affrica. Cofier, felly, fod Diwygiad Evan Roberts wedi mynd o Gymru i bellafoedd y ddaear.

Ond er bod effaith y Diwygiad i'w deimlo ymhell tu draw i

Gymru, rhaid pwysleisio mai diwygiad byrhoedlog oedd o. Un pwerus, ie. Ond diwygiad a chwythodd ei blwc ar ôl pedwar mis ar ddeg. Yn achos Evan Roberts, fe ddaeth ei deithiau i ben ar drothwy Nadolig 1905 ym Mhen Llŷn. Bum mis ar ôl ei genhadaeth lwyddiannus ym Môn fe ddychwelodd i'r gogledd a threulio wythnos yn crwydro'n helaeth rhwng Llithfaen a Phwllheli ac Aberdaron. Ar adegau byddai'n cynnal cynifer â phedair oedfa'r dydd mewn gwahanol bentrefi a chapeli yn Llŷn.

Er nad oedd neb yn sylweddoli hynny ar y pryd – ddim hyd yn oed Evan Roberts ei hun, mae'n debyg – y cyfarfodydd hynny fyddai ei rai olaf. A'r rhain hefyd, i bob pwrpas, oedd cyfarfodydd olaf y Diwygiad. Mae'n wir fod ambell gyfarfod yn dal i gael ei gynnal ar ddechrau 1906. Ond, mewn gwirionedd, erbyn hynny roedd y Diwygiad drosodd. Nid bod hynny o angenrheidrwydd yn feirniadaeth ar Evan Roberts nag yn gondemniad ar y Diwygiad.

Kevin Adams

Ar ôl ychydig dros flwyddyn mae'r angerdd mawr a'r cyffro – yr *excitement* – yn dod i ben. Mae rhai'n dweud yn eithaf dirmygus mai diffodd wnaeth y Diwygiad yn glou iawn. Ond dyna beth yw natur diwygiad! Mae gêm bêl-droed yn gorffen ar ôl 90 munud am mai 90 munud mae hi i fod i'w gymryd. *Obvious!* Peth dros dro yw diwygiad i fod. Grym yw e sy'n adnewyddu pobol yn ysbrydol.

Doedd hynny ddim yn wir yn achos pawb, wrth reswm. Cilio o'r capeli fu hanes miloedd o'r rhai a gynhyrfwyd gan y Diwygiad, ond roedd 'na filoedd hefyd o Gymry a gafodd dröedigaeth barhaol yn Niwygiad 1904–05. Er bod Plant y Diwygiad bellach i gyd wedi marw fe ddiogelwyd tystiolaeth rhai ohonyn nhw.

Gwyn Erfyl yn holi dau o 'Blant y Diwygiad': Ann Mainwaring, Aberafan, a William Thomas, Gorseinon, *Dan Sylw*, HTV (1968).

A.M. Dyn yn offeryn yn llaw'r Ysbryd Glan oedd Evan Roberts.

G.E. Fe ddaethoch chi, Mr Thomas i gysylltiad personol ag Evan Roberts.

W.T. Do. Mi es i i Moriah, Casllwchwr, ar y nos Sadwrn cynta roedd e yno. Aeth y bois eraill oedd gyda fi i mewn i'r capel ond o'n i'n rhy shei. Ar ôl aros yn y lobi yn gwrando, fe es i lan i'r galeri. Roedd Evan Roberts yn cymell â'i holl allu'r ieuenctid i godi a chyffesu Iesu Grist. Ac fe feddyliais i nad oedd hynny'n lot o waith. Fe godais i. Ac yn union ar ôl ei wneud e, fe deimlais fy mod i'n cael bendith.

A.M. Dyma'n gweddi ni i gyd: 'O na ddeuai'r hen bwerau a deimlwyd yn y dyddiau gynt.' Ac wrth broffwydo uwchben yr esgyrn – oherwydd esgyrn sydd gyda ni nawr, ondife –'O na chlywem sŵn y gwynt.' Ond fe ddaw. Yr un yw Ef o hyd er anwadalwch dyn.

Yn achos pobol gytbwys a rhesymol fel Ann Mainwaring a William Thomas fe gyfoethogwyd eu bywydau gan y Diwygiad. Ond nid dyna brofiad pawb. Yn hytrach na chyrraedd y nefoedd, hanes llaweroedd o ffyddloniaid y Diwygiad oedd cael eu caethiwo yn uffern y seilam, yn enwedig felly yn yr ysbytai meddwl hynny a wasanaethai'r ardaloedd Cymreiciaf.

Gaius Davies
Mae'n bwysig sôn rhywfaint am y dylanwad drwg gafodd y Diwygiad ar y rhai y bu'n rhaid iddyn nhw fynd

i'r seilam yng Nghaerfyrddin neu Ddinbych. Fe gyfeiriwyd atyn nhw'n ddirmygus fel *religious maniacs*. Ac fe all dylanwadau crefyddol pwerus achosi salwch meddwl. Ond wrth edrych i mewn i gefndiroedd dioddefwyr o'r fath, fel rydw i wedi gorfod ei wneud, fe welir bod hanes o iselder neu o *mania* – sef gorlawenydd afresymol – yn eu teuluoedd nhw. I bobol a etifeddodd y tueddiadau hyn, roedd gwres a dwyster emosiynol y Diwygiad yn gallu eu dadsefydlogi nhw'n llwyr.

Elfed ap Nefydd Roberts
Fe fues i'n pregethu fwy nag unwaith yn ysbyty meddwl Dinbych a phobol yn dod ata i a dweud mai nhw oedd Iesu Grist neu Ioan Fedyddiwr. Ac mewn cyfnod o ddiwygiad crefyddol, yn enwedig pan fo'r pwyslais ar elfennau emosiynol, mae hynny'n gallu porthi gorffwylledd. Roedd 'na bobol gafodd eu bwrw oddi ar eu hechel gan eithafion y Diwygiad.

Ar nodyn mwy cadarnhaol, fe fu gostyngiad sylweddol mewn torcyfraith yn ystod blynyddoedd y Diwygiad. Er bod Cymry Oes Fictoria'n hoffi ymffrostio yn eu parchusrwydd, ac er eu bod nhw'n galw Cymru'n 'Wlad y Menig Gwynion', lle gwahanol iawn i hynny oedd Cymru mewn gwirionedd.

Russell Davies
Lan at gyfnod y Diwygiad mae lefel troseddu Cymru yn cynyddu'n gyson, gyda'r nifer uchaf o droseddau'n cael eu cofnodi yn 1896. Ond yn 1904–05, yn ystod y Diwygiad, mae'r patrwm yn newid – dros dro. Mae tafarnau'n cau oherwydd prinder cwsmeriaid ac mae'r capeli'n byrlymu gyda phobol yn cyffesu eu pechodau. Ac yn ôl pob tystiolaeth, roedd digon o bechodau gyda nhw i'w cyffesu hefyd.

Ond nid ar bechaduriaid yn unig y cafodd y Diwygiad ddylanwad. Yn yr ardaloedd glofaol yn arbennig – yn ne-orllewin a de-ddwyrain Cymru fel ei gilydd – doedd dim dianc rhag ei grafangau.

Gareth Williams

Mae'n hysbys ddigon erbyn hyn fod clybiau rygbi yng nghymoedd y de wedi cau yn ystod y Diwygiad. Enghraifft o hynny oedd clwb Ynys-y-bŵl. Mae cefnogwyr yn rhwygo'u tocynnau tymor ac mae chwaraewyr yn llosgi eu *jerseys*. Mae capel fel Noddfa, Treorci, yn sydyn yn cael haid o ddynion ifanc yn ymuno, gyda'r canlyniad fod un dosbarth ysgol Sul yn cael ei adnabod fel y *footballers class*. Ac ym maes glo carreg y gorllewin, ym Mhen-y-groes a Chreunant a Rhydaman fe welwch chi fwlch ar fwrdd anrhydeddau'r clybiau gyda'r esboniad, *No rugby. Religious revival.* Yn achos Rhydaman, bu'r clwb ar gau am dair blynedd.

Ac nid rygbi yn unig a ddioddefodd. Fe daflodd y Diwygiad ei gysgod dros bob math o weithgareddau.

Gareth Williams

Mae eisteddfodau'n dioddef. Tynnwyd sylw at y ffaith fod y pafiliwn yn Eisteddfod Genedlaethol Aberpennar 1905 yn hanner gwag a bod yr awyrgylch yn fflat a digyffro. Effaith arall a gafodd y Diwygiad ar faes y Brifwyl oedd dod â'r gamblo i ben. Mae'n anodd credu hynny ond byddai gamblo trwm ar ganlyniadau'r prif gystadlaethau, yn enwedig y rhai corawl, yn ffactor fawr yn yr eisteddfodau o 1880 ymlaen: Llanelli 6–1 ac yn y blaen.

Ond yr un pryd mae modd gorbwysleisio dylanwad y Diwygiad. Y flwyddyn 1905, wedi'r cyfan, oedd un o'r rhai mwyaf arwyddocaol yn holl hanes Cymru ar y meysydd chwarae.

Gareth Williams

Dyna'r flwyddyn pan mae Cymru'n curo Seland Newydd, yr unig un o wledydd Prydain i wneud hynny, gerbron tyrfa o 50,000. Hon oedd oes aur gyntaf rygbi yng Nghymru. Dyma hefyd pryd mae pobol yn eu cannoedd yn mynd i wylio gornestau bocsio Tom Thomas, Freddie Welch a Jim Driscoll, bechgyn a fyddai'n dod yn bencampwyr byd. Felly prin fod y Diwygiad wedi effeithio ar seciwlareiddio diwylliant poblogaidd y Cymry.

Ond, drwy'r cyfan, fedrwn ni ddim bychanu dylanwad y Diwygiad. Yn wahanol i bob cenedl arall, mae tyrfaoedd Cymru'n canu emynau mewn gemau rygbi rhyngwladol. Mae lle i gredu bod yr emyn-dôn Cwm Rhondda – 'Bread of Heaven' fel y'i hadnabyddir – wedi cael ei chyfansoddi yng ngwres y Diwygiad. Fe gydiwyd ynddi'n syth gan dyrfaoedd rygbi ac mae hi'n dal yn rhan o chwedloniaeth, mytholeg a defodaeth y gêm hyd heddiw.

Ymhell cyn Diwygiad 1904–05, yr emyn oedd un o'r elfennau mwyaf poblogaidd a phwerus yn addoliad y Cymry hynny a oedd wedi gadael yr eglwys wladol wrth eu miloedd.

E. Wyn James

Mae'r emyn Cymraeg yn dechrau o ddifrif yn y ddeunawfed ganrif gyda William Williams, Pantycelyn. Byth oddi ar hynny mae'r emyn wedi bod yn fynegiant o wres a brwdfrydedd crefyddol. Dyw'r ffaith fod i'r emyn ran ganolog yn Niwygiad 1904-05 yn ddim syndod.

Ac i un fel Evan Roberts nad oedd yn bregethwr mawr – yn aml ni fyddai'n pregethu o gwbl – roedd yr emyn yn arf defnyddiol dros ben. Dibynnai'n helaeth ar emosiwn yr emyn i godi'r tymheredd. Ond o le digon annisgwyl fe rybuddiwyd Evan Roberts a Chymru fod peryglon mewn gordwymo.

Gaius Davies

Roedd cylchgrawn meddygol y *Lancet* wedi bod yn amheus o'r cychwyn o gyflwr meddyliol Evan Roberts. Awgrymodd y cyhoeddiad yn gryf nad oedd o yn ei lawn bwyll. Ond, mewn gwirionedd, mae'n hawdd esbonio sut y bu i wasgfeydd ysbrydol a seicolegol y Diwygiad beri i ddyn ifanc, heb baratoad o gwbl, deimlo dan straen annioddefol, bron.

Dwi'n meddwl, pan oedd Eifion Wyn yn sôn am Gymru fel 'perth yn llosgi heb ei difa gan y tân' ei bod yn wir, ysywaeth, i ddweud am Evan Roberts ei fod o wedi cael ei ddifa gan y tân.

Ers Rhyfel Fietnam rydym ni'n gyfarwydd â chyflwr a elwir yn *Post-traumatic stress disorder*. Mae pobol sydd wedi bod mewn brwydr neu wedi mynd drwy brofiad anarferol o ysgytwol yn llosgi allan. Dyna dwi'n meddwl ddigwyddodd i Evan Roberts.

Ond â'i iechyd wedi torri, pam ddaru Evan Roberts droi ei gefn ar ei deulu a throi ei gefn ar Gymru? Yr ateb i'r cwestiwn hwnnw yw oherwydd gwraig rymus a phenderfynol: Mrs Jessie Penn-Lewis. Roedd hi, i bob pwrpas, wedi mabwysiadu Evan ac yn cyfeirio ato mewn llythyrau sydd wedi eu diogelu yn y Llyfrgell Genedlaethol fel ei hannwyl 'fab'.

*Capel newydd Pentre Berw ym Môn
a adeiladwyd yn 1904*

O 1906 ymlaen, am yn agos i ugain mlynedd, mewn tŷ mawr nobl yng Nghaerlŷr y bu Evan Roberts yn byw, efo Jessie Penn-Lewis a'i gŵr. Gŵr busnes oedd o. Dyn tawel. Yn hynny o beth roedd o'n wahanol iawn i'w wraig.

Siôn Aled

Roedd Jessie Penn-Lewis, a hanai o Gastell-nedd, wedi sefydlu rhyw fath o weinidogaeth efengylu ar ei liwt ei hun. Roedd hi'n unigolyddol iawn ei syniadau. Mynnai mai Duw yn unig oedd yn cael dweud wrthi hi beth i'w wneud.

Gormodiaith, efallai, fyddai dweud bod Evan Roberts yn garcharor yn nhŷ Mrs Penn-Lewis. Ond roedd hi'n sicr yn awyddus i'w gadw iddi hi ei hun. Yn hynny o beth roedd hi'n ymddwyn yn debyg i rai o gyltiau crefyddol ein dyddiau ni, cyltiau a gyhuddir o annog eu haelodau i gilio a phellhau oddi wrth aelodau o'u teuluoedd a'u cyfeillion sydd heb 'weld y goleuni'.

Siôn Aled

Mae 'na stori am frawd Evan Roberts a'i dad yn ymweld â Chaerlŷr bob cam o Gasllwchwr. Daeth Jessie Penn-Lewis i'r drws a gwrthod gadael iddyn nhw weld Evan.

Yn 1925, fodd bynnag, fe fu farw Mr Penn-Lewis. Byddai'n cael ei ystyried yn amhriodol, os nad yn anweddus, i ŵr yn ei bedwar degau fel Evan Roberts barhau i fyw dan yr unto â'r Mrs Penn-Lewis weddw. Yn absenoldeb unrhyw dystiolaeth i'r gwrthwyneb, rhesymol yw casglu mai dyna pam y ffarweliodd y cyn-ddiwygiwr â Chaerlŷr yn y diwedd.

Dychwelodd i Gymru, i'w ardal enedigol: i Orseinon i ddechrau, nid nepell o Gasllwchwr. Symudodd wedyn i

Gaerdydd, lle bu'n lletya bron hyd at y diwedd gyda theulu
o Gristnogion selog ar y ffin rhwng Rhiwbeina a Llanisien.
Yn ei ddyddiaduron a'i lyfrau nodiadau mae Evan Roberts
yn gofidio na wnaeth o erioed briodi a chodi teulu. Dywed:
'Ar ôl deugain mlynedd o fyw mewn tai lodjin mae "cartre"
yn air dieithr imi.'

Siôn Aled

Fedrwn ni ddim mynd cyn belled â dweud ei fod o wedi
colli ei ffydd yn llwyr. Ond efallai fod profiad y Diwygiad
wedi bod mor rhyfeddol fel na allai dim byd arall fyth
ddod yn agos at hynny. Mae yntau'n syrthio i bydew o
iselder a hunandosturi. Mae hynny'n groes i'r fytholeg
ei fod o wedi ymneilltuo yn benodol i weddïo am
ddiwygiad arall. Fyddwn i wrth fy modd medru dweud
mai dyna ddigwyddodd ond welais i ddim rhithyn o
dystiolaeth dros gredu hynny.

A phan fu farw Evan Roberts yn 1951, mewn cartref
i'r henoed ar allt Pen-y-lan yng Nghaerdydd, doedd
dim un o'r preswylwyr na'r staff yn sylweddoli pa Evan
Roberts oedd hwn. Ond fe ddaeth y wasg o hyd i'r stori
ac fe gafodd angladd enfawr. Ar ôl yr holl flynyddoedd
o ddistawrwydd roedd y fflam yn llosgi'n gryf unwaith
eto ar lan ei fedd ym Moriah, Casllwchwr.

Yn ogystal â hynny, yn 1964 fe ddadorchuddiwyd cofeb
syml ond urddasol i Evan Roberts y tu allan i gapel Moriah.
Ond ganrif dda ar ôl yr holl ganu a gweddïo a gorfoleddu –
a'r gwallgofi yn achos rhai – sut heddiw, yng Nghymru'r
capeli gweigion, mae cloriannu'r dylanwad a gafodd y
Diwygiad?

Catrin Stevens

Fe roddodd e lais cyhoeddus i ferched Cymru. Roedden

nhw nawr yn barod i weddïo'n gyhoeddus a dyna'r cam cyntaf tuag at ddechrau cymryd rhan yn y byd cyhoeddus gwrywaidd.

Gareth Williams

Cafodd y Diwygiad ddylanwad pwysig ar y mudiad Llafur yng Nghymru. Roedd y to newydd ifanc o sosialwyr ac undebwyr, fel Noah Ablett ac Arthur Horner ac A. J. Cook, i gyd wedi dod dan ddylanwad y Diwygiad. Ond roedden nhw wedi troi oddi wrth Anghydffurfiaeth a chrefydd. Eu dymuniad bellach oedd gweld efengyl Marx yn cael ei gweithredu yn hytrach na dibynnu'n ormodol ar Efengyl Marc.

Elfed ap Nefydd Roberts

Mae arna i ofn y bydd yn rhaid i'r gyfundrefn grefyddol bresennol, un sydd wedi bod efo ni ers ymhell cyn 1904–05, ddadfeilio a darfod er mwyn dod â ni at ein coed. Camgymeriad ydi meddwl y gallwn ni ail-greu'r Diwygiad.

Diwydiannau'r Gymru Wledig:
Mwyngloddio Aur, Plwm a Manganîs

Mae pawb yn meddwl eu bod nhw'n gwybod yn iawn sut fath o wlad oedd Cymru o safbwynt diwydiant. Yn ne Cymru roedd pyllau glo a glowyr. Yng ngogledd Cymru roedd chwareli a chwarelwyr. Ac yn achos gweddill Cymru? Wel, ar wahân, wrth gwrs, i amaethyddiaeth, doedd dim gweithgarwch diwydiannol gwerth sôn amdano yn digwydd yn unman arall. Dyna'r gwir, yntê? Ond na, nid dyna'r gwir! I'r gwrthwyneb yn llwyr. Ffwlbri ydi hynny, myth sy'n gwneud cam mawr â'n hanes.

Yn ogystal â thanlinellu pwysigrwydd Cymru yn hanes diwydiannol y byd mawr crwn, bwriad arall y gyfrol hon yw dangos hefyd sut y bu rhai o fannau mwyaf gwledig a diarffordd Cymru yn fwrlwm o bob math o weithgarwch diwydiannol.

Gyda'r pwysicaf o'r gweithgareddau hynny, y tu draw a thu hwnt i'r Cymoedd glofaol a'r dyffrynnoedd chwarelyddol, oedd mwyngloddio. Roedd gweithfeydd plwm i'w cael ym mhob un o hen siroedd Cymru, y tair ar ddeg ohonyn nhw, o Fôn i Fynwy. Mae 132 o safleoedd lle bu cloddio am blwm wedi cael eu cofnodi yn sir Feirionnydd yn unig – ac mae yna bobol sy'n dadlau bod cynifer â deng mil o siafftiau wedi eu hagor yn sir Aberteifi. Ar hyd a lled ein cefn gwlad roedd miloedd o Gymry – ac eraill – yn cloddio am fanganîs, plwm, copr, arian ac aur.

Yn anochel, pan fyddai gwythïen werthfawr yn cael ei darganfod byddai'r hanes yn ymledu drwy bob man mewn dim o dro. Yn sgil hynny fe heidiodd mewnfudwyr yma – rhai dros dro, ac eraill i aros, a chael eu cymathu a'u troi'n Gymry. Ond yn bwysicach na phopeth arall, fe ddaru diwydiant alluogi miloedd o Gymry i aros yn eu cynefin. Diwydiant i raddau helaeth sydd wedi sicrhau parhad hunaniaeth y Gymru Fodern. Dyw'r mwyafrif ohonom ddim yn sylweddoli gwlad mor flaengar ac arloesol oedd Cymru.

David Gwyn
Cymru oedd y genedl gyntaf yn Ewrop i ddarparu gwaith i fwy na hanner ei phoblogaeth yn y mwyngloddiau, y ffatrïoedd, y chwareli a'r pyllau glo, yn hytrach nag yn y byd amaethyddol. Mae hynny'n beth pwysig iawn i'w gofio. Mae Cyfrifiad 1851 yn dangos bod mwy o bobol yng Nghymru yn gweithio yn y diwydiannau newydd nag oedd yn gweithio ar ffermydd a thyddynnod ein gwlad.

Pan oedd y mwyafrif o bobol Lloegr yn dal i drin y tir, roedd y Cymry ymhlith y cyntaf o genhedloedd y byd i fod wedi troi at ddiwydiant am ein prif gynhaliaeth. Yn achos mwyngloddio, go brin fod yr un ardal yng Nghymru gyfan efo cynifer o weithfeydd plwm â Cheredigion. Yn ardaloedd mwyaf anghysbell y sir roedd rhai o'r mwyngloddiau plwm pwysicaf yng ngwledydd Prydain.

Fe gafodd gwythiennau mwyn Cymru – yn blwm a chopr ac aur ac arian a phopeth arall – eu ffurfio wrth i'r ddaear oeri. Yna, yn Oes yr Iâ, fe rwygodd y rhewlifoedd wyneb y tir gan ddod ag olion o'r mwynau i'r golwg.

Simon Hughes
O dan Bumlumon mae'r pridd wedi cael ei wasgu lan ac mae'r craciau sydd wedi cael eu gwneud yn y ddaear wedi llenwi gyda mwyn plwm, mwyn sinc, mwyn copr, mwyn arian. Ac mae rhai o'r mwynfeydd hynny wedi cael eu gweithio ers miloedd o flynyddoedd.

Lewis Morris

Gwaith Plwm y Fan

Fel yn achos nifer o safleoedd mwyngloddio eraill yng Nghymru, mae gweithfeydd Cwmystwyth wedi cael eu cloddio yn gyson ers yr Oes Efydd. Canlyniad hynny yw ei bod yn anodd iawn rhoi dyddiad pendant ar unrhyw olion cyntefig sy'n cael eu darganfod. Serch hynny, mae archaeolegwyr yn sicr fod plwm, arian a chopr wedi cael eu mwyngloddio yn yr ardal ers dros dair mil o flynyddoedd.

David Gwyn

Mewn gwaith o'r Oes Efydd mae'n bosib gweld y system 'fflysio', sef ffordd o symud y pridd oddi ar y metel drwy greu cronfa ddŵr uwchben y mynydd, ac yna gollwng y dŵr dros y pridd. Mae hynny'n symud y pridd oddi ar y metel ac wedyn mae'n bosib dechrau cloddio. Mae 'na dystiolaeth o hynny yn Nolau Cothi yn sir Gaerfyrddin a rhagor o dystiolaeth yng Nghwmystwyth yng Ngheredigion. Ond does dim tystiolaeth ar hyn o bryd, yn anffodus, o waith Rhufeinig yng Nghwmystwyth. Ond rydan ni'n gwybod yn iawn fod cryn dipyn o gloddio yn digwydd yno yn y Canoloesoedd. Mae John Leland, yr hanesydd, yn disgrifio Cwmystwyth yn ei lyfr *The Itinerary* (1535–1543) fel 'hen, hen safle mwyngloddio'.

Yn ystod teyrnasiad Elizabeth I roedd cynnyrch holl gloddfeydd metelau gwerthfawr Prydain yn eiddo i'r Goron. Dan y drefn honno, gallai'r Goron hawlio'r mwynau a oedd yn y tir heb drafferthu talu ceiniog o iawndal i berchennog y tir hwnnw. Yng Ngheredigion yn ystod yr ail ganrif ar bymtheg fe elwodd y Goron yn arw pan ddarganfuwyd gwythïen gyfoethog o blwm ac arian yng Nghwmsymlog yn 1617.

Y gŵr a oedd yn gyfrifol am Gwmsymlog a phedwar o

fwyngloddiau eraill y Cloddfeydd Brenhinol yng Ngheredigion oedd Syr Hugh Myddleton. Yn wreiddiol o Henllan, ger Dinbych, mae tystiolaeth fod Myddleton yn gyfaill i Syr Walter Raleigh a bod y ddau'n cyfarfod i ysmygu tybaco efo'i gilydd. (Raleigh yw'r gŵr a boblogeiddiodd y defnydd o dybaco ym Mhrydain ac ef hefyd a'n cyflwynodd i datws.)

David Gwyn

Ar ôl yr unfed ganrif ar bymtheg, roedd yna gyfle bellach i ddynion busnes gael les ar lefydd fel Cwmystwyth er mwyn caniatáu iddyn nhw fynd ati i gloddio am blwm ac arian yn y cylch. Prawf bod digonedd o'r mwynau gwerthfawr hynny i'w cael yw'r ffaith fod y Brenin Siarl I wedi sefydlu bathdy brenhinol yn Aberystwyth yn yr ail ganrif ar bymtheg.

Dyma'r cyfnod pan gafwyd Deddf Seneddol a wnaeth i ffwrdd â monopoli'r Cloddfeydd Brenhinol. Am y deugain mlynedd nesaf ni fu llawer o fwyngloddio llwyddiannus yng Ngheredigion nes i Lewis Morris, aelod o deulu enwog ac amryddawn Morrisiaid Môn, roi'r hen ddiwydiant yn ôl ar ei draed. Roedd Lewis yn ddyn galluog tu hwnt, a disgleiriai mewn sawl maes, o farddoniaeth i dechnoleg gynnar. Ac yntau wrthi ar y pryd yn llunio'r map morwrol cyntaf o Gymru, teithiodd i Geredigion. Yn fuan ar ôl cyrraedd dechreuodd ymddiddori'n arw yn nhraddodiad mwyngloddio'r sir. Gwelodd ei gyfle i ddod yn ddyn cyfoethog.

Dafydd Wyn Wiliam

Wrth weld a chlywed mân gwmnïau'n cloddio yma ac acw daeth Lewis Morris i'r casgliad eu bod nhw'n bobol ddi-fedr iawn, iawn. Tybiodd, yn gam neu'n gymwys, y

bydda fo'n medru dangos iddyn nhw sut i fynd ati o
ddifrif i fwyngloddio. Dwi'n meddwl ei fod o, yn
arbennig o 1742 ymlaen, wedi deffro cryn dipyn ar y
diwydiant mwyn plwm yn sir Aberteifi.

Sylweddolodd Lewis Morris fod elw mawr i'w wneud yn y
diwydiant mwyngloddio ac fe benderfynodd y byddai tyllu
am blwm yn fusnes mwy proffidiol o lawer na llunio mapiau.
Byddai'n mynd at feistri tir Ceredigion gan gymryd les ar dir
neu fferm yn y gobaith o ddarganfod gwythïen gyfoethog o
blwm. Buddsoddodd yn sylweddol mewn sawl menter o'r
fath ond cael ei siomi ddaru o droeon.

Dafydd Wyn Wiliam

Ymhlith ei anturiaethau personol roedd Lewis wedi
bod yn cloddio tua Chwmsymlog ac wedyn yng
Nghwmerfyn Bach. Roedd Cwmsymlog yn lle anial dros
ben. Fe fu'n cloddio yno ond chafodd Lewis fawr o
lwyddiant. Yn wir, faswn i'n dweud na chafodd o ddim
llwyddiant yno o gwbl. Cefnodd, felly, ar y
mwynglawdd hwnnw a chanolbwyntio ar Gwmerfyn
Bach ond methiant fu ei ymdrechion yno hefyd.

Nid un i wangalonni a digalonni oedd Lewis Morris, fodd
bynnag. Ac yntau'n benderfynol o ymgyfoethogi drwy
gyfrwng mwyngloddio, yn 1746 penodwyd Lewis yn
ddirprwy stiward ar dir y Goron yng Ngheredigion. Yn
rhinwedd y swydd honno, ei gyfrifoldeb oedd gofalu mai i'r
Goron yr âi'r elw am y mwynau fyddai'n cael eu cloddio ar
dir comin. Ond mae modd i stiwardiaid wneud eu gwaith
efo gormod o lawer o sêl a brwdfrydedd. Gan fod Morris
mor eithriadol, os nad eithafol, o gydwybodol, yn fuan iawn
roedd tirfeddianwyr sir Aberteifi yn udo am ei waed.

Dafydd Wyn Wiliam

Fe aeth yn ddrwg rhyngddo fo a rhai o'r boneddigion hynny, efo'r tirfeddianwyr yn hawlio, yn gwbl groes i'r hyn a gredai Lewis, fod ganddyn nhw berffaith hawl i gloddio ar diroedd y Goron. Fe arweiniodd hynny at lawer o ffraeo ac at ddwyn achosion cyfreithiol yn y llysoedd yn Llundain.

Aeth pethau o ddrwg i waeth yn 1751 pan ddarganfuwyd gwythïen blwm ar dir comin yn Esgair-mwyn. Gwelodd Lewis Morris ei gyfle i droi'r dŵr i'w felin ei hun. Fe roddodd yr hawliau cloddio ar y safle i'r mwynwyr a wnaeth y darganfyddiad yn y lle cyntaf. Ond drwy wneud cymwynas â'r mwynwyr roedd o hefyd yn gwneud tro hynod dda ag ef ei hun. Sicrhaodd fachiad fel arolygwr y Goron yn Esgair-mwyn ar gyflog o £500 y flwyddyn, swm fyddai'n cyfateb heddiw i £90,000. Roedd y tirfeddianwyr mawr wedi eu cythruddo eisoes gan Lewis Morris am ei fod yn was mor ffyddlon i'r Goron yn ei hen swydd fel stiward. Does dim rhyfedd, felly, eu bod nhw wedi mynd yn wallgof bost wrth weld cyfoeth Esgair-mwyn yn prysur ddiflannu i bocedi Lewis Morris a'i ddynion. Rhaid oedd dangos i'r Monwysyn powld hwn na fyddai'n cael gwneud ffyliaid ariannol o'r Cardis. Digon oedd digon. Daeth dydd y dial ...

Dafydd Wyn Wiliam

Ar 23 Ebrill 1753 dyma un uchelwr, Herbert Lloyd o'r Foelallt, Llanddewibrefi, yn arwain mintai o bobol arfog i Esgair-mwyn a dal dryll wrth ben Lewis Morris a'i lusgo i ffwrdd i garchar Aberteifi. Gweithred hollol anghyfreithlon. Mi gafodd ei ryddhau ar fechnïaeth a dyma fo'n mynd yn syth i Lundain i adrodd wrth yr awdurdodau beth oedd wedi digwydd. Ymhen blwyddyn, fe ddygwyd achos yn erbyn yr uchelwyr, achos a enillwyd gan y Goron a Lewis Morris er gwaethaf holl ddylanwad teuluoedd bonedd Ceredigion yn y cyfnod hwnnw.

Heb unrhyw amheuaeth, fe chwaraeodd Lewis Morris ran hollbwysig yn hanes mwyngloddio yng Nghymru. Bu'n gyfrifol am adfywiad yn hanes y diwydiant yn y canolbarth a gwnaeth safiad dewr yn erbyn landlordiaeth lwgr y cyfnod. Erbyn heddiw caiff ei gofio fel mapiwr dawnus a bardd. Ond byddai'n drueni o'r mwyaf gadael i'w gyfraniad i hanes diwydiannol Cymru fynd yn angof.

Dros y blynyddoedd daeth technegau gwyddonol yn fwy a mwy pwysig wrth geisio codi'r mwyn o'r ddaear. Ym mlynyddoedd cynnar y diwydiant, dibynnid yn bennaf ar reddf ac ar ddwyn i gof hanesion neu chwedlau a drosglwyddwyd o genhedlaeth i genhedlaeth am fodolaeth gwythiennau o fwynau gwerthfawr. A phan aed ati i ddechrau mwyngloddio roedd y dull a ddefnyddid i godi'r metel o'r tir yn un cyntefig, proses a ddibynnai ar fôn braich yn fwy na dim byd arall. Ond o'r unfed ganrif ar bymtheg ymlaen daeth technoleg i chwarae rhan ganolog yn y diwydiant. Datblygwyd peiriannau ar gyfer draenio'r siafftiau tanddaearol, codi'r mwyn i'r wyneb, a mynd ati i'w buro a'i drin.

David Gwyn

Yn 1898 adeiladwyd melin bwrpasol yng Nghwmystwyth ar egwyddorion gwyddonol. Mae'r felin blwm honno wedi cael ei symud rŵan i amgueddfa Llywernog yng nghyffiniau Ponterwyd. Mae'r adeilad sinc yn enghraifft hollol nodweddiadol o'r math o felin a godwyd ar safleoedd mwyngloddio Cymru yn y cyfnod Fictoraidd ac ymhellach ymlaen i'r ugeinfed ganrif. Gallwch weld yn yr amgueddfa yn

Llywernog enghreifftiau o systemau mwyngloddio nodweddiadol o sir Geredigion o'r ddeunawfed ganrif ymlaen. Mae yno gyfres o olwynion dŵr ar yr un ffos, pob un yn gwneud job wahanol – un yn codi, un yn cryshio, un yn pwmpio. Roedd harneisio dŵr yn hollbwysig yn y mwyngloddiau plwm.

Mae'n ddigon gwir nad oedd y mwynwyr cyffredin yn mwynhau rhyw lawer o'r cyfoeth oedd yn cael ei godi o grombil y ddaear, ond o'u cymharu â'r gweithwyr amaethyddol a lafuriai ar y tiroedd a amgylchynai'r gweithfeydd roedd y mwynwyr yn ymddangos yn gymharol oludog. Yn y bedwaredd ganrif ar bymtheg roedd gweision ffermydd yn ennill tua phum swllt yr wythnos (25 ceiniog), ond byddai cyflogau'r mwynwyr yn agosach at bymtheg swllt yr wythnos – teirgwaith yn rhagor. Rhyw gwta £300 fyddai hynny heddiw.

David Gwyn
Roedd gweithio dan ddaear yn waith caled iawn, mae hynny'n amlwg. Ond wedi dweud hynny, mae'n rhaid cofio nad oedd y mwynwyr yng ngweithfeydd Ceredigion yn gweithio mwy na chwe awr y dydd hyd at ddiwedd y bedwaredd ganrif ar bymtheg. Pan ddaeth cwmnïau mawr y byd mwyngloddio, fel Taylors, Llundain, i sir Geredigion, roedd Taylors yn disgwyl i'r mwynwyr weithio wyth awr y dydd. Achosodd hynny lot o ddrwgdeimlad. Mae rhigwm sy'n gysylltiedig â Chwmystwyth yn cyfeirio fel hyn at y newidiadau mawr yma ac at y codiad cyflog a ddisgwyliai'r mwynwyr yn gyfnewid am weithio dwy awr y dydd yn ychwanegol:

Wyth awr o weithio, wyth awr yn rhydd,
wyth awr o gysgu, wyth swllt y dydd.

Efallai fod y mwynwr yn ennill mwy o gyflog na'r gweision ffermydd ond roedd gweithio dan ddaear yn llawer mwy peryglus. Wrth fentro'n ddyddiol i grombil y ddaear roedd y mwynwr plwm yn wynebu cwympiadau a ffrwydradau. Ond roedd hi'n well arno fo nag ar y glöwr yng Nghymoedd y De a'r chwarelwr yng Ngwynedd.

Simon Hughes
Roedd damweiniau angheuol yn digwydd yn y gweithfeydd plwm ac fe fyddai'r mwynwyr yn cael anafiadau difrifol. Ond ddim ar yr un raddfa â'r damweiniau yn y pyllau glo, lle gallai un ddamwain ladd cannoedd o ddynion. Byddai ambell fwynwr yn colli llaw mewn ffrwydrad wrth ddefnyddio powdwr tanio. Ond yn y mwynfeydd plwm prin y byddai neb yn cael ei ladd. Rhyw unwaith bob yn ail flwyddyn y byddai hynny'n digwydd. Mae'n rhaid ichi gofio bod 'na filoedd yn gweithio yn y diwydiant plwm yr adeg yna. Dyw un farwolaeth bob yn ail flwyddyn ddim yn ddrwg. Ddim yn dda, nag yw. Ond ddim yn ddrwg chwaith.

Erbyn diwedd y bedwaredd ganrif ar bymtheg roedd y Gymru wledig yn frith o gloddfeydd, rhai ohonyn nhw o faint sylweddol ac eraill yn fawr mwy na ffosydd wedi eu crafu ar wyneb y ddaear. Rhyngddyn nhw, fodd bynnag, erbyn 1870 roedden nhw'n cyflogi saith mil a hanner o ddynion yn siroedd Ceredigion a Maldwyn yn unig.

Roedd datblygiad y diwydiant mwyngloddio yn achubiaeth i gefn gwlad Cymru mewn sawl dull a modd. Er nad oedd yn rhaid i'r mwynwyr ymfudo i chwilio am waith, roedd y cloddfeydd eu hunain mewn mannau digon anghysbell, mor anghysbell yn wir fel y byddai cannoedd o fwynwyr yn gadael eu teuluoedd ar ddechrau wythnos a ddim yn dychwelyd adref tan bnawn Sadwrn.

Yn hollol wahanol i froydd chwarelyddol Bethesda a Blaenau Ffestiniog a Dyffryn Nantlle, ac yn dra gwahanol hefyd i'r Rhondda a'r Cymoedd glofaol, ddaru pentrefi ddim tyfu o gwmpas y mwyafrif llethol o'r mwynfeydd plwm.

Cledwyn Fychan

Ym mherfeddion mynydd-dir Pumlumon, rhwng Aberystwyth a Llanidloes a Machynlleth, mae hen waith mwyn plwm Esgair Hir i'w weld hyd y dydd heddiw – y safle uchaf un i fyny ar y mynydd-dir. Gan ei fod o mewn lle mor anial, roedd yn rhaid i'r mwynwyr gael rhywle i aros yn ystod yr wythnos. Roedd yna gyfran ohonyn nhw'n lletya hefo'r bugeiliaid yn y tai bugeiliaid neu'r lluestai y mae eu holion i'w gweld hyd heddiw o gwmpas y lle. Byddai'r gweddill o'r mwynwyr yn byw mewn barics. Adfeilion bellach ydi hen farics Esgair Hir, lle byddai'r mwynwyr yn byw yn ystod yr wythnos a mynd adre i fwrw'r Sul.

Unedau bychan deulawr oedd y barics. Mae'r llefydd tân i'w gweld o hyd ym muriau'r barics. Er mwyn cadw'n gynnes mor uchel â hyn i fyny Pumlumon yn nhrymder gaeaf mae'n debyg fod y mwynwyr yn gorfod gofalu am ddod â'u tanwydd a'u glo eu hunain i fyny i'r barics. Fe fuod 'na streic yma ar ddechrau'r ganrif ddwytha dros fater y cyflenwad glo. Pan gyflogwyd ugain o fwynwyr o Gernyw i weithio yno roedd perchnogion y gwaith yn darparu glo am ddim ar gyfer y rheini. Yn wyneb yr hyn roedden nhw'n ei weld fel ffafriaeth ar ran y cwmni tuag at ddynion Cernyw mi aeth y Cymry ar streic.

Mae'r Cernywiaid wedi bod yn elfen bwysig yn hanes y diwydiant mwyngloddio yng Nghymru. Yn draddodiadol, ganddyn nhw oedd yr arbenigedd i gloddio a chludo'r mwyn i'r wyneb. Ond doedd y Cymry'n sicr ddim yn ystyried y Cernywiaid yn gefndryd Celtaidd o fath yn y byd. Ac nid y streic lo yng ngwaith plwm Esgair Hir oedd yr enghraifft gyntaf na'r olaf o ddynion Cernyw yn cael ffafriaeth dros y Cymry. Cyn cyhuddo neb o hiliaeth, fodd bynnag, efallai mai dim ond rhyw fath o fonws oedd y glo, ffordd y meistri o gydnabod eu gwerthfawrogiad o'r dynion a ddaeth â'u harbenigedd i'w canlyn i un o'r safleoedd diwydiannol mwyaf anhygyrch yn yr ynysoedd hyn. Nid y dylai eu diolch fod fymryn yn llai i'r Cymry a oedd yn weithlu parhaol a chydwybodol.

David Gwyn

Gweithlu symudol oedd y Cernywiaid fel rheol. Roedden nhw'n dechrau adref yng Nghernyw, deudwch, cyn symud, nid yn unig i lefydd fel Cwmystwyth, ond i Awstralia neu i dalaith Michigan neu i Golorado. Ond roedd y Cymry – a Chymry Cymraeg oedden nhw – yn falch o gael gwaith yn yr ardal lle roedd ganddyn nhw wreiddiau a theuluoedd.

Oherwydd bod y Cymry'n weithlu sefydlog roedd y diwylliant Cymraeg yn chwarae rhan hollbwysig yn eu bywydau cymdeithasol. Yn yr un modd ag y daeth bandiau pres a chorau yn rhan o wead diwylliannol ardaloedd y pyllau glo a'r chwareli, mae'n destun rhyfeddod fod cannoedd o bobol yn tyrru i anialdir Pumlumon i gystadlu mewn eisteddfodau.

Cledwyn Fychan

Nid rhyw gyrddau cystadleuol bychain ar gyfer y mwynwyr yn unig oedd y rhain. Pa ddarpariaeth oedd yna ar gyfer y gynulleidfa o lawr gwlad, dwi ddim yn gwybod. Mae'n rhaid bod eu tri chwarter nhw allan ar y mynydd. Ond o leiaf roedden nhw'n rhydd i fynd a dod fel roedden nhw'n dymuno.

Nid dyna oedd hanes pawb a ddeuai yma. Yn ôl yr hanes, neu'r traddodiad, a glywais i ym mhum degau'r ganrif ddiwethaf gan hen fugeiliaid y rhan honno o Bumlumon, adeg Rhyfel Napoleon roedd carcharorion Ffrengig wedi cael eu hanfon i fyny yno i weithio yn y mwynfeydd yn Esgair Hir. Roedd y carcharorion yn cael eu cadwyno yn ei gilydd ac un pen i'r gadwyn yn cael ei chlymu wrth garreg fawr yn union o flaen yr hen farics. Mae'r garreg i'w gweld hyd heddiw. Mae hi'n culhau tua'i bôn ac mae ôl gwisgo arni hi. Cael ei naddu ddaru'r garreg gan gadwyn y carcharorion Ffrengig, yn ôl yr hanes, wrth iddyn nhw symud o gwmpas wrth eu gwaith.

Mae'n anodd osgoi'r teimlad y byddai'r hen fwynwyr Cymreig ers talwm wedi bod wrth eu boddau'n cadwyno dynion Cernyw yn yr un modd ag y cadwynwyd Ffrancwyr Napoleon, gynt.

Mewn lle anial fel Pumlumon mae'n hanfodol cymryd mantais ar nodweddion naturiol y dirwedd er mwyn mwyngloddio'n llwyddiannus. Gan fod gwaith Esgair Hir mor anghysbell roedd yn rhaid harneisio nerth dŵr i droi'r peiriannau, ac mae olion campwaith peirianyddol nodedig iawn i'w gweld o hyd ar y mynydd.

Cledwyn Fychan

I fyny fry i'r mynydd-dir uwchben hen waith Esgair Hir, rhyw gant a hanner o flynyddoedd yn ôl, fe ddaeth Richard Griffiths, gŵr o sir Fflint a oedd wedi cael ei benodi'n beiriannydd ar y gwaith. Ei dasg oedd chwyldroi'r modd roedd y diwydiant mwyngloddio ar Bumlumon yn cael ei weithredu. Yr adeg hynny, roedd pŵer ar gyfer yr holl weithfeydd mwyn yno yn brin ac annigonol iawn, ac fe aeth o ati i godi cyfres o gronfeydd dŵr yn yr ardal. Mae pedair ohonyn nhw yn gylch o amgylch Esgair Hir. A'r hyn sy'n ddiddorol a rhyfeddol ynglŷn â hyn ydi fod y dŵr o'r llynnoedd hynny wedi cael ei sianelu ar hyd ffos sydd yn bedair milltir ar bymtheg o hyd, yn mynd hwnt ac yma o gwmpas mynydd-dir Pumlumon.

Roedd Richard Griffiths yn cyflogi gwŷr i gerdded ar hyd bob un cam o ymylon y ffos yn clirio tywyrch ac unrhyw rwystr arall o'r ffos er mwyn sicrhau bod y dŵr yn rhedeg yn ddirwystr i droi'r holl olwynion a ddibynnai arno. Yn ei hanterth, roedd y dŵr o'r ffos bedair milltir ar bymtheg honno yn troi hanner cant namyn un o olwynion dŵr i gynhyrchu pŵer i'r gweithfeydd mwyn. Dyma gampwaith o waith peirianyddol mewn cyfnod pan nad oedd dim byd ond caib a rhaw a bôn braich ar gael i gwblhau'r fath orchwyl anferthol.

Prin fod yna safle diwydiannol arall yng Nghymru gyfan mor bell o bob man ac mor unig ag Esgair Hir ar fynydd-dir Pumlumon. Ond yn sicr nid hwn oedd yr unig safle diarffordd ac anhygyrch. Yn y bedwaredd ganrif ar bymtheg heidiodd cannoedd o weithwyr i lecyn arall yn y canolbarth nad oedd prin yn haeddu cael ei alw'n bentref cyn y darganfyddiad a drawsnewidiodd y fro.

Un o fwyngloddiau pwysicaf y canolbarth oedd gwaith plwm Dylife – heb fod ymhell o gronfa ddŵr bresennol Clywedog, rhwng Llanbryn-mair a Llanidloes yn sir Drefaldwyn. Ugain o deuluoedd ar y gorau sy'n byw yno heddiw. Ond yn y bedwaredd ganrif ar bymtheg roedd y lle'n gartref i fil o bobol.

Cyril Jones

Mewn adroddiad yn 1863 roedd Dylife yn cael ei ddisgrifio fel y gwaith plwm gorau yn Lloegr a Chymru o safbwynt safon yr adeiladau a'r peirianwaith a'r offer. Ac roedd e'r unig waith plwm, a dweud y gwir, lle roedd y gweithwyr – y mwynwyr – yn gallu ymolchi cyn mynd adref ar derfyn dydd. Roedd hynny'n digwydd efallai mewn ambell waith glo ond doedd dim sôn am y fath beth cyn hynny yn y gweithfeydd plwm. Ond yn Nylife roedd tŷ wedi cael ei neilltuo iddyn nhw ymolchi a newid cyn eu bod nhw'n mynd adre.

Eto i gyd, gan fod y tâl yn aml yn isel ac yn anghyson, er mwyn gwneud bywoliaeth roedd teuluoedd cyfan yn gweithio efo'i gilydd yn y cloddfeydd. Fel arfer, y gwragedd a'r plant oedd yn gwneud y gwaith llai corfforol, fel malu a golchi'r mwyn, a byddai'r dynion yn gweithio dan ddaear. Ond mae tystiolaeth hollol ddibynadwy ar gael sy'n profi hefyd fod bechgyn saith oed yn drilio a ffrwydro'r graig. Ac roedd adroddiad swyddogol ar iechyd y mwynwyr yn frawychus.

Cyril Jones

Roedd yr adroddiad hwnnw yn 1863 yn dweud peth fel hyn: *'fever was raging in the district'*. Wrth gwrs, y broblem fawr oedd na fyddai gwelyau byth yn cael cyfle i oeri yn Nylife. Ychydig o dai oedd i'w cael yn yr ardal ac roedd pob un tŷ yn cadw lojars. Yr eiliad y byddai un mwynwr yn codi i fynd i gychwyn ei shifft yn y gwaith plwm roedd ei le fe yn y gwely yn cael ei gymryd gan fwynwr a oedd newydd orffen ei shifft e. Dyna sut roedd y diciâu, y ddarfodedigaeth, TB, yn cydio. A dyna oedd y lladdwr mwyaf.

Enghraifft syfrdanol o hynny oedd y sefyllfa yn y rhes o dai a elwid yn Rhanc-y-mynydd. Bellach, rhyw hanner dwsin o dai sydd ar ôl yno, ond yng nghyfrifiad 1871 roedd cant a deg ar hugain o bobol yn byw mewn tri ar hugain yn unig o dai. Roedd gorlenwi tai fel hyn yn anochel yn lledaenu afiechydon.

Yn achos y broses ddiwydiannol, fel ar fynydd-dir Pumlumon, roedd harneisio nerth dŵr yn allweddol i lwyddiant gwaith plwm Dylife, gydag afon Twymyn yn troi sawl rhod ddŵr i yrru peiriannau'r gwaith.

Cyril Jones

Roedd rhod neu olwyn Pantyffynnon yn benodol yn un bwysig iawn. Roedd hi'n 63 o droedfeddi mewn diamedr ac yn 6 throedfedd o led. Nawr mae hon yn rhod hynod achos roedd hi'n cyflenwi dŵr ar gyfer y gwaith ym mhen pellaf Dylife, sydd dros hanner milltir i ffwrdd o safle'r olwyn ei hun. Yr hyn a wnaeth hynny'n bosib oedd fod y rhaff wifren – y *wire rope* – wedi cael ei dyfeisio ac wedi dechrau cael ei defnyddio erbyn y 1850au. Roedd y rhaff wifren yn mynd o un pen i Ddylife i'r llall dros roleri pren. Roedd y postmon yn Nylife yn arfer ennill chwe cheiniog yr wythnos am iro'r rholeri hyn ag olew, i gadw'r rhod i droi.

Heddiw, yr olygfa dristaf yn Nylife yw safle wag Martha, fel y'i gelwid, y rhod goch – y rhod ddŵr fwyaf erioed i'w chodi ar dir mawr gwledydd Prydain, ac yn ail yn unig i'r Laxey ar Ynys Manaw, yr olwyn ddŵr fwyaf yn y byd. Pan roddwyd y gorau i weithio yn Nylife, datgymalwyd yr olwyn fawr a'i hallforio i Ganada. Roedd Martha'n cael ei hystyried yn gampwaith peirianyddol yn y bedwaredd ganrif ar bymtheg.

Un o'r rhai a gadwodd gofnod o'i ddyddiau fel mwynwr yn

Nylife oedd Wil Richards, a dreuliodd flynyddoedd yn gweithio yn y gloddfa honno. Bu farw Wil Richards yn 1976, ond mae ei atgofion ar dâp yn Amgueddfa Werin Cymru yn Sain Ffagan. Mae Wil Richards yn cofio'n glir ei ddiwrnod cyntaf yn y gwaith yn fachgen ifanc yn 1914:

Wil Richards

Dyna lle ro'n i'n cychwyn, cwarter i bump yn y bore, a hen walet ar fy nghefn, hen *pillowcase* yndê, wedi clymu amdano i. Torth yn un pen, 'chydig o gig ... a rhyw gacen neu rywbeth yn y pen arall ... A rŵan, cychwyn [cerdded] y siwrne hefo fy nhad o naw milltir i'r gwaith mewn trowsus melfaréd. Fyny i'r gwaith, ac roedd yr hen feinars yn anferth o ffeind hefo mi a dyma fi'n cael mynd hefo 'Nhad rŵan i'r fflowrin,* a phan weles i'r fflowrin a'r *machinery* yndê, o'n i'n deud wrth fy hunan, dyma'r lle, dyma'r lle i mi. Dewadd, roedd o fel nefoedd.

* Fflowrin yw'r rhan o waith mwyn plwm sydd ar yr wyneb lle byddai'r mwyn yn cael ei drin, sef ei falu a'i olchi er mwyn gwahanu'r plwm oddi wrth y gweddill (*Geiriadur Prifysgol Cymru*).

Diolch i Wil Richards, fe ddatgelwyd pennod frawychus ac erchyll yn hanes gwaith plwm Dylife. Yn 1938 daeth Wil ar draws penglog Siôn Jones – Siôn y Gof – un o'r gweithwyr a oedd wedi symud o Ystumtuen, uwchben Cwmrheidol, i Ddylife i weithio. Ef, yn Hydref 1719, oedd y llofrudd mwyaf dieflig i ddod ar gyfyl sir Drefaldwyn hyd Hydref 2012, pan gipiodd Mark Bridger ferch bum mlwydd oed, April Jones, ym Machynlleth, gwta ddeng milltir o Ddylife, gan wrthod datgelu beth oedd o wedi ei wneud â'i chorff.

Cyril Jones

Ar grocbren a godwyd mewn man yn Nylife a adnabyddir hyd heddi fel Pen-y-grocbren, y cafodd Siôn y Gof ei ddienyddio'n ôl yn y ddeunawfed ganrif. Mae'n stori eithaf adnabyddus yn yr ardal am y gof a ddaeth i'r gwaith plwm i weithio gan adael ei wraig a'i blant ar ôl yng Ngheredigion. Ond ar ôl dod drosodd i Ddylife, fe ddechreuodd e gael carwriaeth gyda morwyn ffarm yn yr ardal. Pan ddaeth ei wraig a'i ddau blentyn draw i ymweld ag e, fe roddodd e'r argraff o fod yn falch o'u gweld nhw. Ond wrth gychwyn eu hebrwng nhw adre dyma Siôn y Gof yn lladd Catherine, ei wraig, ac Avania a Thomas ei blant, a'u lluchio nhw i lawr un o'r siafftiau plwm yn y cyffinie. Aeth tri mis heibio cyn i'r tri chorff gael eu darganfod. Arestiwyd Siôn, ei gael yn euog, a'i grogi yn agos i'r fan lle cyflawnodd e'r troseddau. Dyna oedd yr arfer bryd hynny. 'Siôn y Gof ar gaseg wine, / grogwyd draw ar ben Dylife,' medde'r hen bennill. Rhoddwyd ei gorff mewn math o gawell haearn a'i arddangos ar ochr y ffordd fel rhybudd i eraill. Y traddodiad yw fod Siôn – am mai gof oedd e – wedi gorfod llunio'r cawell ar gyfer ei gorff ei hun. Efallai taw myth yw hynny ond mae'n ffaith fod rhannau o'r cawell ynghyd â phenglog Siôn ar gael i bawb ohonom eu gweld yn Amgueddfa Werin Sain Ffagan.

Byrhoedlog yn aml fyddai llwyddiant llawer iawn o gloddfeydd Cymru. Mi fydden nhw'n agor, yn cau, ac yn ailagor eto. Busnes anwadal oedd mwyngloddio, i'r mwynwyr ac i'r rhai a fyddai'n buddsoddi eu harian yn y mentrau hynny. Roedd llawer iawn o dwyllo'n digwydd. Byddai dynion diegwyddor – eto, fel Capten Trefor yn nofel Daniel Owen, *Enoc Huws* – yn defnyddio'u ffug-barchusrwydd Methodistaidd i dwyllo pobol i fuddsoddi mewn pyllau lle nad oedd yr un owns o blwm i'w gael. Ond ym mhentre'r Fan uwchben Llanidloes ceir enghraifft o ddyfalbarhad yn talu ar ei ganfed i fuddsoddwyr y bedwaredd ganrif ar bymtheg.

Roedd pobol yr ardal wedi credu ers canrifoedd fod cyfoeth dihysbydd, bron, o blwm ynghudd ym mryniau'r Fan. Ond ofer fu pob ymdrech i ddod o hyd i'r mwyn gwerthfawr. O'r diwedd, fodd bynnag, yn 1850 fe ddarganfuwyd gwythïen gyfoethog eithriadol yn yr ardal.

Cafodd y digwyddiad hwnnw ei ddisgrifio fel un o'r darganfyddiadau mwyaf nodedig yn yr ynysoedd hyn. Erbyn 1870, gwaith y Fan oedd yr un mwyaf proffidiol ym Mhrydain gyfan, gyda gwerth y cyfranddaliadau'n llamu o £4 yr un i £83. Hyd yn oed yr adeg honno fe fyddech chi angen miliwn o bunnau i brynu cloddfa'r Fan, swm a fyddai'n cyfateb heddiw i £81 miliwn.

Caiff gorllewin Cymru ei gysylltu â chloddio am blwm yn bennaf. Ond, o Bontrhydfendigaid i Benrhyn Llŷn, ochr yn ochr â'r plwm, canfuwyd sinc, arian, a hyd yn oed aur. Mae'r term 'Gold Rush' yn cael ei gysylltu fel rheol â Gogledd America, De Affrica ac Awstralia. (Dywedir bod gwerth £100 miliwn o aur Awstralia ar fwrdd y *Royal Charter* pan suddodd ar greigiau Moelfre, Ynys Môn, yn 1859.) Ond priodol yw cofio bod tri rhuthr am aur wedi digwydd yn sir Feirionnydd hefyd yn ystod y bedwaredd ganrif ar bymtheg, rhwng 1845 ac 1866.

Merfyn Williams

Pan oedd y gweithfeydd aur yn ardal Dolgellau yn eu hanterth, roedden nhw'n cyflogi dros bum cant o weithwyr, y rhan fwyaf ohonyn nhw'n dod o Wynedd. Mae ganddon ni gofnod ar gael o ddyddiaduron Huw Puw, oedd yn gweithio fel ffitiwr yng nghloddfa aur Gwynfynydd, ger Ganllwyd, Dolgellau, ar ddiwedd y bedwaredd ganrif ar bymtheg. Roedd Huw Puw yn sôn amdano fo'i hun yn cychwyn cerdded i'r gwaith, yn un o growd o ddynion, o Ddolgellau ar foreau Llun am dri o'r gloch y bore. Roedd Huw, fel ffitiwr, yn gorfod aros ar y safle drwy'r wythnos waith i edrych ar ôl y peiriannau. Roedd o'n cysgu yn y felin er mwyn gwneud yn siŵr ei fod o ar gael pe byddai angen trwsio rhyw beiriant neu'i gilydd.

Soniai Huw Puw yn ei ddyddiaduron fod 'na hen gwyno ymhlith y gweithwyr am mai dim ond cwningod roedden nhw'n eu gael i'w bwyta drwy'r adeg. Cawl cwningen oedd y bwyd bob diwrnod o'r wythnos, mae'n debyg. Ac mae o'n cyfeirio at bennill a gafodd ei lunio gan un o'r prif swyddogion yn cwyno am y cwningod diddiwedd 'ma. Dyma sgwennodd o:

> Rabbits young, rabbits old,
> Rabbits hot, rabbits cold,
> Rabbits tender, rabbits tough,
> Thank the lord, we've had enough!

Yn amlwg iawn, roedd y gweithwyr i gyd, o'r top i'r gwaelod, wedi diflasu'n llwyr ar fwyta cwningod dragywydd.

Nid mater syml o hawlio darn o dir a'i weithio oedd hi yn achos diwydiant aur Meirionnydd. Roedd yn rhaid bod yn berchen ar y tir dan sylw a chael trwydded gan y Goron cyn y gellid dechrau chwilio am aur. Yr unig rai i wneud ffortiwn o aur Meirionnydd ar ddechrau'r 1860au oedd perchnogion y tiroedd o amgylch Dolgellau, teuluoedd a fu'n ddigon hirben i ffurfio cwmnïau a gwerthu cyfranddaliadau.

Merfyn Williams
Ro'dd y rhai a oedd yn gyfrifol am ddenu buddsoddwyr

yn targedu pobol efo mwy o bres nag o synnwyr, llawer ohonyn nhw'n Llundeinwyr a oedd yn ffansïo eu hunain fel pobol fusnes fentrus. Ond pobol oedden nhw, mewn gwirionedd, a oedd wedi etifeddu arian. Doedd ganddyn nhw ddim arbenigedd o fath yn y byd. Mae'r dywediad Saesneg, 'Hawdd yw mynd ag arian oddi ar ffŵl' yn briodol iawn. Mi fydden nhw'n cael eu hebrwng ar y trên i Ddolgellau o Lundain – trên wedi ei logi'n arbennig ar eu cyfer nhw. Yn Nolgellau fe fydden nhw'n cael eu trin fel aelodau o'r teulu brenhinol ac yn cael y bwydydd gorau a'r gwinoedd drutaf yng ngwesty'r Ship, y cyfan wedi ei dalu amdano gan berchnogion y gweithfeydd aur. Wedyn fe fyddai'r Llundeinwyr yn cael eu tywys i fyny i'r gloddfa. Ac yn wir, yn wir, o fewn dim o dro fe fydden nhw wedi dod ar draws tameidiau o aur! Gymaint oedd eu trachwant, a chymaint roedd y bwyd a'r gwin wedi gwneud eu meddyliau swrth – hyd yn oed yn fwy swrth nag arfer – fel eu bod nhw'n ddigon parod i fuddsoddi yn y fan a'r lle!

Ond dim ots faint o dwyllo oedd yn digwydd, erys y ffaith fod aur i'w gael yn ardal Dolgellau. Rhwng 1888 ac 1907 roedd mwynfeydd aur Meirionnydd yn cyflogi dros bum cant a hanner o ddynion, a'r ddau brif gyflogwr oedd gweithfeydd Clogau a Gwynfynydd. Roedd y mwynfeydd hynny, felly, yn gyflogwyr lleol pwysig mewn cyfnod pan oedd yr ardal yn dibynnu bron yn llwyr ar amaethyddiaeth.

Edward Morris, (*Dan Sylw*, HTV 1971)

Dwi'n siŵr ei fod o'r gwaith mwyaf afiach o bob gwaith, bron, am y rheswm fod 'na gymaint o arsenic a sylffwr a phethau felly. Pan fydden ni'r mwynwyr yn tyllu roedd yr awyr yn cael ei lenwi ganddyn nhw. A doedd o byth yn clirio am nad oedd 'na ddim byd i glirio'r awyr yntê. Roedd yr un un hen awyr yno o un caniad i'r llall. Fyswn i'n deud bod o'n lle digon afiach, a fuo'r bobol fuo'n gweithio yno, fuo 'run ohonyn nhw fyw'n hen iawn, wyddoch chi. Naddo. Ddim y bobol oedd yn gweithio dan ddaear o hyd.

Merfyn Williams

Mae'r adroddiadau yn deud bod afon Mawddach fel afon lefrith. Roedd hi'n wyn, ac yn dew o waddodion o'r gweithfeydd yma. Felly mi oedd hi'n adeg pan oedd y mwynfeydd gwledig a'r amgylchedd hardd a phur sydd yma bellach wedi cael eu llygru'n felltigedig.

Roedd gwaith aur Gwynfynydd yn ei anterth yn 1887, pan oedd ym mherchnogaeth William Pritchard Morgan (1884–1929), Brenin Aur Meirionnydd, fel y'i gelwid. Roedd y gŵr hwnnw mor boblogaidd fel bod dynion yr ardal, ar un achlysur, wedi tynnu'r harnais oddi ar geffylau Pritchard Morgan a mynd ati ei hunain i'w dynnu ef yn ei goets bob cam o'r orsaf drên i'w gartref.

Doedd Pritchard Morgan ddim mor boblogaidd, fodd bynnag, ym Morgannwg. Collodd ei sedd fel Aelod Seneddol Merthyr Tudful ac Aberdâr yn etholiad cyffredinol 1900. Gorchfygwyd ef gan Keir Hardie, a dyna ddechrau goruchafiaeth wleidyddol Llafur yng Nghymru.

Merfyn Williams

Ond Pritchard Morgan oedd y Brenin Aur yn ddi-ddadl. Dyn yn hanu o Gasnewydd oedd o'n wreiddiol. Dipyn o anturiaethwr. Roedd o wedi bod yn gweithio mewn mwynfeydd aur yn Ne Affrica, a dwi'n credu ei fod o wedi bod yn Awstralia hefyd. Roedd o'n deall y diwydiant aur ac roedden ni'n ffodus i gael Cymro

Melin Blwm Cwm Ystwyth

Olwyn ddŵr Amgueddfa Blwm Cwm Llywernog

Mwynwyr aur Prince Edward, Dolgellau

Gwaith aur ym mryniau Meirionnydd

profiadol o'r fath wrth y llyw pan oedd elw sylweddol yn cael ei wneud.

Er ein bod ni'n cysylltu gweithfeydd aur ardal Dolgellau â'r ddau brif fwynglawdd – Clogau a Gwynfynydd – roedd sawl cloddfa arall yn ardal Dyffryn Mawddach. Wedi'r cyfan, o bob mwyn gwerthfawr, mae rhyw apêl arbennig wedi bod, ac yn dal i fod, yn y freuddwyd o ddod o hyd i aur. Ac fe wireddwyd sawl breuddwyd ym Meirionnydd. Does dim gwadu hynny. Er nad oedd y cloddfeydd aur lleiaf mor doreithiog, wrth reswm, â'r rhai mwyaf, roedden nhw'n cyfrannu'n arwyddocaol tuag at gynnal cyflogaeth yn yr ardal.

Merfyn Williams

Mae gwaith aur Cefn Coch – sy'n cael ei 'nabod hefyd fel Berthlwyd – ar y Garnedd, uwchben Ganllwyd. Mae'r gwaith yn nodweddiadol o nifer o weithfeydd bychain a agorwyd pan oedd Gwynfynydd yn ei anterth ac yn gwneud cymaint o elw. Buddsoddwyd tipyn ar godi adeiladau a gosod peiriannau yno.

Prawf o'r ffaith fod aur i'w gael yma – rhywfaint o aur – yw'r ffaith na wnaeth Cefn Coch gau'n derfynol tan dri degau'r ugeinfed ganrif.

Yn ail ddegawd yr unfed ganrif ar hugain ychydig iawn o aur Cymru sydd ar gael bellach. Y galw cyson amdano sy'n gyfrifol am y ffaith fod sôn byth a beunydd am ailddechrau cloddio amdano ym Meirionnydd. Wedi'r cyfan, yr ardal o aber afon Mawddach i Bontddu yw'r ardal bwysicaf o ddigon yng ngwledydd Prydain am gloddio aur. Er 1850 mae cant a thri deg mil owns o aur, gwerth deng miliwn o bunnau, wedi'i gloddio yma.

Merfyn Williams

Wrth ddweud y geiriau 'Aur Cymru' mae 'na ramant yn perthyn iddyn nhw. Ond yn ddaearegol dydi o ddim mymryn gwahanol i unrhyw aur arall. Mae o'n aur hefo ychydig bach mwy o gochni ynddo fo nag aur melyn America, er enghraifft. Ond o ran yr aur ei hun, aur ydi aur, a dyna fo. Aur ydi un o'r ychydig fwynau sydd yn fwyn pur ynddo'i hun. Tydi o ddim wedi cael ei gymysgu hefo unrhyw elfen arall. Ond aur Meirionnydd? Wrth gwrs ei fod o'n sbesial!

Ym Mhen Llŷn, i'r gogledd o Feirionnydd, roedd mwyn arbennig arall, un llai cyfarwydd a mwy arbenigol a chyfyng ei ddefnydd. Manganîs oedd y mwyn oedd yn cael ei gloddio yno, 'mango' ar lafar gwlad. Agorwyd y gloddfa gyntaf yn 1857, a bryd hynny defnyddiwyd y mwyn i wneud cannydd neu *bleach*. Ond, yn bwysicach, mae manganîs yn cael ei ddefnyddio i galedu dur. Oherwydd hynny, yn ystod y ddau Ryfel Byd, roedd gan waith mwyn Benallt ar Fynydd Rhiw swyddogaeth allweddol. Dyma'r gwaith mango mwyaf ym Mhrydain.

David Gwyn

Mae 'na laweroedd o gloddfeydd bychan manganîs yn sir Feirionnydd ond dim ond ffosydd ydyn nhw. Ym Mhenrhyn Llŷn, fodd bynnag, mi ydan ni'n gweld system arall, system debycach i un y gweithfeydd plwm a sinc. Yno roedd siafftiau mawr a pheiriannau ar waith.

Roedd 'na weithfeydd manganîs enfawr yn yr Almaen eisoes. Wrth gwrs, ar gychwyn y Rhyfel Byd Cyntaf yn 1914, a Phrydain a'r Almaen yn elynion, roedd yn rhaid chwilio am ffynonellau eraill o fango. Fe agorwyd mwynfeydd Penrhyn Llŷn ar raddfa sylweddol bryd hynny. Roeddan nhw'n cyflogi cannoedd o weithwyr am sbel, ac mi ddigwyddodd yr un peth yn union eto, adeg yn yr Ail Ryfel Byd.

Ioan Mai Evans

Roedd yr amodau gwaith dan ddaear yn galed ac yn anodd. Mi oedd dŵr yn llifo i lawr ochrau'r siafftiau. Oherwydd anghenion y rhyfel roedd y mwyngloddio'n mynd yn ei flaen bedair awr ar hugain y dydd mewn tair shifft wyth awr. Bob dim yn mynd *full swing*. Roedden nhw wedi dod â rhai mwynwyr profiadol o Gernyw yma. Ond y dyn cyntaf i gael ei ddewis gan y Weinyddiaeth Gyflenwi neu'r Ministry of Supply oedd dyn oedd wedi bod ar y Gold Coast – Ghana – ers 1957. Clamp o Sgotyn oedd o. *Mining engineer.* Dwy lath o ddyn mawr, cryf, a dwi'n cofio bod gen i dipyn bach o'i ofn o.

Ond roedd yr wythïen manganîs a lechai yng nghrombil Mynydd Rhiw yn wasgaredig iawn, a'r mango yn anodd ei ddarganfod ar y raddfa yr oedd ei hangen ar gyfer dibenion milwrol adeg rhyfel. Oherwydd hynny roedd y gost o chwilio am y mwyn gwerthfawr yn arswydus o uchel. A'r Ail Ryfel Byd yn ei anterth, roedd hi'n hanfodol darganfod cyflenwadau digonol o'r mwyn yn ddiymdroi. Doedd dim modd gwastraffu amser. Felly bu'n rhaid galw am gymorth arbenigwyr.

Ioan Mai Evans

Mynydd Rhiw oedd yr unig le ym Mhrydain oll lle galwyd am gymorth peirianwyr o Ganada – y *Diamond Drillers* fel roedden nhw'n cael eu galw. Pobol oedd wedi arfer chwilio hefyd am olew a mwynau fel aur oedd y peirianwyr hynny. Roedden nhw'n medru tyllu mwy na hanner can troedfedd mewn diwrnod. Fasa hi wedi cymryd mis i ni gyflawni gwaith o'r fath – hyd yn oed efo cymorth mecanyddol. A fedrai Prydain ddim fforddio aros cymaint â hynny am y mango, sy'n profi pa mor bwysig oedd manganîs Llŷn yn y rhyfel yn erbyn Hitler.

Mae olion y gwaith i'w gweld o hyd: y drwm oedd yn rhedeg yr incléin i lawr i Nant Gadwen er enghraifft; y boiler oedd yn gyrru'r system rhaff wifren a gariai'r mwyn i Borth Neigwl. Byddai'r mango yn cael ei gludo oddi yno ar longau i gael ei drin yn y Fflint a Glannau Mersi.

Ac eithrio yn ystod y ddau Ryfel Byd, thalwyd nemor ddim sylw i weithfeydd mango Penrhyn Llŷn. Dyw manganîs ddim yn cydio yn y dychymyg i'r un graddau ag aur, arian na phlwm ychwaith. Y gwir plaen yw hyn: roedd llai o elw i'w wneud o fanganîs.

Ioan Mai
Mae'n rhaid i bopeth dalu. Dim ots be ydi'r antur, dim ots be ydi'r busnes, mae'n rhaid iddo fo dalu. Fyddai'r gwaith mango ddim wedi talu byth bythoedd. Ddim mewn termau ariannol, hynny ydi. Ond ar adeg o ryfel roedd o'n amhrisiadwy.

Yn sicr, roedd bywyd y mwynwyr yn fywyd caled. Ond mae'n deg dweud eu bod nhw'n ennill cyflogau da – mwy o lawer o arian a llai o lawer o oriau na'r rhai oedd yn gweithio ar y tir. Roedd safon byw mwynwyr y Chwyldro Diwydiannol yn gymharol uchel, ac mae arwyddion o hynny i'w gweld o hyd ym mhentrefi gwledig Cymru.

David Gwyn
Mewn nifer o lefydd fel Cwmystwyth, Ffair-rhos, Pontrhydfendigaid, mae tai'r mwynwyr yn parhau i fod yn dai digon cysurus a hwylus. Tai fel rhai *Coronation Street* ydyn nhw mewn difrif. Mae gwahaniaeth mawr

rhwng tai'r cyfnod Fictoraidd a'r hen dai Cymreig cynhenid – y bythynnod, neu hen ffermdai cefn gwlad.

Ond yn ogystal â chartrefu'r gweithwyr a'u teuluoedd mewn tai digon diddos, yn ôl safonau'r oes, fe ddaru'r gloddfa a'r pwll hefyd alluogi pobol i aros yn eu broydd. Ni ellir gorbwysleisio neges ganolog y gyfrol hon yn ei chyfanrwydd: yn wahanol i Iwerddon, roedd y Chwyldro Diwydiannol yn rhan o brofiad y Gymru wledig a'r Gymru drefol fel ei gilydd. Ac mae hynny i raddau helaeth yn esbonio parhad yr iaith Gymraeg. Ymserchodd elfennau oddi mewn i'r lleiafrif Cymraeg eu hiaith yng Nghymru – a lleiafrif ydan ni wedi bod ers cyfrifiad cyntaf yr ugeinfed ganrif yn 1901 – yn y slogan: cenedl heb iaith, cenedl heb galon. Cywirach, efallai, yn y tymor hir – os oes y fath beth â thymor hir i'w gael i'r Gymraeg fel iaith gymunedol – fyddai'r aralleiriad hwn: cenedl heb waith, cenedl heb iaith.

Diwydiannau'r Cymru Wledig:
Llaeth – y Cardis, yr Iddewon a'r Pacistaniaid

Yn ôl Ceiriog, y bardd o Oes Fictoria, a'r holl gystadleuwyr a fu byth ers hynny'n canu ei eiriau mewn miloedd o eisteddfodau mawr a mân (a bellach ar YouTube hefyd), crefft ydi amaethu, 'crefft gyntaf dynol ryw'. Ond o dipyn i beth fe esblygodd amaethu o fod yn grefft i fod yn ddiwydiant hefyd. Ac o safbwynt yr economi gwledig, un o'r diwydiannau pwysicaf oedd y diwydiant llaeth.

I bob pwrpas, gwlad o dyddynnod a mân ffermydd fu Cymru hyd at ddyfodiad y Chwyldro Diwydiannol. Roedd teuluoedd yn tyfu bwyd ac yn magu anifeiliaid yn bennaf er mwyn eu cynnal eu hunain ac fe fyddai unrhyw gynnyrch ychwanegol a oedd ganddyn nhw yn cael ei werthu. Ond nid o angenrheidrwydd am arian – ddim hyd yn oed yn y cyfnod rhwng y ddau Ryfel Byd, yn hanner cyntaf yr ugeinfed ganrif.

Ifor Owen
Dwi'n cofio, fydden ni'n cario basgeidie o fenyn a wyau i lawr i'r siop yng Nghefnddwysarn, un ar bob braich. Roedden nhw jest â'n sigo ni. Ond nid arian fydden ni'n ei gael amdanyn nhw. Fydden ni'n hytrach yn eu cyfnewid nhw am nwyddau eraill. Fyddai 'na byth sôn am arian. Cyn belled â bod pobol yn medru talu eu ffordd yntê, dyna'r peth pwysig. Pan ddechreuodd ffermwyr ddeall fod posib gwneud elw, dyna pryd ddaeth arian yn bwysig.

Ond roedd rhai ffermwyr wedi darganfod pwysigrwydd

arian a ffermio masnachol yn llawer cynt nag y gwnaeth ffermwyr Penllyn – yn enwedig y ffermwyr hynny o Gymru a drodd eu golygon tuag at Lundain, dinas y palmant aur chwedlonol.

Ers y ddeuddegfed ganrif roedd porthmyn o Gymru wedi bod yn cerdded gwartheg i Lundain. Ond yn y ddeunawfed ganrif y cyrhaeddodd porthmona ei benllanw. Wrth i boblogaeth Llundain gynyddu, cynyddu hefyd ddaru'r galw am fwyd. Yr enwog Smithfield oedd prif farchnad y porthmyn: ardal ac iddi, ar y pryd, ddigonedd o dir pori lle gellid pesgi'r gwartheg ar ôl y daith hir o Gymru. Parhaodd y cysylltiad clòs rhwng y Cymry a Smithfield hyd at y ganrif bresennol. Nes iddi adael Llundain yn 2006 roedd Sioe'r Smithfield, y ffair aeaf a gynhelid yn Earls Court, yn denu cenedlaethau o Gymry bob Tachwedd. Teg yw dweud mai cymdeithasu yn hytrach na thalu teyrnged i'r hen draddodiad o borthmona oedd y dynfa yn y degawdau olaf.

Emrys Jones

Roedd y porthmon yn ei ddydd yn ddyn pwysig iawn. Rydym ni'n tueddu i gredu fod llefydd fel Tregaron, dwedwch, wedi eu datgysylltu'n llwyr oddi wrth Lundain ond roedd y cysylltiad yn un agos iawn. Bob mis neu bob chwe wythnos byddai'r porthmyn yn dod â'r newyddion diweddaraf o Lundain i gefn gwlad Cymru. Ond, yn bwysicach hyd yn oed na hynny, y porthmyn oedd bancwyr y cyfnod. Beth oedd yn digwydd oedd hyn: byddai'r sgweier yn Llundain eisiau rhent am ei diroedd a'i eiddo yng Nghymru. Felly byddai'r porthmyn yn prynu gwartheg yng Nghymru, eu cerdded nhw i Lundain, gwerthu'r gwartheg yn Llundain a rhoi'r arian a oedd yn ddyledus iddo fe i'r sgweier.

Ac yn ogystal â thalu rhenti, roedd gwartheg wedi

eu pedoli, ynghyd â defaid a gwyddau a oedd wedi cael eu cerdded i Lundain o Gymru, yn cael eu prynu gan fasnachwyr er mwyn bwydo dinas a oedd, erbyn dechrau'r bedwaredd ganrif ar bymtheg, yn gartref i dros filiwn o bobol.

Rhwng 1700 ac 1800 roedd poblogaeth Llundain wedi dyblu, o hanner miliwn i filiwn. Ystyrir mai Cyfrifiad 1801 yw'r un cyntaf dibynadwy. Yn ôl hwnnw, poblogaeth Llundain bryd hynny oedd 1,096,784. Ar sail hynny, cyfeirid ati fel y ddinas fwyaf yn y byd, mwy o fymryn na Beijing.

Roedd medru gwerthu eu hanifeiliaid mewn marchnad mor enfawr yn garreg filltir arwyddocaol yn y broses o ddechrau diwydiannu a masnacheiddio amaethyddiaeth Cymru, er mai cymharol ychydig a allai fanteisio ar y cyfle. Serch hynny, o ganlyniad i'r cysylltiad Llundeinig, fe wnaeth y mannau yng Nghymru lle cedwid yr arian o'r fasnach honno ddatblygu i fod yn fanciau – er enghraifft, Banc yr Eidion Du yn Llanymddyfri a Banc y Ddafad Ddu yn Aberystwyth a Thregaron. Banciau'r porthmyn oedd y rhain.

Ond diflannodd y porthmyn bron dros nos mewn cymylau o stêm. Gyda dyfodiad y trên doedd dim angen porthmyn i gerdded am bythefnos efo'u hanifeiliaid bob cam o Gymru i Lundain. Oriau'n unig oedd y trên eu hangen. A'u hen fywoliaeth drosodd, fe ailddyfeisiodd y porthmyn eu hunain fel cyflenwyr llaeth. Dyma, felly, agor y bennod fasnachol a diwydiannol enwocaf o ddigon yn hanes y Cymry yn Llundain.

Emrys Jones

Fydden nhw'n cadw'r gwartheg yn y ddinas mewn iardiau y tu ôl i'w tai. Cadw tua hanner dwsin o wartheg a gwerthu'r llefrith. A'r cam nesaf, wrth gwrs, oedd cael

Un o laethwyr Cymreig Llundain

Lloyd a'i feibion, Llundain

Gweithwyr ffatri gaws gydweithredol yn Eifionydd yn nechrau'r ugeinfed ganrif

Stamp caws Caerffili a ddefnyddid gan Edward Lewis yn Neuadd y Farchnad y dref

dairy go iawn. Erbyn diwedd y bedwaredd ganrif ar bymtheg roedd yn agos i wyth gant o laethdai Cymreig yn Llundain. Roedd un ar bob stryd, bron. A'r Cymry oedd yn rheoli'r fasnach laeth yn llwyr, gyda phob un teulu yn berchen ar ei siop fach ei hun.

I genedl fel y Cymry a oedd yn hyddysg yn eu Beibl ac a gododd gapeli Cymraeg ar draws Llundain, roedd hi'n ddigon priodol fod perthynas arbennig wedi datblygu rhyngddyn nhw a hen genedl alltud arall.

Emrys Jones

Roedd yr Iddewon, wrth gwrs, yn byw yn yr East End, y peth agosaf i *ghetto* sydd wedi bod ym Mhrydain erioed. Yn yr East End hefyd roedd y Cymry â'u siopau bach a'u llaethdai. Synnwn i ddim nad oedd cryn dipyn o gydymdeimlad rhwng y Cymry a'r Iddewon. Gan fod yr Iddewon yn gorfod cael eu llaeth yn *kosher* – hynny yw, llaeth a ddarparwyd dan oruchwyliaeth *rabbi*, sef offeiriad Iddewig – roedd y Cymry yn hollol barod i'w cyflenwi nhw efo'r llaeth priodol. Oherwydd hynny roedd yr Iddewon yn prynu eu llaeth i gyd gan y Cymry yn hytrach na gan unrhyw genedl arall, a hynny, cofier, mewn dinas a oedd eisoes yn un amlhiliol a chosmopolitaidd.

Mae'n hi'n bwysig deall mai ffoaduriaid economaidd oedd y rhan fwyaf o Gymry'r llaeth yn Llundain – pobl a oedd wedi ffoi rhag tlodi affwysol gorllewin a chanolbarth Cymru. Ond wnaethon nhw ddim llwyddo i osgoi gorfod gweithio'n galed eithriadol.

Emrys Jones

Roedd y siop yn agored o chwech yn y bore tan hanner

nos, a dwy rownd laeth y dydd yn mynd â'r llaeth o ddrws i ddrws hefo cart a cheffyl neu gart llaw. Ond doedden nhw ddim yn gwneud llawer iawn o elw. Roedden nhw'n gweithio yn glòs iawn wrth ei gilydd fel teuluoedd a phawb yn tynnu ei bwysau. Ac mae beth dwi'n ei ddweud nawr yn atgoffa rhywun yn siŵr o'r hyn sy'n digwydd heddiw yn achos y Pacistaniaid a'r Indiaid sy'n gwneud yn union yr un peth yn siop y gornel ag roedd y Cymry'n arfer ei wneud. Felly, y Cymry oedd Pacistaniaid y bedwaredd ganrif ar bymtheg. Roedden nhw'n gweithio'n galed, wrth gwrs, ond roedd eu safon byw nhw'n uwch nag y bydde hi wedi bod pe bydden nhw wedi aros i grafu byw ar dyddyn yng nghefn gwlad gorllewin a chanolbarth Chymru. Dyna'r gwirionedd.

Un o gymwynasau pennaf y diweddar Athro Emrys Jones oedd chwalu'r myth mai teicwniaid llwyddiannus oedd y Cymry – a'r Cardis yn arbennig – yn Llundain. Rhai Cymry'n unig a ddaeth o hyd i fêl yn ogystal â llaeth ym mhrifddinas Lloegr. Eithriadau ydi pobol fel Syr David James o Bantyfedwen, Pontrhydfendigaid. Arallgyfeiriodd o'r busnes llaeth i fod yn berchennog ar dair ar ddeg o sinemâu – yn eu plith Stiwdios Un a Dau oddi ar Oxford Circus. Ac yntau'n filiwnydd sawl gwaith drosodd, mae Cymru'n dal i elwa o'r cronfeydd a'r ymddiriedolaethau sy'n coffáu ei enw. Yn Ystrad-fflur y cafodd Syr David James ei gladdu, ac mae ei garreg fedd anferth, gyda'r gormodedd afradlon o lythrennu sydd arni, wedi cael ei disgrifio fel un o'r rhai mwyaf di-chwaeth yng Nghymru gyfan. Gellir ei ganmol am fod yn hael efo'i arian ond byddai peth cynildeb ar ei feddfaen wedi bod yn fwy cydnaws â chysegredigrwydd ei orweddfan derfynol.

Mwy nodweddiadol o Gymry'r llaeth yn Llundain oedd y Morganiaid o Bontrhydfendigaid a Chellan. Yn 1952 y sefydlon nhw fusnes llaeth yn Llundain – gyda'r olaf o'r

Cymry i ymuno â'r fasnach. Er mai yn Brixton y cafodd Richard Morgan ei eni a'i fagu, mae o bellach yn ffermio yn ymyl Talyllychau yn sir Gâr.

Richard Morgan

Ar y cychwyn roedd 'Nhad yn pwsho cart i fynd â'i laeth o ddrws i ddrws. Doedd gyda fe ddim cart llaeth trydan na dim byd o'r fath i'w gael. O'dd e'n cerdded milltiroedd bob dydd. A bob tro byddai cyfle i fachu cwsmer newydd bydde 'Nhad yn cymryd y cwsmer, serch y ffaith y gallai hynny ei hala fe hanner milltir arall tu allan i'w batshyn ei hunan. O'dd e'n gweithio'n galed ofnadw. Dechre am bedwar o'r gloch y bore a bydde fe'n gweithio trwy'r dydd wedyn. Ond oedd e wastad yn mynd i'r gwely am naw bob nos. O'dd rhaid mynd i'r gwely yn gynnar. A dwi'n cofio Mam yn sôn un tro bod e wedi gorfod newid ei ddillad bymtheg o weithie mewn diwrnod. O'dd ffliw neu rywbeth arno fe ac roedd e'n chwysu cymaint fel bod ei ddillad e'n diferu. O'dd e'n dod gartre, newid ei ddillad, a bant ag e, achos dim ond fe oedd i'w gael i wneud y gwaith. Roedd rhaid cwpla'r rownd.

Doedden nhw ddim yn gwneud arian mowr. Cardis o'n nhw. Ac roedden nhw byw fel Cardis. Beth mae'r Cardi wastad yn ei weud yw hyn: nid mater yw e o faint o arian chi'n ei dynnu mewn, faint sy'n mynd mas sy'n bwysig. Ac o'n nhw'n byw yn llwm. Gadawes i Lundain pan o'n i'n un ar bymtheg oed, ac unwaith erioed y buon ni mas am bryd o fwyd. Doedden nhw ddim yn gwario arian. Roedd llawer o arian yn dod mewn ond am fod cyn lleied yn mynd mas dwi'n cofio clywed yr *accountant* yn dweud bod y taxman eisie gwybod shwt oedden ni'n gallu byw ar gyn lleied.

Dwi wastad yn falch o'r ffaith 'mod i wedi cael fy

ngeni a'm magu yn Llundain. Dwi'n credu fod e wedi rhoi profiad gwahanol i fi, ac wedi fy ngwneud i'n fwy hyderus, siŵr o fod. Ond un o'r pethe dwi'n dal i'w gofio yw nad o'n i ddim yn siarad Cymrâg. Roeddwn i yn siarad Cymrâg cyn mynd i'r ysgol ond wedyn colles i 'Nghymrâg. A dwi'n cofio mynd ar fws *double-decker* rhyw dro lawr i ganol Llunden gyda Mam a Dad, a finne'n gofyn i Mam, mewn acen Cocni, 'Mum, wot's Dad sayin'?'

O'n i'n hala drwy'r haf gan amlaf lawr yng Nghymru. Yno roedd fy nghalon i wedi bod erioed. O'n i moyn gweithio ar ffarm a ges i job gyda'n modryb ym Mhontrhydfendigaid. Wnes i bennu'r *O level* dwetha ar y dydd Iau, ac o'n i yn Paddington Station ar y bore dydd Gwener. Ro'n i wedi gofyn am ganiatâd yr *Headmaster* i ddod, ddim wedi ei gael e, ond wedi dod 'ta beth. Ac oedd e'n rhyfedd wedyn. O'n i'n meddwl 'mod i'n nabod Pontrhydfendigaid, a 'mod i'n nabod yr ardal, ond ges i ryw fath o *culture shock* mewn ffordd. Oedd e'n newid mawr imi ar y cychwyn. Oedd popeth yn Gymrâg! Wy'n credu, pan o'n i'n dod lan o Lundain ar wylie, bod pobol yn trafferthu i siarad Saesneg 'da fi. Ond pan ddes i i fyw yn Bont yn '69 – Cymrâg oedd hi yn y capel, Cymrâg yn y clwb Ffermwyr Ifanc. Popeth yn Gymrâg. Ond oedd dim llawer o Gymrâg 'da fi: 'bara menyn', ac roeddwn i'n gallu gweiddi ar yr ast, falle. Ond o'n i'n clywed Cymrâg trwy'r adeg a wnes i ddim, mewn ffordd, treial dysgu. Jest llynces i'r iaith lan ac ar ôl rhyw ddwy flynedd o'n i wedi mynd gyda chriw o'r bois i Lunden, i Sioe Smithfield. O'dd pawb yn siarad Cymrâg, a ddim ishe i'r Saeson ein deall ni. O'n i wedi cael cwpwl o beints, a dyma'r hyder yn dod. Dechreuais i siarad Cymrâg. A dryches i ddim 'nôl. Wedodd un o'n ffrindie gore i wrtha i: 'Ti'n gallu siarad Cymrâg. Sa i'n mynd i siarad Saesneg gyda ti rhagor.' Ac fel hynny buo hi.

Oedd pobol wastad yn gweud wrtho fi bod ni'n gwneud arian yn Llunden drwy roi dŵr ar ben llaeth. Ond o'n i wastad yn gweud bod ni'n rhoi llaeth ar ben y dŵr, ac mai dyna shwt wnaethom ni'n harian.

Er mor bwysig fu Llundain yn hanes y diwydiant llaeth, lleiafrif, wrth reswm, o ffermwyr llaeth Cymru a aeth i Lundain i geisio gwneud eu ffortiwn. Aros adref yng nghefn gwlad yn crafu bywoliaeth fu hanes y mwyafrif llethol ohonyn nhw.

Mae'n syndod cyn lleied o newid fu ym myd y ffermwr llaeth am ganrifoedd. Ond fe ddaru'r Chwyldro Diwydiannol chwyldroi amaethyddiaeth yn ogystal â chynifer o agweddau eraill ar hanes Cymru. Roedd y miloedd ar filoedd o bobol a heidiodd i gymoedd de Cymru angen eu bwydo. Ac elwodd amaethyddiaeth ar olud y Gymru newydd. Ond, yn anochel, pan ddaeth Dirwasgiad Mawr y dau ddegau a'r tri degau i roi terfyn ar y dyddiau da, fe ddioddefodd y ffermwr hefyd.

Gwynfryn Evans

Roedd hi'n gyfnod trychinebus ar amaethyddiaeth. Prisie ar draws y byd yn mynd i lawr, ac yn arbennig felly brisie llaeth. Ond yn 1922 yn Swydd Caer dechreuodd ffermwyr atal eu llaeth am y tro cyntaf erioed. Fe wrthodon nhw werthu llaeth i'r farchnad o gwbl. O'n nhw'n rhoi'r llaeth i'r lloi ac i'r moch neu'n wir yn taflu llaeth i ffwrdd. Fe wnaeth y llywodraeth ymateb i hyn yn y diwedd drwy sefydlu Comisiwn – Syr Edward Grigg oedd yn cadeirio'r Comisiwn hwnnw – i edrych i mewn i'r sefyllfa. Fe dderbyniodd y Comisiwn nad oedd modd cario 'mlaen fel ag yr oedd hi a dyma fe'n argymell sefydlu cyrff cydweithredol i farchnata cynnyrch amaethyddol.

I'r ffermwr llaeth yn benodol, y flwyddyn allweddol a thyngedfennol yn y broses o ddiwydiannu a masnacheiddio oedd 1933. Dyna pryd y sefydlwyd y Bwrdd Marchnata Llaeth – digwyddiad chwyldroadol yn hanes yr economi gwledig.

Evan R. Thomas

Y gwahaniaeth mwyaf yn sgil dyfodiad y Bwrdd Llaeth oedd cymryd y baich marchnata oddi ar y ffarmwr. Roedd y Bwrdd yn gweithio ar ein rhan ni, yn trafod gyda'r prynwyr, ac yn penderfynu beth oedd y pris fydden ni'n ei gael am ein llaeth dros Gymru a Lloegr. Y cyfan oedd gyda ni i'w wneud oedd godro'r fuwch, rhoi'r llaeth yn y *churn* neu'r can llaeth, mynd â'r *churn* lawr i waelod yr hewl ac anghofio amdano fe. Y Bwrdd fydde'n gyfrifol am ddod o hyd i gwsmer ar gyfer y llaeth. Roedd hynny i gyd yn cael ei wneud droston ni. A'r peth pwysicaf ddaeth mewn gyda'r Bwrdd Marchnata Llaeth oedd y sicrwydd bod y ffermwr yn cael tâl am ei laeth bob mis.

Gwynfryn Evans

Gogoniant y siec laeth, wrth gwrs, oedd ei bod hi'n rhoi cyflog misol i gynhyrchwyr llaeth am y tro cyntaf erioed. Hanes y diwydiant cyn hynny oedd fod ffermwyr oedd yn cadw gwartheg godro yn rhedeg eu busnesau yn hollol fel unigolion. Y broblem fawr gyda hynny oedd sicrhau pris teg a thâl cyson. Dwi wedi gweld enghreifftie o ohebiaeth rhwng teuluoedd yn sir Gaerfyrddin a chwmnïe yn Abertawe lle oedd ffermwr yn begian ar y cwmnïe hynny i dalu am y llaeth roedden nhw eisoes wedi ei gyflenwi i'r cwmnie. Roeddech chi'n gweld y dagre yn y llythyron, bron. Roedd hi'n gyfnod anodd a thrist iawn. Yn y llythyron hynny mae storïau am ffarmwr yn mynd ar y trên yn y bore o Landeilo efo'i ddwy *churn* laeth ac yn mynd at y cwmni yn Abertawe i drio cael tâl am y mis blaenorol. Bydde fe'n treulio'r diwrnod cyfan yn pledio yn Abertawe am ei arian. A'r cyfan yn ofer. Wedyn y ffermwr, druan ag e, yn dod adref gyda'r nos i ddweud wrth y wraig nad oedd e wedi cael ceiniog am laeth y mis cynt.

Beth oedd yn digwydd oedd fod y cwmnïe yn chware un fferm yn erbyn y llall. Doedd dim pŵer gan y ffermwyr fel y cyfryw a dyna oedd y gwahaniaeth mawr wnaeth y Bwrdd Marchnata Llaeth. Bellach roedd un corff grymus yn siarad ar ran y ffermwyr. Rôl fawr y Bwrdd Llaeth o'r dechre oedd sicrhau marchnad i holl gynnyrch y ffermwyr. Mi gyrhaeddodd y siec laeth gyntaf oddi wrth y Bwrdd Llaeth holl gynhyrchwyr Cymru a Lloegr ym mis Tachwedd 1933, ac roedd cyfanswm gwerth y sieciau hynny yn y mis cyntaf yn bedair miliwn o bunnau. Arian enfawr ar y pryd.

Gellir gwerthfawrogi'n well y gwahaniaeth a wnaeth taliadau o'r fath i ffermwyr llaeth Cymru a Lloegr yng nghanol dirwasgiad enbyd y tri degau drwy nodi y byddai'r arian hwnnw yn cyfateb i dros £240 miliwn heddiw.

Fel roedd hyder y cynhyrchwyr llaeth yn cynyddu fe wnaeth lefel y cynnyrch gynyddu hefyd. Ar wahân i'r tyddynwyr lleiaf a gadwai ddim ond buwch neu ddwy, roedd llaweroedd o ffermwyr bellach yn gallu fforddio buddsoddi, am y tro cyntaf mewn gwirionedd, yn eu busnesau llaeth. Golygai hynny fod yn rhaid i'r Bwrdd Marchnata Llaeth ymateb yn greadigol i'r cynnydd yn y cynnyrch.

Daeth yn amlwg mai'r hyn a oedd ei angen erbyn hynny

oedd cadwyn o hufenfeydd ar hyd a lled Cymru a Lloegr. Agorodd y Bwrdd Marchnata Llaeth nifer o'r rhain. Ond roedd hufenfeydd eraill, megis Hufenfa De Arfon yn Rhydygwystl, yn fentrau cydweithredol wedi eu hariannu gan ffermwyr lleol. Yn wreiddiol roedd safle Hufenfa De Arfon yn gartref i hen bandy gwlân. Dyma enghraifft nodedig o safle un o ddiwydiannau traddodiadol cefn gwlad Cymru yn dod yn gartref i wedd fwy cyfoes ar un arall o ddiwydiannau cynhenid yr ardaloedd gwledig. Ond dechrau anaddawol iawn gafodd y fenter...

Gareth Evans

Cynhaliwyd y pwyllgor cyntaf i sefydlu'r hufenfa yn 1936 ym Mhwllheli. Ond yn anffodus wnaeth neb o gwbl droi i fyny ar gyfer y pwyllgor! O achos hynny, yn naturiol, aeth y trefnyddion adra yn siomedig. Ond wnaethon nhw ddim torri eu calonnau. Dyma nhw'n mynd ati eto i ganfasio ymhlith ffermwyr Eifionydd a Phen Llŷn. Roedden nhw'n fwy llwyddiannus y tro hwnnw. Pan alwyd y pwyllgor nesaf yn 1937 fe gafwyd nifer sylweddol yn dangos diddordeb. A'r tro hwnnw penderfynwyd mynd ati i ddechrau'r hufenfa. Fe gafodd hi ei hagor ar 10 Ionawr 1938. Roedd 63 o gynhyrchwyr wedi ymaelodi yn y fenter newydd ac wedi ymrwymo i gyflenwi eu llaeth i'r hufenfa. Punt y fuwch oedd pob ffarmwr yn gorfod ei dalu i ddod yn aelod o gymdeithas gydweithredol yr hufenfa. Wrth gwrs, roedd hynny'n ymrwymiad mawr ar y pryd. Ond mi oedd y ffarmwr yn gweld ei fod o'n mynd i gael dipyn mwy am ei laeth drwy fod yn gyd-berchennog ar yr hufenfa. Ar ddiwedd y flwyddyn gyntaf fe ddangoswyd tipyn yn rhagor o ddiddordeb yn y gymdeithas oherwydd ei bod hi wedi gwneud elw.

Wnaeth yr Ail Ryfel Byd ddim drwg i'r diwydiant llaeth. Er mwyn bwydo'r glowyr a'r gweithwyr diwydiannol eraill a oedd yn hanfodol i lwyddiant y rhyfel, heb sôn am y boblogaeth yn gyffredinol, fe fuddsoddodd y llywodraeth yn sylweddol mewn amaethyddiaeth. Drwy hynny cafodd y diwydiant amaeth ym Mhrydain ei drawsnewid, gan osod sylfeini'r blynyddoedd bras a ddaeth i ran y diwydiant llaeth yn arbennig.

Gareth Evans
Ddaru'r nifer o gynhyrchwyr a oedd gan yr hufenfa yn Rhydygwystl gynyddu drwy gydol blynyddoedd y rhyfel ac ymlaen wedyn hyd at ddechrau'r pum degau. Y nifer mwyaf fu yma'n aelodau oedd 1,215 yn 1950.

Roedd y diwydiant llaeth wedi cael hwb sylweddol yn 1946 pan ddaeth y Ddeddf Llaeth Ysgol i rym – deddf a warantai botelaid fechan o laeth yn rhad ac am ddim i bob disgybl dan ddeunaw oed.

Tom Jones
Roedd y ddeddf honno'n cael ei gweithredu drwy'r Bwrdd Marchnata Llaeth. Ei nod hi oedd gwella ansawdd deiet y plant ac yn benodol, wrth gwrs, sicrhau eu bod nhw'n cael digon o galsiwm. Roedd hyn yn rhan o bolisi'r llywodraeth yn y cyfnod hwnnw. Yr hyn sy'n eironig erbyn heddiw ydi hyn: ymhlith y boblogaeth mae osteoporosis, sef esgyrn brau, yn broblem. A'r ateb, wrth gwrs, ydi yfed digon o laeth pan ydach chi'n blentyn. Dwi'n falch o gael dweud bod 'na ymdrech yn mynd ymlaen o hyd i gael llaeth yn ôl i'r ysgolion, ac mae'r corff sy'n hybu llaeth, y Milk Development Council, yn ymdrechu i wneud hynny – datblygiad sydd i'w groesawu'n fawr.

Yn rhannol oherwydd y Ddeddf Llaeth Ysgol, erbyn pum degau'r ganrif ddiwethaf roedd hufenfeydd fel Rhydygwystl yn cynhyrchu mwy o laeth potel nag yr oedden nhw'n gallu ei werthu. Rhaid oedd penderfynu pa ddefnydd masnachol arall y gellid ei wneud o'r holl laeth a oedd yn llifo i'r farchnad.

Gareth Evans

Y buddsoddiad mawr cyntaf a gafodd ei wneud yn Hufenfa De Arfon oedd hwnnw yn 1959. Fe fu'n rhaid iddyn nhw fuddsoddi mewn ystafell gwneud menyn neu gaws. Dyna oedd y dewis. A mawr ydi diolch yr hufenfa i'r rheolwr cyffredinol cyntaf, J. O. Roberts. Fe wnaeth o'r penderfyniad, efo sêl bendith yr aelodau, i fynd ati i gynhyrchu caws. Pe byddai'r penderfyniad wedi cael ei wneud i gynhyrchu menyn a llaeth powdwr, dwi ddim yn meddwl y byddai'r hufenfa yma wedi goroesi, heb sôn am ffynnu.

Roedd cryn ugain o hufenfeydd yng Nghymru ar y pryd, o Langefni i Gaerffili – gormodedd mewn gwirionedd. Roedd hi'n anochel na fyddai'r cyfan ohonyn nhw'n gallu dal ati i gynhyrchu. Mae hufenfa Rhyd-y-main, ger Dolgellau, a werthwyd gan ffermwyr Meirionnydd i Northern Dairies yn 1966 wedi cael ei gadael i ddadfeilio er pan gafodd hi ei chau'n derfynol yn 1981. Ond yn ei dydd fe fu'r hufenfa, a gyflogai gant o bobol, yn ganolfan gymdeithasol a diwylliannol, yn ogystal â bod yn un ddiwydiannol – yn enwedig felly yn nyddiau'r rheolwr cyntaf, H. R. Jones.

Glyn Williams

Roedd gynno fo barti canu, Parti Eiddon, parti o ferched. Roedd bron pob un o ferched y ffatri yn canu yn y parti hynod o lwyddiannus hwnnw. Mi ddaru nhw ennill yn yr Eisteddfod Genedlaethol ddeg o weithiau. Wedyn mi gafon ni bedwarawd cerdd dant o dan hyfforddiant y diweddar William Edwards, a gofir am 'Hon yw fy Olwen i' yntê, ac fe ddaru nhw ennill bedair os nad bum gwaith yn y Genedlaethol. Mi gafodd peth myrdd ohonan ni ein haddysg gerddorol yn yr hen ffatri.

Doedd hi ddim yn ddiwylliant i gyd yma, cofiwch. Yn fy nghyfnod i fe fuo 'na chwe phriodas rhwng gweithiwrs yr hufenfa 'ma. Ac mae 'mhriodas i yn un ohonyn nhw. Yma ddaru mi a 'ngwraig gyfarfod. Ac mi ydan ni i gyd wedi aros hefo'n gilydd. Wrth gwrs, roedd 'na ambell sws ar y slei, a phetha felly yn digwydd yma, 'de. Bosib na fyddai hynny'n cael ei ganiatáu heddiw. Ond mi oeddan ni'n agos, yntê. A Chymry oeddan ni i gyd.

Ond y gwir ydi fod byd y ffatri laeth, fel byd pob ffatri arall, ar fin newid yn syfrdanol. Hyd yn oed yng nghefn gwlad Meirionnydd, erbyn saith degau'r ugeinfed ganrif nid lle i ganu cerdd dant a dod o hyd i gymar oedd y ffatri. Wrth i Brydain ymuno yn 1973 â'r Farchnad Gyffredin roedd byd amaeth, gan gynnwys byd y ffarmwr llaeth, yn wynebu chwyldro.

Un o nodweddion amlyca'r diwydiant llaeth ydi'r modd y mae gwleidyddion wedi dylanwadu a llywio cymaint ar ei hanes. Tlodi a diweithdra'r dau ddegau a barodd i'r llywodraeth sefydlu'r Bwrdd Marchnata Llaeth yn y lle cyntaf. Ond unwaith yr ymunodd Prydain– a Chymru – â'r Farchnad Gyffredin (neu'r Gymuned Economaidd Ewropeaidd fel y'i gelwid yn swyddogol ar y pryd) fe agorwyd pennod newydd arall yn hanes y diwydiant.

Ar Ddydd Calan 1973 ymunodd Prydain, Gweriniaeth

Iwerddon a Denmarc â chwe aelod gwreiddiol y Gymuned: Ffrainc, Gorllewin yr Almaen, Gwlad Belg, yr Iseldiroedd, yr Eidal a Lwcsembwrg. Yn ystod yr unfed ganrif ar hugain, estynnwyd yr aelodaeth yn sylweddol i wyth gwlad ar hugain ac mae'r hen Farchnad Gyffredin yn cael ei hadnabod erbyn hyn fel yr Undeb Ewropeaidd.

Gwynfryn Evans

Marchnad oedd hi ar y cychwyn, i bob pwrpas, gyda phwyslais i raddau helaeth ar gynnyrch amaethyddol ac ar y diwydiant dur. Fe fu ymaelodi ag Ewrop yn newid aruthrol i ddiwydiant amaeth yr ynysoedd hyn. Mi oedd y Polisi Amaethyddol Cyffredin – a adnabyddid fel y CAP, o'r Saesneg, *Common Agricultural Policy* – yn gwarantu prisie eithaf rhesymol. Ar y pryd roedd llawer iawn o ffermwyr Cymru yn reit frwd dros fynd i mewn i'r Farchnad Gyffredin. Ond yn anochel mi oedd cyfanswm y cynnyrch amaethyddol yn cynyddu'n aruthrol o fewn Ewrop a rhaid oedd creu rhaglenni datblygu i drio dod o hyd i farchnadoedd ychwanegol. Fe welson ni'r mynyddoedd menyn. A'r llynnoedd llaeth. Er bod y Llen Haearn rhwng y dwyrain a'r gorllewin yn dal yn ei lle, fe fuon ni'n anfon miloedd o dunelli o fenyn i Rwsia. Fe dreuliais i fy hun amser yn Tsieina yn gwneud fy ngorau i hyrwyddo'r farchnad yn y fan honno.

Fe wnaeth y mynyddoedd menyn a'r llynnoedd llaeth ddrwg mawr i ddelwedd y Gymuned Ewropeaidd. Pan oedd rhannau helaeth o'r byd yn cael eu sigo gan newyn roedd y gorgynhyrchu a ddigwyddai yn Ewrop yn ymddangos yn ffiaidd ac yn anfoesol.

Ond mewn gwirionedd, yng nghyd-destun Ewrop, doedd y mynyddoedd a'r llynnoedd ddim yn cynrychioli mwy na rhyw bythefnos o orgynhyrchu gan ffermwyr

Ffrainc a'r Almaen a'r aelodau eraill. Yng nghyd-destun marchnad enfawr, ar draws cyfandir cyfan, roedd y ffin rhwng cynhyrchu gormod a chynhyrchu rhy ychydig yn un denau iawn.

Mae'n wir y byddai ffermwyr yn hoffi cwyno bod gormod o lawer o waith papur yn gysylltiedig â'r 'hen Ewrop 'na', ond drwy gydol y saith degau hyd at ddechrau'r wyth degau, y farn gyffredinol oedd ei bod hi'n talu i gydweithredu â biwrocratiaid Brwsel. Yn 1984, fodd bynnag, fe gafodd byd y ffermwr llaeth ei droi wyneb i waered. Yn ddisymwth fe gyflwynwyd y cwotâu llaeth.

Gwynfryn Evans

Yn nechrau'r wyth degau, mi oedd y llywodraeth yn annog y diwydiant amaeth i gynhyrchu cymaint ag oedd modd o laeth. Yn naturiol, roedd y cynhyrchwyr yn hapus i ddilyn yr arweiniad hwnnw ac i fenthyca oddi ar y banciau i ymestyn eu busnesau yn unol â dymuniad y llywodraeth. Cafodd y parlyrau godro diweddaraf a'r peiriannau mwyaf glanwaith a hwylus eu gosod mewn ffermydd ar hyd a lled Cymru yn y gred y byddai'r farchnad laeth yn dal i dyfu. Ond yn anffodus, dros nos yn Ebrill 1984, fe gyflwynwyd y cwotâu llaeth. Mi oedd hynny'n sioc ofnadwy i'r cynhyrchwr. Ar amrantiad roedd popeth wedi newid. Ac yn sicr doedd y newid ddim yn cael ei weld ar y pryd fel newid er gwell.

Tom Jones

Roedd pob un ffarm yn cael cwota. Hyn a hyn o laeth oedd ffarm yn cael ei gynhyrchu. A dyna hi. Dim rhagor. Os oeddach chi'n cynhyrchu mwy na'r cwota, wedyn roedd cosb yn cael ei gosod arnoch chi. Ac mi oedd y gosb yn un drom iawn. Roedd y gosb, yn wir, yn fwy o lawer na'r arian fasach chi'n ei gael am eich llaeth.

Gwynfryn Evans

Hyd at yr amser y daeth cwotâu i mewn, gweithio yn yr hufenfeydd oeddwn i wedi bod yn ei wneud. Cynhyrchu a marchnata'r cynnyrch o'n i. Ond yn y cyfnod hwn mi newidiais i o fod gyda chwmni Dairy Crest i fod ar staff y Bwrdd Marchnata Llaeth, gan ddod yn Rheolwr Rhanbarthol yn ne Cymru. Roeddwn i'n gorfod delio hefo ymateb y ffermwyr wrth i'r cwotâu ddod i rym. Roedden nhw'n ffyrnig. Roedd y ffermwyr yn sylweddoli bod yn rhaid iddyn nhw, dros nos, dorri 'nôl ar y llaeth roedden nhw'n ei gynhyrchu neu fydden nhw ddim yn cael eu talu am eu cynnyrch. Doedden nhw ddim yn gwybod beth i'w wneud hefo'u llaeth, ac fe fu protestio dramatig ar y strydoedd a ger yr hufenfeydd, yn enwedig yn Nyfed. Mewn un digwyddiad y tu fas i hufenfa Llangadog, yn ystod ymweliad gan Weinidog Amaeth llywodraeth Margaret Thatcher, Michael Jopling, fe agorwyd tapiau rhai o'r tanceri llaeth gan droi'r ardal yn un afon wen lifeiriol.

(A sôn am Thatcher, y tro cyntaf y daeth y mwyafrif o'r cyhoedd i wybod amdani oedd pan benderfynodd hi, fel Gweinidog Addysg yn y saith degau cynnar, roi'r gorau i'r arferiad o ddarparu poteleidiau bychain o laeth yn rhad ac am ddim i ddisgyblion ysgolion Prydain. Am ei rhyfyg fe gafodd hi ei bedyddio ar y pryd yn 'Milk Snatcher Thatcher'.)

Y ffermwyr oedd ar y strydoedd yn protestio yn 1984 ond nid nhw oedd yr unig rai a gafodd eu taro gan y cwotâu. Efo llai o laeth yn cael ei gynhyrchu, roedd hi'n gwbl anochel y byddai hynny'n cael effaith andwyol ar yr hufenfeydd hefyd.

Gwynfryn Evans

O dan bwysau o'r llywodraeth, fe gyflwynodd y Bwrdd Llaeth raglen o gau ffatrïoedd ac roedden nhw'n pennu pa hufenfeydd oedd yn mynd i gael eu cau. Mi oedd y llywodraeth yn talu iawndal i berchnogion hufenfeydd am eu cau nhw, ac mi gaeodd nifer o ffatrïoedd preifat. Ond gan fwyaf, ffatrïoedd y Bwrdd Llaeth ei hunan oedd yn cael eu cau. Mae'r pris gore am laeth i'w gael o'r farchnad yfed, yna pethe fel hufen, iogwrt ac yn y blaen. Caws a menyn oedd yn rhoi'r return salaf inni, felly roedd hi'n anochel mai'r hufenfeydd menyn oedd yn ei chael hi. Mi dynnodd Dairy Crest allan o Langefni, a fuodd 'na brotestio poenus iawn yno oherwydd doedd y cwmni ddim yn fodlon – na'r llywodraeth, mewn gwirionedd – i gwmni arall ddod i mewn i ddal ati i gynhyrchu menyn. Roedden nhw isie lleihau'r farchnad ac felly roedd rhaid canfod defnydd arall i'r lle. Ond fe lwyddwyd yn Llangefni yn y diwedd i sicrhau parhad i'r ffatri honno drwy ei throi hi i o fod yn ffatri fenyn i fod yn ffatri gaws.

Tom Jones

Mae Ynys Môn yn cynhyrchu rhywle o gwmpas tri deg chwe miliwn litr o laeth y flwyddyn. Ar yr ynys, yn Llangefni, mae gynnon ni uned gynhyrchu caws *mozzarella* sy'n eiddo i gwmni rhyngwladol Glanbia, y cwmni *mozzarella* mwyaf yn Ewrop. Mae'r rhan fwyaf o laeth yr ynys yn mynd i mewn i'r uned honno yn Llangefni.

Môn mam *mozzarella*. Dyna ydi hi bellach. Ac er gwybodaeth i bawb sy'n gyrru'n rheolaidd rhwng de a gogledd Cymru, ffatri gaws Llangefni sy'n bennaf cyfrifol am yr holl danceri Mansel Davies sydd ar y ffyrdd rhwng de-orllewin Cymru a sir Fôn. Cludir llaeth i'r ynys, ac wedyn mae'r maidd (yr hylif sy'n weddill ar ôl cynhyrchu *mozzarella* Môn) yn cael ei gludo i ffatri Volac yn Felin-fach, rhwng Aberaeron a Llanbed yng Ngheredigion. Yno mae cant o weithwyr yn cael eu cyflogi i droi'r maidd yn bowdwr ar gyfer bwydo ŵyn a lloi – marchnad arbenigol ond un bwysig a phroffidiol.

Nid fod y gweithgarwch hwnnw'n gwneud iawn am yr ergydion cyson a gafodd diwydiant llaeth y rhan honno o Ddyffryn Aeron yn y degawdau diwethaf. Yn Chwefror 1988 caeodd Dairy Crest hufenfa Felin-fach a oedd yn cyflogi 108. Tan 2007 roedd Dairygold yn pacio caws ar y safle. Yng Ngorffennaf 2009 gorfodwyd y cwmni i ad-dalu grant o £600,000 i Lywodraeth Cymru ar ôl i Dairygold, wrth gau a gadael Felin-fach, symud peiriannau y talwyd amdanyn nhw ag arian cyhoeddus oddi yno. Gorfod cau hefyd, yn Ebrill 2006, fu hanes cwmni Aeron Valley Cheese yn Felin-fach. Doedd dim hawl agor hufenfa ar safle'r hen ffatri laeth, felly roedd gŵr busnes o Gaerdydd, David Ellis, wedi dod i ddealltwriaeth â ffarmwr lleol i agor ffatri gaws led dau gae yn unig o safle hufenfa wreiddiol Felin-fach. Byr, ysywaeth, fu ei pharhad. Mewn deng mis, rhwng Dairygold ac Aeron Valley Cheese, fe gollodd Felin-fach 160 o swyddi a oedd yn uniongyrchol gysylltiedig â'r diwydiant llaeth.

Cau hefyd, a hynny dan amgylchiadau anfoddhaol tu hwnt, a chwbl ddiangen, oedd tynged yr hufenfa yr arferid meddwl amdani fel yr em ddisgleiria yng nghoron hufenfeydd Cymru.

Gwynfryn Evans

Yr un boenus, boenus, oedd Hendy-gwyn ar Daf. Roedd honno'n dal i fynd hyd at ddiwedd y Bwrdd Llaeth yn 1994. Erbyn hynny, roedd cwmni Milk Marque yn cael ei sefydlu a gobaith y cwmni oedd y bydden ni'n gallu rhoi llaeth drwy'r hufenfa honno yn Hendy-gwyn a'i werthu e i Dairy Crest. Ond ychydig wythnose'n unig cyn bod Milk Marque yn dod i fodolaeth, fe roddodd Dairy Crest wybod inni eu bod nhw'n mynd i gau hufenfa Hendy-gwyn. Roedden ni'n cael rhoi llaeth i mewn yno, ond roedd y llaeth yn gorfod mynd allan yn syth. Doedden nhw ddim yn mynd i'w brosesu fe, ac mi oedd honno'n boendod fawr. Ond y boendod fwyaf o ddigon oedd colli hufenfa fendigedig Hendy-gwyn lle roedd miliynau o bunnau wedi cael eu gwario ar ei datblygu yn ystod y pum mlynedd blaenorol. Dyma hufenfa o'r radd flaenaf, yng nghanol un o'r meysydd llaeth mwyaf sydd ganddon ni yng Nghymru, os nad ym Mhrydain. Dwi ddim yn credu bod pobol Hendy-gwyn wedi maddau inni byth. A dwi ddim yn credu fy mod inne wedi gallu derbyn y penderfyniad chwaith. Doedd dim rhaid cau'r hufenfa. Roedd 'na ffyrdd eraill o ymateb i'r sefyllfa. Ac mae hynny'n boendod mawr imi o hyd.

Rydyn ni eisoes wedi crybwyll diflaniad y Bwrdd Marchnata Llaeth yn 1994, ond y syndod, mewn gwirionedd, ydi bod llywodraethau Torïaidd y cyfnod wedi caniatáu i'r Bwrdd barhau am gyhyd.

Gwynfryn Evans

Roeddem ni yng nghanol cyfnod o breifateiddio popeth ac roedd y Bwrdd Llaeth, fel corff statudol, yn cael ei weld fel corff nad oedd yn gweddu i strategaeth y llywodraeth ar y pryd. Felly mi oedd y llywodraeth yn medru defnyddio'u pwerau nhw i gael gwared â'r Bwrdd Llaeth. Ond fe roddon nhw'r opsiwn inni, sef ein bod ni'n cael gwared â ni ein hunen fel petai: bod y Bwrdd Llaeth yn datblygu cynllun ar gyfer gwneud i ffwrdd â'r corff statudol, ac yn ystod 1989/1990, reit drwodd i 1993, fe fuon ni'n gweithio ar gynllun i droi corff marchnata statudol yn gorff marchnata cydweithredol, gwirfoddol. Dan y corff newydd fe fydde ffermwyr yn gallu dewis perthyn i'r corff newydd, neu beidio perthyn iddo fe. Doedd dim dewis ganddyn nhw yn achos yr hen Fwrdd Llaeth.

Milk Marque oedd yr enw a roddwyd ar y corff newydd – y corff a ddisodlodd y Bwrdd Marchnata Llaeth. Fe lwyddodd Milk Marque ar y dechrau i ddenu hyd at saith deg y cant, ar y gorau, o ffermwyr llaeth Cymru a Lloegr, ond buan yr aeth hi'n rhyfel prisiau rhwng Milk Marque a'r hufenfeydd annibynnol.

Yn y pen draw methiant fu ymgais y fenter gydweithredol newydd i ddilyn yn ôl troed yr hen Fwrdd Marchnata Llaeth statudol. Ond nid pawb oedd yn hiraethu ar ôl y Bwrdd Llaeth. I'r gwrthwyneb, diflaniad y Bwrdd oedd dechrau'r cyfnod mwyaf llewyrchus yn holl hanes Hufenfa De Arfon yn Rhydygwystl.

Gareth Evans

Hyd at hynny, wrth gwrs, y Bwrdd Marchnata Llaeth oedd yn rheoli'r cyflenwadau o laeth a oedd yn dod i mewn i'n hufenfa ni yn Rhydygwystl. Gyda dyfodiad marchnad agored yn 1994, roedd yr hufenfa yn gallu mynd allan a phrynu'n uniongyrchol gan y cynhyrchwyr llaeth. Roedd hwnnw'n gyfnod cyffrous ofnadwy. Ac mi fuon ni'n hynod o lwyddiannus, achos i fyny at 1994, roedd gynnon ni lai na phedwar deg miliwn o litrau o laeth yn dod i'r Gymdeithas. Ond pan aethon ni allan ar ein pennau ein hunan, ar ôl diddymu'r Bwrdd Llaeth, aeth y cyfanswm i fyny i dros hanner can miliwn o litrau. Ac os bydden ni'n dal dan yr hen drefn heddiw, mae'n fwy na thebyg na fydden ni wedi gallu ehangu fawr ddim.

Yn Rhagfyr 2013 cyhoeddodd Alan Wyn Jones, rheolwr-gyfarwyddwr presennol Hufenfa De Arfon, eu bod nhw wedi ennill cytundeb gwerth £50 miliwn dros dair blynedd gydag Adams Foods, un o'r prif gyflenwyr caws yng ngwledydd Prydain. Golyga'r cytundeb y bydd y Gymdeithas gydweithredol sydd biau'r hufenfa yn ehangu ei chyfleusterau cynhyrchu ar gost o £10 miliwn erbyn 2016. Dan y cynllun newydd bydd y cynnyrch yn mwy na dyblu i dros 17,000 o dunelli'r flwyddyn a bydd ugain yn rhagor o swyddi yn cael eu creu. Eisoes mae'r hufenfa'n cyflogi 110 o weithwyr ac mae gan y Gymdeithas 125 o ffermwyr sy'n aelodau ohoni. Erbyn 2013, cyn dechrau ar y datblygiad newydd, cynhyrchid 7,500 tunnell o gaws bob blwyddyn ar y safle gwreiddiol yn Rhydygwystl gan ddefnyddio dros 65 miliwn o litrau o laeth.

Ond yr un pryd ag y cyhoeddwyd manylion y cytundeb £50 miliwn, cadarnhaodd yr hufenfa fod ei busnes cyflenwi llaeth wedi cael ei drosglwyddo i gwmni Cotteswold Dairy, cwmni a oedd eisoes â phresenoldeb ar Ynys Môn. Drwy gyd-ddigwyddiad roedd Cotteswold Dairy o Swydd Gaerloyw wedi dechrau masnachu yn 1938, yr un pryd yn union â Rhydygwystl. Disgrifiwyd y penderfyniad i ddod â phrosesu llaeth i ben fel un 'anodd'. Llaeth Cymreig, fodd bynnag, mae Cotteswold yn ei gyflenwi ac mae o'n dal i gael ei farchnata dan yr enw Llaeth y Ddraig, Hufenfa De Arfon.

Fel y soniwyd yn barod, sefydlu'r Bwrdd Marchnata Llaeth yn 1933, a dyfodiad y siec laeth fisol, oedd y garreg filltir bwysicaf yn hanes y diwydiant llaeth yng Nghymru. Ond fe fu diflaniad y Bwrdd ynghyd â chyflwyno'r cwotâu yn ddigwyddiadau a fu yr un mor arwyddocaol. Yn ddi-os dyna ddaru orfodi Cymry'r llaeth i arallgyfeirio. Ac yn achos rhai cynhyrchwyr bu'r arallgyfeirio hwnnw'n llwyddiant ysgubol.

Mae llai a llai o ffermwyr Cymru'n cadw gwartheg godro erbyn hyn. Yn y ganrif hon mae nifer y cynhyrchwyr llaeth wedi gostwng o 2,900 yn y flwyddyn 2003 i 1,875 erbyn diwedd 2013. Ac eto, mae'r cymharol ychydig sydd ar ôl yn cynhyrchu mwy o laeth nag erioed o'r blaen. Cynyddodd cyfanswm y litrau o laeth Cymreig o 1,400 miliwn yn 1994–5 i 2,900 miliwn yn 2012–13. Y gamp a'r her, felly, fu dod o hyd i ffyrdd newydd o ddefnyddio a marchnata'r llaeth.

Dyma'n union a wnaeth sylfaenwyr Llaeth y Llan sydd â'u hiogwrt ar werth yn siopau Cymreig pob un o'r pum cwmni archfarchnad mawr sy'n tra-arglwyddiaethu dros y farchnad Brydeinig. Dyma enghraifft glasurol o ffermwyr llaeth cyffredin yn arallgyfeirio.

Ddechrau'r wyth degau, cyn bod sôn am gwotâu llaeth, roedd Gareth a Falmai Roberts yn cadw hanner cant o wartheg godro ar hanner can erw Talybryn yn Llannefydd, Dyffryn Clwyd. A'u hincwm yn isel, fe ddechreuon nhw arallgyfeirio.

Falmai Roberts

Dyma'r rownd lefrith leol yn Llannefydd yma'n mynd am werth. Ac fe ddaru ni fedru ei phrynu hi. Rownd lefrith fechan oedd hi, wrth gwrs, a dyna sut ddaru ni ddechre.

Buan y sylweddolodd Falmai a Gareth fod pobol, er lles eu hiechyd, yn dechrau gofyn fwyfwy am laeth hanner-sgim neu hyd yn oed laeth sgim. Buddsoddi wnaethon nhw, felly, mewn offer i hidlo'r hufen oddi wrth y llaeth. Manteisiodd y teulu ar y ffaith fod Dyffryn Clwyd o fewn cyrraedd hwylus i arfordir y gogledd â'i holl dai bwyta a gwestai. Yno y daethon nhw o hyd i farchnadoedd ar gyfer yr holl hufen a oedd ganddyn nhw'n sbâr.

Falmai Roberts
Fe werthodd yr hufen yn dda ond roedd gynnon ni lot
o sgim ar ôl. Roedd yn rhaid penderfynu beth i'w
wneud efo hwnnw. Ddaru ni ddechrau gyntaf hefo
llaeth enwyn ond, wrth gwrs, doedd y farchnad ddim
mor eang â hynny i'r llaeth enwyn. Ac wedyn ddaru ni
orfod meddwl am rywbeth arall.

Y 'rhywbeth arall' hwnnw oedd iogwrt. Dysgodd Falmai
hanfodion y grefft o wneud iogwrt mewn coleg technoleg
bwyd a llaeth dros y ffin yn Nantwich. Ac yn 1985 fe
ddechreuon nhw gynhyrchu iogwrt Llaeth y Llan. Yn
fasnachol dyna'r peth gorau a ddigwyddodd iddyn nhw
erioed.

Falmai Roberts
Mae gynnon ni hanner cant o wartheg ein hunen ac mi
ydan ni'n gorfod prynu oddi wrth ffermydd eraill hefyd.
Erbyn hyn, mi ydan ni'n gwerthu'n cynnyrch ledled y
byd. Ar hyn o bryd, 'dan ni'n cyflogi pump ar hugain o
bobol. Ein dyfodol ydi datblygu cynnyrch newydd. Mi
ydan ni ar hyn o bryd yn cynhyrchu tri ar ddeg o
wahanol flasau o iogwrt ffrwythau. Wrth ddatblygu
packaging newydd arnyn nhw, dyma sut ydach chi'n
denu pobol i edrych ar y cynnyrch, yn enwedig yn yr
archfarchnadoedd mawr. Ehangu eto ac allforio rhagor
ydi'r nod. 'Dan ni wedi bod yn allforio i Hong Kong, i
Ffrainc ac i wledydd eraill yn Ewrop ers dechrau'r ganrif
'ma.

Yn draddodiadol, mae diwydiant wedi gadael sawl 'staen a
chraith' ar dirwedd Cymru. Braf, felly, ydi gallu cydnabod
nad yw llwyddiant Llaeth y Llan wedi andwyo'r mymryn
lleiaf ar yr amgylchedd amaethyddol naturiol.

Falmai Roberts

'Dan ni wedi bod yn ffodus. A 'dan ni wedi cael ambell wobr. Un o'r gwobrau oedd am yr adeilad newydd y bu'n rhaid inni ei godi ar gyfer cynhyrchu. Fe ddwedwyd ei fod o wedi ei gynllunio fel nad oedd o'n amharu ar yr hen adeilad fferm gwreiddiol a'i fod o'n sensitif i gefn gwlad.

Un o weithgareddau traddodiadol yr hen ffermdy gwledig dros y canrifoedd fu gwneud caws, ac mae hwnnw'n weithgarwch y mae'r Cymry wedi arbenigo ynddo o'r newydd dros y cwta ddeng mlynedd ar hugain diwethaf.

Mae Adamsiaid Glyneithinog, gwneuthurwyr Caws Cenarth, yn enghraifft nodedig ac arloesol o deulu amaethyddol yn ymateb yn gadarnhaol a chreadigol i drafferthion y diwydiant llaeth.

Thelma Adams

Y sbardun i gychwyn Caws Cenarth yn bendant oedd y cwotâu llaeth ddaeth i rym yn 1984. Ro'dd y ddeddf yn gweud bod rhaid inni dorri 'nôl ar gynhyrchu llaeth o ddeg y cant. Wen i ddim yn meddwl bod e'n deg bod rhyw bwysigion o swyddogion mas yn Brussels yn bygwth ein bywoliaeth ni fel teulu. Wen i o hyd wedi bod â diddordeb mewn gneud caws achos traddodiad teuluol. A dyma syniad yn dod i fy meddwl i. Falle gallen ni ddechre busnes caws. Ond, wrth gwrs, o'n i ddim yn deall dim am fyd busnes. Penderfynais i fynd ar gwrs chwe wythnos lawr yn Antur Teifi yng Nghastellnewydd Emlyn a dysgu shwt i wneud cynllun busnes ac ati. Ond heblaw hynny, wrth gwrs, o'dd rhaid dysgu shwt o'dd gwneud caws yn fasnachol.

Os y'ch chi'n cychwyn busnes caws, dwi'n credu

bod rhaid i chi gael hyder a'ch bod chi'n credu nad oes dim caws tebyg iddo fe i'w gael. Ac o'n i, wir, yn credu hynny. Byddwn i'n rhoi tamed i brofi i bawb ac oedd pob un yn lico'r caws.

Y cwsmer cyntaf ges i o'dd Harrods. Maen nhw'n gweud am starto ar y top. Wel, dyna beth wedd starto ar y top! Ges i ymateb da iawn gyda nhw, a gweud y gwir. Wedodd Harrods, 'Give us a chance to buy this wonderful cheese of yours when you start your business.' Mae'n od iawn achos, ar ôl bod yn Harrods, es i lawr i gaffi yn Cenarth i gynnig y caws iddyn nhw. A wen nhw ddim ei moyn e! A dwi wedi meddwl llawer am hyn: os fydden i wedi mynd i'r caffi gyntaf, falle na fydden i ddim wedi cael yr hyder i fynd i Harrods. Ond 'na fe, fy lwc i wedd hynny.

Mae Carwyn, y mab, wedi datblygu safle ar y we inni, ac mae hwnnw'n gweitho'n dda iawn. A rhaid i ni, falle, ganolbwyntio mwy ar y we achos mae'n dod â chwsmeriaid o ar draws y byd i gyd. A ninne'n byw yng nghanol y wlad, mae e'n rhwyddach i ddenu cwsmeried trw'r we.

Erbyn hyn, ni'n dibynnu'n hollol ar werthiant Caws Cenarth. Dwi a Gwynfor, y gŵr, yn hapus yn cadw i fynd â Caws Cenarth fel busnes bach, neis. Ni'n gwahodd pobol yn rhad ac am ddim i ddod i weld y caws yn cal ei neud.

Mae Carwyn, y mab, nawr wedi dod mewn i'r busnes ac mae syniade newydd 'da fe. Fydd Mam a Dad yn ymddeol rhyw ddiwrnod. Ar hyn o bryd, mae'r cyfan y'n ni'n gynhyrchu yn cal ei wneud yn hollol gyda llaw, yn y ffordd draddodiadol. Mae'r ffaith bod cymaint o gawsie Cymreig yn beth da achos, a bod yn onest, allwn ni byth â llanw'r farchnad i gyd. Busnes bach sydd gyda ni. Ac mae'r ffaith fod gwmint o gystadleuaeth, falle, yn her inni i gadw ar y brig, chi'n gwybod. Allwn ni byth ishte 'nôl a bodloni ar y ffaith bod ni wedi bod yn dda yn y gorffennol. Mae'n rhaid bod yn well drwy'r amser.

Mae'n bwysig iawn bod amrywieth o gawsie 'da ni i'w cynnig i'r cwsmer. Mae pawb 'da gwahanol dast. Er enghraifft, dwi'n hoffi caws Caerffili ond mae Gwynfor, y gŵr, yn hoffi un aeddfed. Erbyn hyn, ry'n ni'n dod i'r sefyllfa falle bod ni'n ffaelu gwneud digon o gaws. Dyna'n problem ni nawr. Cadw digon o stoc, a gweud y gwir. Ac ry'n ni'n dod i sefyllfa falle fydd rhaid i ni stopo gwerthu llaeth a'i droi e i gyd yn gaws.

Heddiw, yn yr unfed ganrif ar hugain, y ddolen gyntaf yn y gadwyn, fel erioed, ydi'r fuwch a'i llaeth. Godro â llaw oedd y drefn, yna fe ddaeth peiriannau godro. Ond ers dechrau'r ganrif, yng ngholeg amaeth sir Gâr yn y Gelli Aur, ger Llandeilo, mae'r gwartheg yn godro eu hunain – hynny ydi, efo cymorth *robot*.

John Merfyn Owen

Mae'r robot yn godro'r gwartheg o'u gwirfodd. Mae'n godro bedair awr ar hugain y dydd. Mae'r gwartheg yn dod i mewn pan maen nhw'n teimlo'u bod nhw isio cael eu godro. Maen nhw'n cerdded at y peiriant, yn cael eu bwydo, ac wedyn mae'r peiriant yn godro'r fuwch ar ôl iddo fo lanhau'r tethi yn hollol awtomatig. Mae'r peiriant wedi costio wyth deg mil o bunnau yn 2002. Rydan ni'n gwerthuso'r peiriant ar ran yr Adran Amaeth er mwyn gweld a fyddai *robot* yn berthnasol ac yn werth chweil i ffermwr yng ngorllewin Cymru. Mae lot o ffermydd bach yn y gorllewin ac mi ydan ni'n edrych i weld a fyddai'r peiriant yn rhyddhau amser y ffermwr, falle, i fynd allan i greu incwm ychwanegol

*Y caniau llaeth olaf yn cyrraedd ffatri gwas Hufenfa De Arfon
yn Rhydygwystl*

Papur arian Banc y Ddafad Ddu

oddi ar y fferm er mwyn cael cario 'mlaen i odro. Mae 'na ddwy fferm yng Nghymru yn rhedeg peiriant tebyg i hwn. Trwy Brydain gyfan dwi'n credu bod rhyw bump ar hugain ar gael i gyd, ond maen nhw'n eithaf cyffredin ar y Cyfandir. Mae 'na rai cannoedd o'r peiriannau yma'n cael eu defnyddio yn yr Iseldiroedd, er enghraifft. Mae *robot* yn gallu godro i fyny i ryw chwe deg o wartheg bob dydd. Mae hynny'n golygu eich bod chi'n gallu cadw buches o ryw wyth deg i naw deg o wartheg a chadw rhyw chydig ohonyn nhw'n sych trwy'r amser. Mae lot o waith datblygu wedi mynd i mewn i'r peiriant yma, ond dwi'n credu bod 'na lot o waith i'w wneud eto. Yn sicr, dwi'n siŵr mai dyma fydd y dyfodol. Mae llafur yn mynd yn fwy drud, dydi pobol ddim isie gweithio'r oriau hir roedden nhw'n arfer ei weithio ers talwm. Dach chi'n gwybod, mae'r dyddie o godi am bump o'r gloch y bore a gweithio tan saith neu wyth y nos wedi mynd. Dydi'r bobol ifanc ddim eisiau gwneud hynny. Maen nhw eisiau'r penwythnose i ffwrdd. Wedyn, yn sicr, peiriant fel hwn, falle ddim cweit fel mae o ar hyn o bryd, ond gwelliant ar y peiriant yma fydd y dyfodol o fewn amaethyddiaeth, dwi'n siŵr o hynny.

I'r ffermwyr hynny a lwyddodd i oroesi'r cwotâu a'r holl drafferthion eraill, mae'r diwydiant llaeth yng Nghymru nid yn unig yn un o'n diwydiannau hynaf ond mae o hefyd yn un o'n diwydiannau mwyaf blaengar.

Mae un datblygiad, fodd bynnag, yn peri pryder. Ar ddiwrnod olaf Hydref 2013 rhoddodd llywodraeth Cymru ganiatâd i gynllun dadleuol ar gyfer ehangu fferm odro gwartheg ger y Trallwng ym Maldwyn. Apeliwyd yn erbyn y penderfyniad hwnnw ond ym Mehefin 2014 gwrthodwyd yr apêl. Bydd y ffermwr, Fraser Jones, yn mynd ati i godi parlwr godro ar gyfer mil o wartheg. Disgrifiwyd y penderfyniad gan ymgyrchwyr ar ran hawliau anifeiliaid fel un a osodai gynsail beryglus.

Mae'r un amheuon yn cael eu mynegi o fewn y gymuned amaethyddol ei hun. Poenir am effeithiau ffatrïoedd godro o'r fath ar les y gwartheg – ac ar ddyfodol y cymharol ychydig sydd ar ôl yng Nghymru o ffermydd llaeth.

Diwydiannau'r Gymru Wledig:
Gwlân – Blwmars Fictoria a sgertiau mini

Er ein bod yn ymfalchïo, gyda phob cyfiawnhad, ym mhwysigrwydd rhyngwladol glo, haearn, dur, plwm a llechi ein gwlad, y pwysicaf o holl ddiwydiannau'r Gymru wledig, drwy'r gogledd, y canolbarth a'r de, oedd y diwydiant gwlân. Mae'r ddafad wedi bod yn elfen ganolog yn economi Cymru ers yn gynnar yn ei hanes. A pha ryfedd? Defaid oedd yr anifeiliaid cyntaf i'r ddynoliaeth ddechrau eu ffermio 10,500 o flynyddoedd yn ôl. Roedd hynny yn y gwledydd a adnabyddir heddiw fel Iran, Twrci, Syria ac Irac. Credir yn sicr fod croen y ddafad wedi cael ei defnyddio gan ddyn i'w ddilladu ei hun a'i deulu o'r dechrau. Bu'n rhaid aros, fodd bynnag, tan 3,500 Cyn Crist hyd nes i ddyn ddysgu gyntaf sut i nyddu gwlân y ddafad.

Y Rhufeiniaid boblogeiddiodd yr arfer o ffermio defaid ym Mhrydain, gan roi cychwyn i'r diwydiant gwlân ar yr ynysoedd hyn tua 50 Oed Crist. Erbyn y drydedd ganrif ar ddeg roedd preiddiau sylweddol o ddefaid yn cael eu cadw yng Nghymru, mewn abatai a mynachlogydd yn bennaf, megis Ystrad-fflur yng Ngheredigion a Margam ym Morgannwg. Lledaenodd yr arferiad. Buan y gwelwyd bod y ddafad yn anifail a allai ffynnu ar borfeydd digon llwm a noeth yr ucheldiroedd. Roedd yn anifail perffaith, felly, ar gyfer gwlad fynyddig fel Cymru. Bellach mae deuddeng miliwn o ddefaid yng Nghymru a dim ond tair miliwn o bobol.

Gartref ar yr aelwyd y dechreuodd y grefft o drin gwlân ond fe ddatblygodd i fod yn ddiwydiant a oedd yn cyflogi niferoedd mawr o Gymry mewn ffatrïoedd ledled ein gwlad.

Y Ddelwedd Dwristaidd

Adeilad Pryce-Jones yn y Drenewydd – rhagflaenydd Amazon

J. Geraint Jenkins

Yn yr hen ddyddiau allech chi ddim symud o gwbl yng Nghymru heb ddod ar draws rhyw arwydd o'r diwydiant gwlân ym mhob bro. Roedd cannoedd ar gannoedd o ffatrïoedd i'w cael. Y diwydiant gwlân yn ddi-ddadl oedd yr ehangaf a'r mwyaf gwasgaredig o holl ddiwydiannau Cymru. Erbyn 1660, gwlân oedd yn gyfrifol am ddwy ran o dair o holl allforion Cymru.

Roedd nifer o brosesau digon llafurus a chymhleth yr oedd yn rhaid eu cwblhau cyn y gellid troi'r cnu, sef gwlân y ddafad, yn frethyn neu'n wlanen. Yn ei hanfod mae cynhyrchu brethyn yn golygu casglu'r gwlân, ei droelli'n edafedd, gwehyddu'r edafedd yn frethyn, a'r brethyn wedyn yn cael ei droi'n ddilledyn neu'n garthen. Deunydd crai'r diwydiant, wrth reswm, yw gwlân. Cyn diwydiannu'r grefft doedd dim rhaid i deuluoedd fod yn berchnogion ar ddiadelloedd o ddefaid er mwyn cael gafael ar gyflenwad o wlân. Canfuwyd ffordd syml ond effeithiol o gasglu gwlân yn rhad ac am ddim. A merched fyddai'n cyflawni'r dasg honno.

Llinos Thomas

Am bythefnos ar ddiwedd mis Mai neu ddechrau Mehefin bob blwyddyn byddai'r merched yn dilyn y llwybrau y byddai'r defaid yn cael eu gyrru ar eu hyd nhw o'r mynyddoedd i'r marchnadoedd. Yn ystod y teithiau hynny byddai'r defaid yn rhwbio yn erbyn y cloddiau a'r gwrychoedd gan adael llawer o'u gwlân ar ôl. A byddai'r merched hyn, pob un efo ffon yn un llaw a fforc yn y llall, yn casglu'r gwlân hwnnw'n ofalus ac yn mynd ag e gartref.

Ac nid dyna'r unig enghraifft o ddyfeisgarwch y werin bobol.

Y cam cyntaf tuag at fecaneiddio'r broses oedd llunio gwerthyd, sef offeryn syml ar ffurf gwialen bigfain a ddefnyddid yn y cartref i nyddu â llaw. Ond y cam mawr ymlaen oedd perffeithio'r droell nyddu.

Pan ddechreuwyd gwerthu cardiau post yn darlunio Cymru, ar gyfer egin ddiwydiant twristiaeth Oes Fictoria, daeth y Gymraes yn ei het uchel, ddu yn eistedd wrth ei throell yn un o'r delweddau Cymreig mwyaf cyfarwydd – a hirhoedlog. Atgynhyrchir y ddelwedd honno hyd y dydd heddiw ar beth wmbredd o'r nwyddau a werthir mewn siopau crefft a siopau cofroddion ar draws Cymru.

J. Geraint Jenkins

Yn y bedwaredd ganrif ar ddeg fe ddigwyddodd rhywbeth gwirioneddol arwyddocaol. Dechreuodd crefft wledig a oedd yn digwydd yn y cartref droi'n ddiwydiant. Soniwyd eisoes am y droell. Honno oedd y bwysicaf o'r dyfeisiadau technolegol cynnar. Nawr roedd gyda chi ddyfais hwylus i weithio'r edafedd yn y cartref.

Gwaith gwragedd, bron yn ddieithriad, oedd eistedd wrth y droell. Dyna sut y daeth y term Saesneg *spinster* i gael ei ddefnyddio.

Keith Rees

Y droell fawr oedd y droell fwyaf enwog yng Nghymru. Roedden nhw'n gyffredin mewn nifer fawr o gartrefi. Roedd un llaw yn cael ei defnyddio i droi'r olwyn ac roedd y llaw arall yn nyddu. Ar y droell roedden nhw'n gwneud edau ar gyfer y gwehyddion.

O gael edafedd, mae modd dechrau gwehyddu a mynd ati i gynhyrchu brethyn. Yn wreiddiol fe gâi'r gwaith hwnnw ei wneud ar yr aelwyd gartref, ar gyfer defnydd y teulu'n unig, â pheiriant llawer mwy cymhleth a datblygedig, sef y gwŷdd llaw.

Keith Rees
Roedd gwŷdd o'r fath yn cael ei ddefnyddio mewn cartrefi dros Gymru gyfan, er nad pawb oedd yn gallu ei fforddio fe. Gwŷdd parlwr roedd e'n cael ei alw yn ardaloedd Dre-fach Felindre a Chynwyl Elfed.

Byddai'r gwehydd yn gorfod eistedd wrth y gwŷdd a thaflu'r wennol, sef teclyn bychan oedd yn cario edau'r gwead. Roedd e'n waith cymhleth ac roedd e'n galw am gryn ddisgyblaeth i eistedd drwy'r dydd wrth y gwŷdd yn creu patrymau.

Gallwn gael syniad o boblogrwydd y gwŷdd a'r droell wrth nodi eu presenoldeb ar aelwyd Gymreig enwog iawn yn y cyfnod dan sylw. Tua'r adeg y bu farw Ann Griffiths yr emynydd yn 1776 roedd un gwŷdd a phum troell yn ei chartref, Dolwar Fach, yn Llanfihangel-yng-Ngwynfa, sir Drefaldwyn. Trin y gwlân oedd un o orchwylion dyddiol Ann ar fferm a gadwai ddiadell o 80 o ddefaid.

Erbyn y cyfnod hwnnw roedd y Cymry wedi dod i ddeall y gellid elwa'n ariannol o'r busnes gwlân. Roedd mwy iddi na dim ond llwyddo i ddilladu eich teulu eich hun ar yr aelwyd – neu fe ddylai fod mwy iddi na hynny. Daeth gwau a gwerthu sanau yn brif ffynhonnell incwm mewn rhai ardaloedd. Swllt y dydd – £4 yn fras, yn arian heddiw – oedd cyflog gwas fferm ar derfyn y ddeunawfed ganrif. Ond roedd modd gwerthu pâr o sanau o safon uchel am bum swllt. Enghraifft gynnar o arallgyfeirio amaethyddol, ymhell, bell cyn i'r fath derm gael ei fathu am y tro cyntaf erioed.

J. Geraint Jenkins
Roedd gyda chi amryw o ardaloedd lle roedd pobol yn

dibynnu'n gyfan gwbl ar *hosiery*, fel y cyfeirid at y fasnach arbennig honno. Dyna i chi Dregaron, er enghraifft. Roedd menywod Tregaron yn nyddu gwlân du. Doedd e ddim yn dangos baw. Ond fe fyddai'n dal i ddrewi os na fyddech chi'n newid eich sanau a'u golchi nhw!

Roedd gyda chi hefyd ardal y Bala a Gwyddelwern lle byddai'r dynion yn ogystal â'r gwragedd yn gwneud sanau. Ac fe welech chi gannoedd o bobol ar ochr y ffyrdd yn gwau sanau a chapiau, ac yn eu gwerthu nhw i deithwyr y Goets Fawr ar eu ffordd drwy Gymru i Iwerddon. Ac roedd 'na *hosiery merchants* yn dod i mewn i'r ardaloedd hyn o bant i brynu'r cynnyrch a'i allforio fe.

Ar ddiwedd y ddeunawfed ganrif roedd dau gan mil o barau o sanau yn cael eu gwerthu yn ardal y Bala bob blwyddyn. Ar y pryd, roedd y fasnach yn werth £13,000 y flwyddyn. Erbyn heddiw mae hynny'n cyfateb i tua £1.3 miliwn. Mae sôn hefyd fod y brenin Siôr III yn gwisgo pâr o sanau'r Bala. T'aerai'r brenin eu bod nhw'n esmwytho'i gryd cymalau, neu ei wynegon.

Nid yn unig roedd gwneud sanau'n broffidiol ond roedd eu cynhyrchu'n haws ac yn symlach o lawer na chynhyrchu brethyn. Rhaid oedd pannu brethyn. Dyna'r rhan o'r broses sy'n tewychu'r brethyn wrth iddo gael ei guro – ei bannu – drosodd a throsodd gan forthwylion pren. Yn y pandy y digwyddai hynny. Hwnnw, felly, oedd yr adeilad cwbl allweddol yn y broses o droi crefft a ddigwyddai ar yr aelwyd yn ddiwydiant ffatri.

J. Geraint Jenkins

Roedd y pannu'n gwneud y brethyn neu'r wlanen yn fwy cyfforddus ac yn gynhesach i'w wisgo. Roedd e hefyd yn gwneud y defnydd yn fwy parod i gadw glaw rhag ymdreiddio drwy'r dilledyn a gwlychu'r sawl oedd yn ei wisgo at ei groen.

Ond, wrth gwrs, doedd dim lle i ddyfais mor fawr â'r pannwr yng nghartref neb. Roedd 'gwŷdd parlwr' i'w gael, fel y dywedwyd yn gynharach, ond roedd angen adeilad mawr – pandy – ar gyfer pannwr. Ac roedd yn rhaid cael grym dŵr i yrru'r morthwylion. Fe ddatblygodd y diwydiant gwlân, felly, mewn pandai.

Codwyd y pandy cyntaf ym Meifod ym Maldwyn yn yr ail ganrif ar bymtheg. A dwi'n deall taw teulu'r Llwydiaid, y teulu sefydlodd Lloyds Bank, oedd yn gyfrifol am bandy arloesol Meifod.

Cyn dyfodiad y pannwr roedd pob cam o'r broses yn cael ei gwneud â llaw. Y pandy sy'n rhoi sylfaen ddiwydiannol, fasnachol i'r grefft. Rydan ni'n cael syniad pur dda o bwysigrwydd y pandy wrth sylwi ar yr holl enwau llefydd yng Nghymru sy'n cynnwys y gair – dros dri chant ohonyn nhw – o Donypandy ym Morgannwg i Bandy Tudur uwchben Dyffryn Conwy i Nant y Pandy yn Llangefni.

Mae'r unig enghraifft sydd ar ôl o'r math cyntaf o bannwr i'w gweld ym melin Esgair Moel yn Amgueddfa Werin Cymru yn Sain Ffagan. Mae honno'n enghraifft o felin draddodiadol Gymreig o'r ddeunawfed ganrif. Roedd cannoedd o rai tebyg drwy Gymru benbaladr.

Rydym yn tueddu i feddwl am y Chwyldro Diwydiannol, a oedd yn ei anterth ar ddiwedd y ddeunawfed ganrif, fel rhywbeth trefol a dinesig. Ond dim o'r fath beth! Roedd y Chwyldro rhyfeddol hwnnw'n gyfrifol hefyd am drawsnewid y diwydiant gwlân, gan droi crefft wledig yn ddiwydiant o bwys.

J. Geraint Jenkins

Fel roedd y blynyddoedd yn mynd heibio roedd gyda chi bob math o beiriannau'n cael eu dyfeisio a oedd yn chwyldroi'r diwydiant gwlân yn llwyr. Yn lle'r hen gribwr llaw fe ddaeth peiriant pwrpasol i wneud y gwaith yn gyflymach ac yn fanylach. Ac yn lle'r droell nyddu fe ddaeth y *mule* – y mul – ond bod hwn yn llawer mwy ufudd na'r hen fwlsyn.

Ond cyn y *spinning mule* daeth y *spinning jenny*, gafodd ei dyfeisio yn 1765 gan James Hargreaves yn Oswaldtwistle, swydd Gaerhirfryn. Byddai'r peiriannau nyddu newydd hynny'n cael dylanwad aruthrol ar y broses.

Keith Rees

Roedd hwnnw'n beiriant a allai nyddu sawl edau ar yr un pryd. Dyma ddechrau'r diwedd mewn gwirionedd i'r hen droell fawr. Yn y man fe esgorodd y mul nyddu ar fulod a fyddai'n gallu trin pedwar cant o edafedd ar yr un pryd mewn ffatrïoedd enfawr.

J. Geraint Jenkins

Yng Nghymru, y ffatrïoedd a oedd i'w cael eisoes oedd y pandai. Wrth iddi ddod yn amlwg fod mecaneiddio cyflym yn prysur chwyldroi'r diwydiant gwlân, fe ddechreuodd y Cymry a oedd yn ymwneud ar raddfa fasnachol â'r diwydiant symud eu cribwyr a'u nyddwyr i mewn i adeilad y pandy.

Er hynny, digon araf fu melinau Cymru'n mabwysiadu'r dechnoleg newydd. Erbyn 1778 roedd ugain mil o *spinning jennies* yn Lloegr ond doedd dim un ohonyn nhw yng Nghymru tan ar ôl 1800. Y gwahaniaeth mawr bellach oedd fod angen adeiladu ffatrïoedd arbennig a chael cyflenwadau dihysbydd o ynni i yrru'r holl beiriannau newydd hyn.

Yn ystod y cyfnod hwn hefyd fe gafwyd datblygiad tyngedfennol arall – y gŵŷdd pŵer. Mewn dim o dro byddai modd cynhyrchu brethyn fesul cannoedd o lathenni ar y tro yn rhai o'r melinau mwyaf blaengar. Ond faint o'r rheini fyddai'n cael eu hagor yng Nghymru? Cawn yr ateb i hynny wrth fynd ati i ystyried twf a chwymp y Drenewydd yn sir Drefaldwyn fel canolfan wlân.

Yn anochel, yn sgil y mecaneiddio mawr mae'r grefft leol o droelli a gwehyddu yn newid yn llwyr. O ganol y ddeunawfed ganrif ymlaen fe gafodd cannoedd – do, yn llythrennol – cannoedd o ffatrïoedd gwlân eu hagor ar hyd a lled cefn gwlad Cymru. Ond canolfannau pwysicaf y diwydiant gwlân oedd ardal Dre-fach Felindre yn sir Gaerfyrddin a'r Drenewydd yn sir Drefaldwyn.

Hyd at ddiwedd y ddeunawfed ganrif tref farchnad fechan oedd y Drenewydd. Yn 1790 dim ond un gwehydd ac un cynhyrchydd gwlanen oedd i'w cael yn y dref i gyd. Ond o fewn deng mlynedd arall, ar dro'r ganrif, bu newid syfrdanol yn hanes y lle. Cymaint yn wir fu'r newid nes peri i'r Drenewydd yn cael ei chymharu â rhai o drefi diwydiannol mawr gogledd Lloegr.

J. Geraint Jenkins

Llanfair-yng-Nghedewain oedd enw gwreiddiol y Drenewydd ond nawr fe ddaeth hi'n dref newydd yng ngwir ystyr y gair, '*the Leeds of Wales*' fel roedd hi'n cael ei galw. Dyna pa mor bwysig oedd hi.

Y patrwm adeiladu arferol oedd codi tai gefn wrth gefn, rhesi ohonyn nhw. Maen nhw i'w gweld yn y Drenewydd hyd heddiw. Ar lawr uchaf y rhesi hyn, uwchben y tai, fe fyddai gofod mawr, eang, cwbl agored. Yn y gofod hwnnw y byddai'r ffatrïoedd gwlân yn cael eu lleoli.

Rhwng 1801 ac 1831 fe dyfodd poblogaeth y Drenewydd o 990 i 4,550. Roedd agor camlas tua'r dwyrain a chwblhau ffyrdd newydd yn galluogi'r Drenewydd i elwa ar farchnadoedd Manceinion a chymoedd diwydiannol Morgannwg a Mynwy.

J. Geraint Jenkins

Yn 1832 fe adeiladwyd cyfnewidfa wlân yn y Drenewydd, prawf o'i phwysigrwydd cynyddol. Erbyn hynny roedd cynhyrchwyr gwlân y dref wedi cael hen ddigon ar fynd â'u brethynnau a'u holl gynnyrch i'r gyfnewidfa yn Amwythig. Roedd digon o hyder gyda nhw ym mhwysigrwydd eu diwydiant Cymreig fel nad oedden nhw'n teimlo'r angen i ddibynnu ar Saeson Amwythig i fasnachu ar eu rhan a gosod pris ar eu cynnyrch. I gyfnewidfa'r Drenewydd fe ddaeth gwehyddion o Ddolgellau a Machynlleth a Llanidloes, heb sôn am y Drenewydd ei hun, wrth reswm. Ar eu tomen eu hunain yn y Drenewydd y bydden nhw bellach yn taro bargen ac yn gwerthu cynnyrch Cymru i farsiandwyr o Lerpwl a llefydd o'r fath yn Lloegr. Ac yn eu tro fe fyddai'r rheini'n allforio gwlân Cymru dros y byd.

Ond ychydig iawn o'r cyfoeth mawr hwnnw a gafodd ei rannu ymhlith y gweithwyr yn ffatrïoedd gwlân y Drenewydd. Roedd cyflogau'n isel a safonau byw yn druenus o annigonol. Ar derfyn tri degau'r bedwaredd ganrif ar bymtheg bu Comisiwn Brenhinol yn ymchwilio i'r sefyllfa yno. Adroddodd y Comisiynwyr fod gwehyddion y Drenewydd 'yn priodi'n ifanc ac yn marw'n ifanc'.

J. Geraint Jenkins

Ar y pryd dim ond rhyw ddeunaw swllt yr wythnos o gyflog fyddai gwehydd profiadol yn ei gael am ei waith. (Mae hynny'n cyfateb i £39 yr wythnos heddiw.) Roedd yr oriau'n hir, o fore gwyn tan nos. Yn aml byddai perchnogion y ffatrïoedd hyn yn berchnogion hefyd ar siopau bwyd ac yn rhoi eu gwragedd i ofalu am y siopau hynny. Dyma i chi'r hen *Truck Shops* neu'r *Tommy Shops* gormesol. Roedd yn rhaid i weithwyr y ffatrïoedd brynu eu nwyddau yn siopau eu cyflogwyr. Golygai hynny fod y cyflog roedd y perchennog yn ei dalu i'w weithwyr – mewn *tokens*, nage mewn arian go iawn – yn mynd yn ôl i boced y perchennog.

Mewn sefyllfa o'r fath, does dim rhyfedd fod Mudiad y Siartwyr wedi codi calonnau a thanio gobeithion gweithwyr gorthrymedig ffatrïoedd gwlân sir Drefaldwyn. Mae'r enw Siartwyr yn deillio o Siarter y Bobol 1838, siarter oedd yn mynnu hawliau pleidleisio i bob dyn (nid i ferched) a diwedd ar y drefn a oedd yn ffafrio'r perchnogion ar draul y gweithiwr cyffredin. Yn y Drenewydd y cynhaliwyd cyfarfod cynta'r Siartwyr yng Nghymru yn 1838. Ond gwta bedair milltir ar ddeg oddi yno, yn Llanidloes, y trodd y cyfarfodydd yn derfysgoedd.

Mae Llanidloes heddiw yn dref farchnad eithaf llewyrchus. Ond yn negawdau cynta'r bedwaredd ganrif ar bymtheg tref ddiwydiannol oedd hi. Yn 1838 roedd pump ar hugain o ffatrïoedd gwlân yn y dref yn cyflogi wyth gant o ddynion – os mai cyflogi ydi'r gair priodol. Er mwyn ceisio gwella eu hamodau byw fe gafodd y gweithwyr eu denu gan Fudiad y Siartwyr.

Roedd Siartwyr Llanidloes yn cynnal cyfarfodydd mewn nifer o adeiladau, gan gynnwys Gwesty'r Red Lion a'r Trewythen Arms. Bu gorymateb di-alw-amdano o du dynion busnes y dref i'r cyfarfodydd heddychlon hynny. Anfonwyd am dri chwnstabl o Lundain i gadw trefn lle nad oedd anhrefn. Cafodd Thomas Edmund Marsh, un o ddynion mwyaf pwerus Llanidloes, yr hawl i benodi cwnstabliaid arbennig i ymdopi â'r bygythiad o du'r Siartwyr. Fe benododd Marsh dri chant o ddynion, y rhan fwyaf ohonyn nhw'n denantiaid iddo fo.

Yn ystod un o gyfarfodydd y Siartwyr yn y dref ym mis Ebrill 1839 derbyniodd y dorf neges fod y tri chwnstabl o Lundain wedi arestio tri o'r gweithwyr a'u cadw'n gaeth yng Ngwesty'r Trewythen Arms yng nghanol Llanidloes. Gorymdeithiodd y dorf ar unwaith at y gwesty ond roedd hanner cant o gwnstabliaid arbennig Marsh yn amgylchynu'r adeilad. Rhuthrodd y dorf heibio iddyn nhw a rhyddhau'r tri gweithiwr. Yn y cythrwfl fe falwyd y gwesty'n rhacs ac fe anafwyd un o gwnstabliaid Llundain yn ddifrifol.

Anfonwyd dau gant o filwyr i'r dref i geisio cadw'r heddwch. Yn y dyddiau dilynol arestiwyd deg ar hugain o Siartwyr amlwg (gan gynnwys tair menyw) ac fe gawson nhw eu cludo i garchar Trefaldwyn. Arhosodd catrawd o filwyr yn y dref am flwyddyn, ac o'r deg ar hugain a arestiwyd cafodd y mwyafrif gyfnod o flwyddyn yng ngharchar. Ond cafodd tri (gan gynnwys James Morris, gwehydd pedair ar bymtheg oed) eu halltudio i Awstralia.

Mae terfysg y Siartwyr yn Llanidloes yn cael ei gofio'n ddyfeisgar a chrefftus yn nrama gerdd Cwmni Ieuenctid Maldwyn, *Pum Diwrnod o Ryddid*.

Dyna ddangos yn glir inni nad mewn ardaloedd trefol, poblog fel Merthyr Tudful a Chasnewydd yn unig y bu terfysgoedd diwydiannol. Yn y Gymru wledig hefyd, yr un amgylchiadau a'r un anghyfiawnderau oedd yn ysgogi'r gweithwyr i wrthryfela.

Pan dawelodd pethau ar ôl y terfysg aeth perchnogion rhai o ffatrïoedd gwlân Llanidloes ati i fuddsoddi mewn peiriannau newydd. Ond yn rhy hwyr. Roedd ffatrïoedd

Lloegr wedi achub y blaen arnyn nhw ac roedd diwydiant gwlân sir Drefaldwyn ar ei wely angau, ysywaeth.

Gweledigaeth un dyn, Pryce Pryce-Jones (1834–1920), ddaeth ag adfywiad i'r diwydiant ym Maldwyn. Fe sefydlodd y Cymro hynod hwnnw o Lanllwchaearn, ger y Drenewydd, y busnes archebu nwyddau drwy'r post – y busnes catalog – cyntaf erioed. Dyma fusnes rhyngwladol efo'i bencadlys yn y Drenewydd a'i holl fasnach yn cael ei gynnal a'i weinyddu oddi yno, ac oddi yno'n unig. Ymfalchïai Pryce-Jones fod ganddo gan mil o gwsmeriaid ar sawl cyfandir a thri chant o staff yn y Drenewydd i ofalu amdanyn nhw i gyd.

Heb unrhyw amheuaeth roedd o'n athrylith. Pe byddai'r rhyngrwyd i'w chael yn Oes Fictoria, mae'n bur debyg y byddai Pryce-Jones wedi achub y blaen ar Amazon a phob masnachwr ar-lein arall.

Yn wir, roedd ddegawdau lawer o flaen cwmnïau catalog fel Littlewoods a Next – heb anghofio Laura Ashley, oedd â'i phencadlys hithau mewn ffatri sylweddol a agorwyd yn 1967, ddeng milltir yn unig o'r Drenewydd ym mhentref Carno. Erbyn i'r cwmni adael Carno yn 2005, wedi marwolaeth annhymig Laura Ashley ei hun, roedd gan y cwmni hwnnw gatalog hefyd a busnes archebu ar-lein. Ond Pryce-Jones oedd arloeswr y math hwn o siopa.

Dechreuodd y busnes mewn siop fechan lle mae Banc Barclays yn y Drenewydd heddiw. Athroniaeth Pryce-Jones oedd y dylai'r cwsmer allu siopa heb adael clydwch ei gartref, athroniaeth hollol chwyldroadol yn ei dydd.

J. Geraint Jenkins
Fe aeth e ati i sgwennu at bob teulu cyfoethog yng Nghymru i gyflwyno'i hun a'i fusnes: 'I Pryce Pryce-Jones, am a manufacturer of Welsh flannel …' Celwydd

noeth oedd hynny, wrth gwrs! Ond fe esboniodd e y byddai'n falch o gael dilladu'r bobol bwysig hyn a'u cyflenwi gyda charthenni a phlancedi ac ati.

Fe weithiodd y strategaeth farchnata haerllug honno'n rhagorol. Wrth i'r archebion ddechrau dod i mewn byddai Pryce-Jones yn prynu digon o ddefnydd i ateb y galw. Dim mwy a dim llai. Doedd e ddim am wario ar yr un fodfedd o ddefnydd hyd nes y byddai ganddo gwsmer. Ddim ar y cychwyn, ta beth.

Yn sgil llwyddiant yr athroniaeth honno, yn fuan iawn bu'n rhaid iddo symud droeon o fewn y Drenewydd wrth i'r fasnach dyfu. Cyn bo hir doedd yr un adeilad yn y fro a oedd yn ddigon mawr ar ei gyfer. Dyna barodd iddo godi'r clamp o adeilad brics coch mawreddog sy'n ymgodi uwchben y Drenewydd hyd y dydd heddiw. Roedd adeilad mor grand yn haeddu enw crand. Ac fe'i cafodd: The Royal Welsh Warehouse. Cafodd ei agor yn 1895.

Nansi Lloyd Ellis

Roedd o mor llwyddiannus fel bod gan Pryce-Jones ei swyddfa bost ei hun y tu mewn i'r pencadlys mawr newydd, ac mi oedd trên efo tair coets yn mynd i orsaf Euston yn Llundain bob dydd yn unswydd er mwyn cludo parseli Pryce-Jones a'u dosbarthu nhw hefyd mewn gorsafoedd ar hyd y ffordd. Ac roedd hyn bob dydd. Dyna i chi lot o barseli, yntê.

Llythyrau'n unig fyddai'r Post Brenhinol yn eu dosbarthu hyd hynny. Llwyddiant Pryce-Jones yn y Drenewydd a wnaeth i'r llywodraeth gyflwyno Post Parsel am y tro cyntaf erioed.

Nansi Lloyd Ellis

Fe wnaeth o wedyn adeiladu ffatri yn ymyl ei bencadlys a chodi pont i gysylltu'r ddau adeilad. Yn y ffatri honno roedd o'n cynhyrchu dillad a nwyddau gwlân. Nid fo oedd yn cynhyrchu'r wlanen ond y wlanen a'i gwnaeth o'n enwog. Dyma'r brethyn Cymreig y byddai'n ei ganmol i'r cymylau yn ei hysbysebion: '*Olden Time Homespun. A wonder from Wales.*'

Roedd o'n teithio'r byd efo'i wlanen a'i frethyn. Fe fu cyn belled â Melbourne yn Awstralia a thros Ewrop i gyd. Roedd Pryce-Jones yn enwog drwy'r byd ac fe roddodd o hwb anferth i'r diwydiant gwlân yn y Drenewydd ar adeg pan oedd gwir angen hwb ar y diwydiant a'r dref.

Drwy ei weledigaeth a'i ddycnwch a'i ddyfalbarhad llwyddodd Pryce-Jones i ddenu cwsmeriaid o bedwar ban byd, gan gynnwys teuluoedd brenhinol sawl gwlad yn Ewrop. Roedd y diolch am hynny i'r Frenhines Fictoria a'i chysylltiadau teuluol eang ar draws y cyfandir cyfan. Ymffrostiai Pryce-Jones ei fod yn 'manufacturer & merchant by Special Warrant to Her Majesty the Queen & Her Royal Highness the Princess of Wales. Also patronised by Her Imperial Majesty the Empress of Russia, Her Imperial Majesty the Empress of Germany, Her Majesty the Queen of Italy', a llu rhagor o ferched brenhinol eu tras, perthnasau pell ac agos i Fictoria.

Yn absenoldeb unrhyw dystiolaeth i'r gwrthwyneb, tybir i Pryce-Jones ddod i sylw'r Frenhines Fictoria drwy ddefnyddio'r dechneg farchnata a fabwysiadodd ar ddechrau ei yrfa. Anfonodd gatalog ati hi. Roedd hwnnw'n gatalog darluniadol wedi ei ddylunio'n grefftus, y cyntaf o'i fath yn y byd. Yn 1890, bum mlynedd cyn iddo godi'r Royal Welsh Warehouse, roedd Pryce-Jones wedi prynu busnes argraffu yn y Drenewydd yn unswydd er mwyn cynhyrchu ei

Amgueddfa Drefach Felindre

Dirgelwch y tanau

Gwehyddu â llaw yn nechrau'r ugeinfed ganrif

Melin Tregwynt – gwedd newydd ar hen ddiwydiant

gatalogau. Dim ond rhestrau moel o nwyddau a phrisiau, heb lun ar eu cyfyl, fyddai'r siopau mawr yn eu cyhoeddi cyn hynny.

Nansi Lloyd Ellis

Roedd Fictoria'n prynu gwlanen iddi hi ei hun ganddo fo a dilledyn i'w wisgo 'nesaf at y croen'. Mi fyddai hi hefyd yn prynu ar gyfer ei staff yn ei chestyll a'i phalasau, heb sôn am ddwyn enw Pryce-Jones i sylw ei pherthnasau. Unwaith y dechreuodd hwnnw hysbysebu ei gysylltiadau masnachol â'r haen uchaf mewn cymdeithas roedd eraill yn awyddus i brynu ei nwyddau.

Mi oedd Florence Nightingale yn gwsmer iddo fo. Yn wir, yn yr un modd ag mae pêl-droedwyr heddiw yn hyrwyddo dilladau ac esgidiau hamdden, fe ganiataodd y nyrs enwog honno i Pryce-Jones gynhyrchu *'The Nightingale Bed Jacket (Registered)'.*

Does dim tystiolaeth, fodd bynnag, fod Betsi Cadwaladr, y nyrs o Lanycil, ger y Bala, a oedd hefyd yn ymgeleddu'r milwyr yn Rhyfel y Crimea (1853–56), wedi bod yn un o gwsmeriaid Pryce-Jones.

Rhyfel hefyd a ysgogodd Pryce-Jones i ddyfeisio fersiwn cynnar iawn, os nad y cyntaf un, o'r hyn a adnabyddir gennym ni heddiw fel sach cysgu. Dyfeisiodd ei gwmni ddilledyn aml-bwrpas y gellid ei wisgo a rhoi'r corff cyfan i mewn ynddo i fynd i gysgu. Defnyddiwyd ef gyntaf gan filwyr yr Almaen yn Rhyfel Ffrainc a Phrwsia (1870–71).

Ond yn y pen draw doedd dylanwad aruthrol Pryce-Jones hyd yn oed ddim yn ddigon i achub diwydiant gwlân y Drenewydd. Bu'n rhaid iddo fo ychwanegu nwyddau eraill at ei gatalog, megis cotiau a hetiau ffwr. Ac roedd gwaeth i ddod ...

J. Geraint Jenkins

Fe welodd e ei bod hi'n rhatach iddo fe brynu ei *'Real Welsh Flannel'* yn ardal Manceinion a Rochdale. Roedd e'n dal i stampio *'Made in Wales'* ar y dilladau a'r nwyddau roedd e'n eu cynhyrchu. Ac roedd hynny'n ddigon gwir. Yn y Drenewydd roedden nhw'n cael eu cynhyrchu. Ond nid o wlân Cymru roedden nhw'n cael eu gwneud bellach.

Un o'r rhesymau pennaf pam roedd hi'n rhatach prynu gwlanen yng ngogledd Lloegr yn hytrach na'r Drenewydd oedd am fod perchnogion ffatrïoedd Powys wedi gwrthod buddsoddi'n ddigonol mewn peiriannau modern.

Yn eironig iawn, Cymro arall o'r Drenewydd, Robert Owen, oedd un o foderneiddwyr mawr y diwydiant brethyn. Cotwm, nid gwlân, oedd o'n ei gynhyrchu, ond oherwydd ei fod o ar flaen y gad yn ei ddefnydd o dechnoleg newydd aeth y diwydiant yn nhref enedigol Robert Owen yn llai ac yn llai cystadleuol.

Roedd Robert Owen yn ddiwygiwr cymdeithasol ac yn sosialydd yn ogystal â bod yn ddiwydiannwr. Credai y byddai mecaneiddio'r ffatrïoedd o fantais i'r gweithiwr a'r perchennog – yn ysgafnhau baich y naill yn ogystal â llenwi pocedi'r llall. Peiriannau oedd wedi galluogi ffatrïoedd mawr Manceinion, Leeds a Rochdale i werthu eu brethyn yn rhatach o lawer na'r brethyn Cymreig traddodiadol. Bu ymwrthod â'r peiriannau diweddaraf yn ddechrau'r diwedd i'r diwydiant yn y Drenewydd.

J. Geraint Jenkins

Dyna'r camgymeriad mwyaf a wnaeth y perchnogion yn sir Drefaldwyn. Roedd y gwŷdd pŵer wedi dod mewn ond gwrthod yn lân a'i osod yn eu ffatrïoedd wnaethon nhw. Mae'n wir fod ffatrïoedd bach henffasiwn y

Drenewydd wedi dal ati i weithio am amser maith. Ar ôl iddyn nhw ddiflanu ym mhobman arall yn y byd roedden nhw'n dal i fynd yn y Drenewydd. Ond doedd gan y byd mawr bellach ddim diddordeb mewn delio gyda nhw. Roedden nhw'n ddrud, yn araf ac yn analluog i gyflenwi'r archebion mawr a gynhyrchid mewn dim o dro gan y ffatrïoedd ffasiwn newydd. Allforiai gogledd Lloegr dros y byd. Ond galw bychan, lleol yn unig i bob pwrpas, oedd 'na am wlanen a brethyn y Drenewydd.

Arwydd o ddiwydiant a oedd ar farw oedd y ffaith y byddai sawl un o'r hen ffatrïoedd hyn, o chwe degau'r bedwaredd ganrif ar bymtheg ymlaen, 'yn mynd ar dân'. Doedd neb yn holi. Ond roedd gan bawb syniad pur dda sut a pham y cawson nhw eu llosgi.

Erbyn troad y ganrif roedd seiliau technolegol ac economaidd y diwydiant wedi eu chwalu'n chwilfriw. Ond os mai edwino fu hanes y diwydiant ym Mhowys, ar ddiwedd y bedwaredd ganrif ar bymtheg roedd hi'n stori hollol wahanol mewn rhan arall o'r Gymru wledig. Draw yn y gorllewin, yn siroedd Caerfyrddin ac Aberteifi, roedd y dyddiau da ar fin cyrraedd.

Yn Nyffryn Teifi, ar ddechrau'r ugeinfed ganrif, roedd bwrlwm diwydiannol rhyfeddol. Canolwyd y prysurdeb gwyllt hwnnw'n bennaf ar Landysul, Henllan a Dref-ach. Roedd y mwyafrif llethol o'r trigolion yn ymwneud mewn rhyw ffordd neu'i gilydd â'r diwydiant. Roedden nhw naill ai'n gweithio o'u cartrefi neu mewn ffatrïoedd. Yn Nhre-fach Felindre'n unig roedd tair ar hugain o ffatrïoedd gwlân.

J. Geraint Jenkins

Nawr, doedd dim rhyw hanes mawr iawn fod 'na ddiwydiant gwlân wedi bod yn Nyffryn Teifi erioed. Ond eto i gyd, erbyn diwedd y bedwaredd ganrif ar bymtheg roedd hanesydd lleol yn sgwennu fel hyn: 'Nid oes bellach smotyn ar lan afon Teifi lle gellir codi ffatri neu felin arall.' Efallai ei fod e'n gor-ddweud rhyw ychydig. Ond dim llawer. Ac roedd yr holl ddatblygiad wedi digwydd rhwng 1860 ac 1914.

Heb unrhyw amheuaeth, y prif reswm dros bwysigrwydd y diwydiant yn yr ardal honno oedd afon Teifi. Adeiladwyd y rhan fwyaf o'r melinau ar lannau deheuol yr afon lle roedd afonydd cyflym Bargoed, Esger a Siedi yn ymuno ag afon Teifi i greu digonedd o ddŵr parod i yrru'r peiriannau. Ac mae digonedd o olion o'r cyfnod rhyfeddol hwnnw i'w gweld hyd heddiw yn yr ardal. Yn hollol briodol, yno, yn hen ffatri'r Cambrian yn Dre-fach Felindre, y cartrefwyd Amgueddfa Wlân Cymru, dan adain Amgueddfa Genedlaethol Cymru. Drwy hynny rhoddwyd, yn gwbl haeddiannol, yr un gydnabyddiaeth a statws i'r diwydiant gwlân ag a roddir gan yr Amgueddfa i'r diwydiannau glo a llechi.

J. Geraint Jenkins

Wrth reswm, Amgueddfa Wlân Cymru yw'r em ddisgleiriaf yng nghoron y diwydiant. Ond mae olion ffatrïoedd a melinau i'w gweld drwy'r ardal i gyd. Er enghraifft, mae'r Ogof, un o'r hen fusnesau gwau, yn dal i sefyll ar lan afon Esger. Gwau carthenni oedden nhw yno. Y cam cyntaf oedd lliwio'r defnydd yn y pair lliwio – hen, hen enw bendigedig sy'n dwyn i gof chwedlau'r Mabinogi. Wedyn roedd pedwar o wehyddion yn cael eu cyflogi gan berchnogion yr Ogof, y tad a'r mab Ben a William Jones, yn cael eu talu rhwng £15 ac £20 y flwyddyn – symiau sy'n cyfateb heddi' i ddim ond rhwng £1,500 a £2,000 y flwyddyn.

Yna, tua 1898, fe benderfynodd Ben a William

ymestyn y busnes. Doedden nhw ddim yn fodlon bod yn wehyddion yn unig; roedden nhw am fod yn ffatrïwyr. Fe godon nhw adeilad newydd sbon groes y ffordd i'r Ogof a gosod peiriannau yn cael eu gyrru gan nerth y dŵr.

Bu'r busnes yn eithaf llewyrchus am rai blynyddoedd, ond daeth y cyfan i ben yn 1920 pan ddinistriwyd y ffatri mewn tân mawr. Dim ond murddun sydd ar ôl ohoni bellach. Fe soniais i eisoes am ffatrïoedd gwlân yn cael eu llosgi yn ardal y Drenewydd. Roedd tanau o'r fath yn digwydd yn amheus o aml, yn enwedig mewn cyfnodau pan oedd llai o alw am gynnyrch y ffatrïoedd gwlân.

Ond mae un o ffatrïoedd cynharaf Dyffryn Teifi, Dolwion, yn dal ar ei thraed o hyd. Ac mae gan honno gysylltiadau annisgwyl ag Unol Daleithiau America – ac â'r Tŷ Gwyn hyd yn oed.

J. Geraint Jenkins

Perchnogion melin Dolwion hyd at ddiwedd y bedwaredd ganrif ar bymtheg oedd teulu'r Adamsiaid. Ac mi oedd un o'r teulu, Miss Adams – fyddai hi ddim yn arddel ei henw bedydd! – yn fenyw arbennig iawn. Ac yn fenyw uchelgeisiol. Fe drefnodd hi i frethyn a gwlân Dolwion gael ei arddangos yn Ffair y Byd yn Chicago.

Fe gynhaliwyd y ffair enfawr honno yn 1893, ac roedd gan Gymru gryn bresenoldeb yno. Yn ogystal â brethyn Cymru, cafodd mwynau Cymreig fel plwm, aur a chopr eu harddangos gerbron un miliwn ar hugain o ymwelwyr.

Cynhaliwyd hefyd Eisteddfod Ffair y Byd yn Chicago, gyda Gorsedd y Beirdd yn gorymdeithio ac yn goruchwylio'r gweithgareddau. Roedd y neuadd lle cynhaliwyd yr Eisteddfod yn orlawn, gyda chynulleidfaoedd o chwe mil yn tyrru i gael eu swyno gan gorau ac unawdwyr o Gymru. Ond roedd 'na gysylltiad mwy uniongyrchol fyth rhwng ffatri Dolwion a'r Unol Daleithiau ...

J. Geraint Jenkins

Roedd ail Arlywydd America, John Adams o Massachusetts, yn un o ddisgynyddion Adamsiaid ffatri wlân Dolwion yn Dre-fach Felindre. A'i fab e, John Quincey Adams o Boston, oedd chweched Arlywydd America. Dau o Arlywyddion America a'u gwreiddiau yn niwydiant gwlân un o bentrefi bach Dyffryn Teifi.

Ond roedd prif farchnad melinau a ffatrïoedd yr ardal yn llawer nes at adref – yng nghymoedd diwydiannol de Cymru. Diwydiant mwyaf cefn gwlad sir Gâr a Cheredigion oedd yn gyfrifol am ddilladu'r ugeiniau o filoedd o weithwyr a ddenwyd i weithio yn y Rhondda a'r Cymoedd eraill yn anterth y galw byd eang am lo de Cymru. Y diwydiant gwlân oedd y ddolen gyswllt uniongyrchol rhwng y gorllewin a'r dwyrain, rhwng y gwledig a'r diwydiannol.

Roedd gan rai melinau gytundebau penodol efo siopau dillad mewn ardaloedd arbennig. Er enghraifft, roedd cynnyrch melin Pantybarcud i gyd yn mynd i Faesteg, Aberdâr ac Aberafan. Roedd melinau eraill yn cyflenwi busnesau ym Merthyr a Theorci a'r cyfan, mewn gwirionedd, o'r cymunedau glofaol.

J. Geraint Jenkins

Fe fydd yn synnu llawer i ddeall bod perchnogion melinau mwyaf Dyffryn Teifi yn anfon eu gweithwyr bant yn yr haf am wythnos o wyliau. Dyna neis, onid e! Ond roedd 'na reswm am yr 'haelioni' hwn. I lefydd fel Cross Hands a'r Tymbl y bydden nhw'n hala'r gweithwyr

- i ardaloedd diwydiannol y gorllewin. Ac roedd disgwyl iddyn nhw ddod 'nôl o'u gwyliau gydag archebion am frethyn a chrysau gwlanen ac ati o'r ardaloedd hynny. Doedd e, felly, ddim yn hollol beth fyddech chi a fi yn ei alw'n wyliau. Ond, cofiwch, yn y dyddau hynny doedd y gweithiwr cyffredin ddim yn gwybod beth oedd cael mynd ar wyliau. Felly roedd 'na groeso i drefen y gwyliau gwerthu.

Cyfnod euraid Dyffryn Teifi oedd y cyfnod rhwng 1880 ac 1918. Roedd buddsoddi helaeth mewn adeiladau yn yr ardal, gyda rhesi o fythynnod yn cael eu troi'n ffatrïoedd mawrion. Ac yn ddi-os roedd agor rheilffordd Henllan yn 1895 yn ddatblygiad allweddol a'i gwnâi hi'n haws o lawer i anfon cynnyrch y diwydiant gwlân i drefi poblog y de.

J. Geraint Jenkins

Mae'n anodd credu hynny heddi ond roedd galw aruthrol am weithwyr yn Nyffryn Teifi yn y cyfnod hwnnw. Meddyliwch chi am yr holl adeiladwyr a seiri a phob math o grefftwyr a oedd eu hangen i adeiladu'r ffatrïoedd mawr a oedd yn cael eu codi drwy'r fro. Doedd dim digon o lafur i'w gael yn lleol i wneud yr holl waith, ac fe ddechreuwyd dod ag adeiladwyr i mewn o Iwerddon i weithio yn Dre-fach Felindre. Yn anffodus, roedd y Gwyddelod hyn yn creu trafferth ofnadwy yn yr ardal, fel mae rhigwm gan y bardd gwlad enwog Anhysbys yn dangos:

O, claddwch y Gwyddelod
Naw troedfedd yn y baw
A rhowch arnynt yn helaeth
Ffrwyth y gaib a'r rhaw.

A chleddwch hwynt yn ddwfwn
A'r meini o dan sêl
Rhag ofn i'r diawled godi
A phoeni'r oes a ddêl.

Cyn hir, fodd bynnag, roedd gan Dre-fach Felindre a'r byd i
gyd fater llawer mwy difrifol na mistimanars Gwyddelod
sychedig i boeni yn ei gylch. Rhwng 1914 ac 1918 fe
laddwyd deugain mil o Gymry yn y Rhyfel Mawr – ond y
gwirionedd yw fod diwydiant gwlân Dyffryn Teifi wedi elwa
ar y gyflafan, a hynny'n sylweddol iawn. Roedd galw na fu
erioed y fath beth am wlanen a phlancedi a deunydd i wneud
lifrai milwrol ar gyfer y bechgyn a oedd yn ymladd yn y
Ffosydd. Enghraifft nodedig o hynny yw'r archeb a gafodd
un felin fechan yn unig gan y Swyddfa Ryfel yn 1915 –
archeb am chwe mil o grysau.

J. Geraint Jenkins
Er cywilydd iddyn nhw, doedd y Swyddfa Ryfel na
melinwyr Dyffryn Teifi chwaith ddim yn poeni'n
ormodol am safon. Roedd y gwlân yn cael ei gymysgu â
chotwm erbyn hyn i gynhyrchu dilladau rhad dros ben.
A'r rheini'n cael eu hallforio wrth y miloedd o lathenni o
Dre-fach Felindre i'r Fyddin a'r Llynges. Ond ar derfyn y
rhyfel roedd hi'n stori wahanol. Roedd y stwff roedden
nhw wedi bod yn ei gynhyrchu ar gyfer y Lluoedd Arfog
yn israddol iawn. Doedd dim gobaith gwerthu defnydd o
safon mor wael ar y farchnad agored. Neb ei eisie fe! Mi
aeth y defnydd a oedd dros ben o'r Fyddin a'r Llynges ar
y farchnad ac fe aeth hi fel *car boot sale* ein dyddie ni.
Roeddech chi'n gallu prynu brethyn am ddim, bron â bod.

Daeth yr oes aur i ben wrth i bris gwlân ostwng o 54 ceiniog
y pwys yn 1919 i 7 geiniog y pwys yn 1923. Torrwyd

cyflogau a diswyddwyd y gweithwyr, ac ar ben hyn oll aeth glowyr y de ar streic yn 1921. Gan mai'r de diwydiannol oedd y brif farchnad ar gyfer brethyn a gwlanen Dyffryn Teifi ym mlynyddoedd yr heddwch, bu canlyniadau hynny'n drychinebus. Ac fel yn ardal y Drenewydd, wrth i'r diwydiant grebachu bu nifer o ddigwyddiadau amheus yn y dyffryn.

J. Geraint Jenkins

Yr un hen stori eto! Y tanau dychrynllyd 'ma. O 1919 ymlaen roedd gyda chi'r *disastrous fires,* fel roedd y wasg ar y pryd yn cyfeirio atyn nhw.

Er na phrofwyd bod y tanau wedi cael eu cynnau'n fwriadol, daeth y gorllewin i gael ei adanabod fel 'ardal y tanau'. Ac mae'r cof am y tanau hynny'n fyw hyd heddiw.

Towy Cole–Jones

Be oedden nhw'n galw Dre-fach Felindre yn y papurau newydd oedd *The Burning Village.* Ond yn achos ffatri'r Cambrian, lle mae'r Amgueddfa Wlân erbyn heddi, mae'n anodd gweud oedd e'n fwriadol neu oedd y *bearings* yn y peiriannau wedi gordwymo. Fe wnaed difrod i'r Cambrian ond fe lwyddwyd i'w hailagor hi.

Roedd y tanau yn ffatrïoedd gwlân Dyffryn Teifi yn symbol rywsut o dranc y diwydiant drwy'r Gymru wledig. Neu felly roedd hi'n ymddangos ar y pryd. Ond am yr eildro mewn cenhedlaeth daeth rhyfel arall i gynnig achubiaeth fyrhoedlog i ddiwydiant gwlân gorllewin Cymru.

Rhwng y ddau Ryfel Byd parlyswyd Cymru gan ddirwasgiad melltigedig. Roedd y diweithdra a'r tlodi ar eu mwyaf truenus yng nghymoedd y de. Fel yr esboniwyd, roedd ffatrïoedd gwlân sir Gâr a Cheredigion yn dibynnu cymaint ar eu cwsmeriaid yn y Cymoedd fel y bu'r dirwasgiad yn y diwydiant glo bron yn ddigon i sigo'r diwydiant gwlân hefyd.

Roedd y dau ddegau a'r tri degau, felly, yn ddegawdau llwm iawn yn hanes Dyffryn Teifi, ond yna yn 1939 fe gafwyd Rhyfel Byd arall a dychwelodd peth o'r hen lewyrch i orllewin Cymru. Roedd milwyr angen dilladau a phlancedi. Ar derfyn yr Ail Ryfel Byd Rhyfel roedd pedair melin ar ddeg ar agor yn Dre-fach Felindre.

Towy Cole–Jones

Fi oedd un o'r ddau brentis olaf i fynd i mewn i ffatri'r Cambrian ar ddechrau'r rhyfel. Dwi'n cofio cerdded lawr yr hewl yn fy nhrowser bach a mynd i mewn drwy'r iet. Pwy oedd yn aros amdana i efo *watch* yn ei law ond y Bòs Mawr. Finne ddim yn gwybod beth oedd yn f'aros i. Yn y sied wau oeddwn i'n gweitho i gychwyn. Roedd y sŵn yn fyddarol. Yr holl beiriannau'n troi a'r belts yn mynd rownd. Ac yn waeth na'r sŵn oedd ogle'r gwlân. Ogle ofnadw. O'n i'n meddwl ei bod hi'n ddiwedd y byd.

Ond dechre oedd hynny, nage diwedd. Dechre oes o waith yn y ffatri. Dyna oedd fy mywyd i. Bywyd caled. Ond dwi'n dal 'ma.

Erbyn hynny roedd y pwyslais yn symud tuag at gynhyrchu plancedi a dillad gwelyau, er bod gwneud dilladau ar gyfer gweithwyr yn y diwydiannau trymion ac yng nghefn gwlad yn farchnad bwysig o hyd.

Towy Cole–Jones

Pan ddechreuais i, roedden ni'n cynhyrchu ar gyfer y colier bach yn fwy na neb. Roedd yn rhaid iddo fe gael crys gwlanen. Roedd crys gwlanen yn dala'r chwys. Ac roedd bois y diwydiant dur yn gweud yr un peth. *Sweat retention* yw'r term amdano fe. Ac roedd y bechgyn oedd yn gweithio ar y ffermydd eisie crys gwlanen i gadw'r oerni mas ac i'w harbed nhw rhag cael cefnau tost. Roedd y ffatri hefyd yn gwneud gwlanen goch. Fe fyddai pobol yn credu, os oedd cefen tost 'da chi, mewn rhoi gwlanen goch am eich canol. Ro'dd rhai'n ceisio esbonio'r peth drwy weud bod *chemical reaction* oedd yn llesol i'r cefen rhwng y lliw coch a'r wlanen. Dyna'r math o waith oedd yn cadw'r ffatri i fynd.

Ond yn y bôn nid oedd llawer o lewyrch ar y diwydiant yn nyddiau Towy Cole-Jones fel gweithiwr gwlân. Yn yr ugain mlynedd rhwng 1947 ac 1967 cau fu hanes dros hanner cant o felinau. Ond yn y chwe degau fe gafwyd mymryn o obaith wrth i genhedlaeth y Beatles a'r sgert fini gael dylanwad ar Dre-fach Felindre hefyd.

Towy Cole–Jones

Daeth y manijar i mewn i'r ffatri a rhyw ferch gyda fe. Merch *way out* gyda sgarff hir a llygaid wedi'u peintio'n ddu. Ac roedd hi mewn *mini skirt*. Oedden ni'r bois rioed wedi gweld shwd beth!

Fe gyflwynodd y manijar hi inni fel Mary Quant. Doedd yr enw'n golygu dim inni ar y pryd, ond roedd hi eisie inni wneud defnydd ar gyfer *shift dresses* a *mini skirts*. Ac roedd hi moyn inni roi piws a lilac a gwyrdd a glas gyda'i gilydd. Wedodd y bois yn strêt na fydde lliwiau felly gyda'i gilydd byth yn gwerthu. Ond Mary Quant oedd yn iawn. Fe bigodd y trêd lan, diolch iddi hi.

Ond doedd hyd yn oed Mary Quant ddim yn gallu achub y diwydiant gwlân. A'r rheswm pennaf dros hynny oedd methiant perchnogion y melinau i gynnig cyflogau teilwng i'w gweithwyr, a'u methiant i ddenu gwaed newydd i'r diwydiant.

Erbyn heddiw, dim ond deg o felinau gwlân sydd ar ôl yng Nghymru a does 'run ohonyn nhw'n cynhyrchu i'r un graddau ag o'r blaen. Yn yr un modd yn union ag y dirywiodd y diwydiannau trymion, stori o ddirywiad ydi stori'r diwydiant gwlân hefyd.

I bob pwrpas, creiriau hanesyddol neu atyniadau i dwristiaid yw llawer o'r hen ddiwydiannau bellach. Amgueddfa hefyd, fel y soniwyd yn barod, yw un o brif ffatrïoedd gwlân Dyffryn Teifi, yr hen Cambrian Mills yn Dre-fach. Ond maen nhw dal i gynhyrchu brethyn yn un rhan o'r felin.

Llinos Thomas
Mae llawer o'r melinau bellach yn dibynnu ar yr elfen dwristiaeth. Mae pobol yn dod i weld y broses ac yna'n symud draw i'r siop i brynu carthen neu ryw fath o eitem i'w hatgoffa nhw o'u hymweliad.

Raymond Jones
Yn yr Amgueddfa ry'n ni'n dal i wneud yr hyn roedd ffatri'r Cambrian yn enwog am ei wneud ar hyd y blynydde, sef gwlanenni Cymreig traddodiadol mewn lliwiau traddodiadol, coch a du, a choch a gwyrdd a glas. Ry'n ni'n cynhyrchu'r wisg Gymreig ar gyfer menywod, siolau magu babanod, siolau Dydd Gŵyl Dewi. Ar bethau fel'ny ry'n ni'n canolbwyntio.

Mae melinau eraill yn symud oddi wrth frethyn traddodiadol ac yn cyfuno'r hen a'r newydd ar gyfer cynllunwyr y byd ffasiwn. Un o'r rhai mwyaf llwyddiannus yw Melin Tregwynt, sir Benfro. Wedi ei sefydlu yn 1912, mae'r felin fechan honno nid yn unig yn dosbarthu ei chynnyrch trwy ei siopau ei hun yng Nghaerdydd ac

Abergwaun, ond mae plancedi, gorchuddion a chlustogau'r felin i'w gweld mewn siopau *designer* yn Llundain, Efrog Newydd, Paris a Tokyo ac yn rhai o westai gorau'r byd.

Eifion Griffiths

Ry'n ni wedi gweithio gyda chyrff fel y Designers Guild. Beth sy'n bwysig gyda nhw yw'r lliwiau, yn fwy na'r cynllun, a bod yn onest. Ry'n ni wedi dod i amlygrwydd drwy ddefnyddio lliwiau llachar iawn. Yn ogystal â gwerthu dros y byd mae'n clustogau a'n gorchuddion ni wedi bod yn ymddangos yn rheolaidd ar gyfresi teledu Jonathan Ross. Arnyn nhw roedd y gwesteion yn eistedd yn y siots a welir ohonyn nhw yn y *green room* wrth iddyn nhw godi a cherdded ar y set.

Nawr mae 'na symudiad oddi wrth liw at *texture* neu weadwaith – teimlad y defnydd. Ac ry'n ninnau'n cadw lan 'da'r ffasiwn er mwyn ceisio bod ar y blaen i'r ffasiwn!

Gyda dim ond llond llaw o felinau bellach yn cynhyrchu brethyn yng Nghymru, mae'r diwydiant gwlân yn symud i gyfeiriadau hollol newydd. Mae gwlân bellach yn cael ei ddefnyddio fel deunydd insiwleiddio rhagorol, ac yn rhan hanfodol o wneuthuriad Tŷ'r Dyfodol yn Sain Ffagan.

Ond go brin fod hynny'n ddigon i adfer y diwydiant. Diwydiant ddoe yw'r diwydiant gwlân fel cynifer o ddiwydiannau traddodiadol Cymru. Ond mewn cyfnod yn ein hanes pan fo'n pobol ifanc yn heidio o gefn gwlad i'r ddinas a'r rhai sydd ar ôl yn methu fforddio prynu tai, mae hi'n arbennig o chwith ar ôl y diwydiant gwlân, diwydiant a gyflogodd gynifer o bobol y wlad yn y wlad.

Y Gymraeg, Y Chwyldro Diwydiannol a'r Dirwasgiad

Cafodd Cymru ei thrawsnewid yn llwyr gan y Chwyldro Diwydiannol. Yn wahanol i bob cenedl arall yn Ewrop, erbyn 1850 dim ond un rhan o dair o bobol Cymru oedd yn dal i drin y tir am eu bywoliaeth. Fel rhan o'r broses o ddod yn genedl ddiwydiannol, yn ystod hanner cyntaf y bedwaredd ganrif ar bymtheg fe ddyblodd poblogaeth Cymru i ymhell dros filiwn. A dim ond megis dechrau oedd hynny ...

John Davies
Y peth mwyaf dramatig sydd wedi digwydd yng Nghymru yn ystod y ddau gant a hanner o flynyddoedd diwethaf yw twf y boblogaeth. Ganol y ddeunawfed ganrif roedd rhyw hanner miliwn o bobol yn byw yng Nghymru. Erbyn diwedd y bedwaredd ganrif ar bymtheg roedd poblogaeth Cymru'n dipyn dros ddwy filiwn. Am bob Cymro oedd yn bodoli ganol y ddeunawfed ganrif roedd pedwar erbyn dechrau'r ugeinfed ganrif. Mae hwnna yn newid chwyldroadol.

Yr hyn ddigwyddodd oedd fod pobol wedi tyrru o gefn gwlad Ceredigion a pherfeddion Powys i lefydd fel Merthyr Tudful a'r Rhondda, neu i Flaenau Ffestiniog, neu i'r Wyddgrug a Rhosllannerchrugog a Wrecsam.

Drwy hynny, yn y de a'r gogledd, cafwyd yr hyn y gellir ei alw, mewn gwirionedd, yn fewnlifiad mewnol. A'r mewnlifiad hwnnw – mewnlifiad y Cymry Cymraeg – ydi'r elfen hollbwysig yn hanes parhad yr iaith Gymraeg.

John Davies

Cymharwch y sefyllfa yng Nghymru yn yr un cyfnod efo'r sefyllfa yn Iwerddon. Yno hefyd roedd y boblogaeth yn cynyddu'n garlamus yn ystod tri degau a phedwar degau'r bedwaredd ganrif a'r bymtheg. Ond pan fo trychineb y Newyn Mawr yn taro mae rhyw filiwn yn marw mewn dim o dro a miliwn arall yn ymfudo o Iwerddon. A phobol oedd y rhain, bron bob copa walltog ohonyn nhw, o'r ardaloedd gorllewinol, cadarnleoedd yr Wyddeleg. Ac maen nhw'n mynd i lefydd fel Efrog Newydd a Boston – ac i Gymru. Ac fe fedrwch chi ddeall y Gwyddelod sydd wedi goroesi ac a adawyd ar ôl yn Iwerddon yn gofyn y cwestiwn, 'Pa ddiben sydd mewn trosglwyddo'r Wyddeleg i'n plant os nad oes unrhyw bosibilrwydd o gwbl y byddan nhw'n gallu byw yn eu hen gynefin?'

Ond yng Nghymru, wrth gwrs, y sefyllfa yw hyn: mae'r economi yn ddigon cryf i gadw'r boblogaeth yng Nghymru ac yn wir i ganiatáu i'r Cymry ymfudo o fewn Cymru. Yr hyn sy'n digwydd yw fod y Cymry yn coloneiddio eu gwlad eu hunain.

Ac am y rhan helaethaf o'r cyfnod hwnnw, y Gymraeg oedd iaith, unig iaith, y mwyafrif o bobol Cymru. Roedd y rhod yn troi, fodd bynnag. Ar derfyn y bedwaredd ganrif ar bymtheg, roedd poblogaeth Cymru'n tyfu'n gyflymach na phoblogaeth pob gwlad arall yn y byd, ac eithrio Unol Daleithiau America – ac fe gafodd hynny effaith ar yr iaith.

Yng nghyfrifiad 1901 fe welwyd am y tro cyntaf fod Cymru, o drwch blewyn, wedi dechrau ar y broses o newid iaith. Ac o hynny ymlaen, iaith leiafrifol fyddai'r Gymraeg yn ei gwlad ei hun. Fe ddisgynnodd nifer y siaradwyr Cymraeg dan yr hanner am y tro cyntaf yng nghyfrifiad 1901. Ond cael a chael oedd hi. Doedd 50.1% o boblogaeth Cymru ddim yn siarad Cymraeg. Roedd 49.9% o boblogaeth Cymru (929,824) yn siarad Cymraeg.

Ond pethau twyllodrus a chamarweiniol yw ystadegau noeth. O ganlyniad i'r cynnydd aruthrol yn y boblogaeth, roedd *nifer* y siaradwyr Cymraeg yn uwch nag erioed er bod *canran* y siaradwyr wedi gostwng.

Yng nghyfrifiad 1911 bu gostyngiad pellach yng nghanran y siaradwyr Cymraeg, ond y tro hwnnw hefyd cynyddodd y niferoedd. Roedd 977,366 yn siarad Cymraeg, cynnydd o bron i 50,000 ers dechrau'r ganrif. Hynny ydi, a chyfri'r Cymry Cymraeg a oedd yn byw yn Lloegr (80,000 ohonyn nhw yn Lerpwl yn unig) ac yn yr Unol Daleithiau a Phatagonia roedd rhagor na miliwn o bobol yn siarad Cymraeg – dwywaith yn fwy nag oedd yna yn nyddiau Owain Glyndŵr a oedd wedi cael ei eni yng nghanol y bedwaredd ganrif ar ddeg.

Hywel Teifi Edwards

Ar ddechre'r ugeinfed ganrif roedd niferoedd y Cymry Cymraeg, o'n safbwynt ni heddi, yn rhyfeddol o iach. Rhyw filiwn o bobol yng Nghymru yn siarad Cymraeg, a hanner cant y cant o boblogaeth Gwent a Morgannwg yn siarad Cymraeg, yn ôl cyfrifiad 1901. Fydde dyn yn meddwl bod pethe'n ardderchog.

Y Gymru ddiwydiannol – y pyllau glo a'r chwareli – oedd wedi cynnal y genhedlaeth niferus hon o Gymry Cymraeg. Ym mlynyddoedd cynnar yr ugeinfed ganrif byddai'r Gymru ddiwydiannol yn cyrraedd ei hanterth. Yn 1913, blwyddyn brysura'r diwydiant glo Cymreig, fe fyddai deng miliwn o dunelli o lo yn cael eu hallforio o ddociau Caerdydd yn unig.

Dyna binacl twf diwydiannol a oedd wedi para canrif a

Ffwrneisi Dowlais tua 1870

Chwarelwyr yn Chwarel Cilwern

*Recriwtiaid y Ffiwsilwyr Brenhinol Cymreig yn Llandudno cyn iddynt
dderbyn eu lifrai, 1915*

*Arwest Glan Geirionydd 1865 –
yn wahanol i'r Eisteddfod Genedlaethol yn y cyfnod, câi hon ei chynnal yn
y Gymraeg yn unig*

hanner. Dirywio wnâi'r diwydiannau trymion o hynny ymlaen. A dirywio'n gyflym iawn. Fyddai pethau byth yr un fath ar ôl y Rhyfel Mawr.

Fe gollwyd deng miliwn o fywydau yn y Rhyfel Byd Cyntaf rhwng 1914 ac 1918. Yn y cyd-destun hwnnw nid yw'r 40,000 o Gymry a laddwyd, o leiaf eu hanner nhw'n Gymry Cymraeg, yn ffigwr enfawr. Ond i wlad fach roedd hi'n golled enbyd, ac fe gafodd y golled honno ei theimlo drwy Gymru. Ni wnaeth unman osgoi 'y rhwyg o golli'r hogiau'.

Dynion ifanc oedd y dynion a laddwyd yn y Rhyfel Mawr, ac roedd colli cynifer o siaradwyr Cymraeg o un genhedlaeth yn ergyd i'r iaith. Fe gawson nhw eu hamddifadu o'r cyfle i briodi a magu teuluoedd. Oherwydd natur y gymdeithas ar y pryd, yn y de a'r gogledd fel ei gilydd, teg yw dyfalu y byddai cyfran sylweddol o'r milwyr a laddwyd wedi priodi merched Cymraeg, a magu teuluoedd Cymraeg. Un o nodweddion bywyd Cymru – a Phrydain o ran hynny – ar ôl y Rhyfel Mawr oedd y nifer o ferched a arhosodd yn ddibriod drwy gydol eu hoes, am y rheswm syml fod yna brinder dynion ifanc. Hyd yn oed i'r rhai ymddangosiadol ffodus, y rhai a ddychwelodd yn fyw o'r rhyfel, doedd Cymru bellach ddim yn gallu cynnig rhyw lawer o gysur na chynhaliaeth iddyn nhw.

Bob Morris

Mi oedd y cyfnod yn arwain i fyny at y Rhyfel Byd Cyntaf yn gyfnod o gynnydd sylweddol, ac mi oedd 'na optimistiaeth ynglŷn â'r dyfodol. Ond, wrth gwrs, gyda dyfodiad y Rhyfel, ac erchyllterau'r profiad hwnnw, fe chwalwyd y gobeithion hynny. Mi oedd y gred mewn cynnydd, mewn gwelliant parhaol, wedi diflannu ac er bod 'na ymdrechion i greu gwlad deilwng o'i harwyr rhyfel, chafodd y gobeithion hynny ddim eu gwireddu.

Mi drawodd y llong honno ar greigiau argyfwng economaidd.

Mae dau Gymro Cymraeg yn rhannol gyfrifol am hynny. Ymhlith y gwladweinwyr a gyfarfu ym Mhalas Versailles yn 1919 roedd Lloyd George o Lanystumdwy, Prif Weinidog Prydain, a Billy Hughes o Landudno, Prif Weinidog Awstralia. Pennu'r iawndal y byddai'n rhaid i'r Almaen ei dalu am fynd â'r byd i ryfel oedd pwrpas cynhadledd Versailles. Hynny ac ail-lunio map y byd. Ond os mai cosbi'r Almaen oedd y bwriad, roedd Cymru ymhlith y gwledydd a ddioddefodd waethaf yn sgil y fargen gibddall a gafodd ei tharo yn Versailles.

Bob Morris

Mi oedd glo de Cymru, yn enwedig y glo ager oedd yn cael ei ddefnyddio i yrru llongau, yn amhrisiadwy, bron. Mi oedd mwy neu lai holl lyngesau'r byd yn defnyddio glo Cymru. Ond, wrth gwrs, yn sgil y Rhyfel Mawr, ar ôl rhyw gyfnod byr o lewyrch i fyny at 1921, beth ddigwyddodd oedd fod yr hen gwsmeriaid ffyddlon wedi troi at ffynonellau newydd o ynni.

A glo'r Almaen oedd un o'r ffynonellau hynny. Wrth i'r Almaen gael ei gorfodi i werthu ei glo am bris chwerthinllyd o isel fel cosb am ryfela, fe gafodd y farchnad lo ryngwladol ei bwrw oddi ar ei hechel. Yn fwy niweidiol byth, roedd llyngesau'r byd yn prysur sylweddoli, yn sgil y datblygiadau peirianyddol diweddaraf, fod llongau a oedd yn cael eu gyrru gan olew yn gallu teithio'n gyflymach, ac yn llawer iawn pellach heb orfod ail-lenwi â thanwydd, na llongau a oedd yn cael eu tanio gan lo. Doedd glo gorau'r byd – ac at ddibenion morwrol, glo ager Cymru oedd hwnnw'n ddi-ddadl – ddim yn gallu cystadlu bellach ag olew.

Rhwng y ddau Ryfel Byd hefyd fe ddaeth yn amlwg fod perchnogion pyllau glo Cymru wedi bod yn bechadurus o araf i fuddsoddi mewn mecaneiddio'r pyllau, yn wahanol i berchnogion pyllau Lloegr a'r Alban. Canlyniad hynny oedd gwneud glo Cymru yn anghystadleuol. O fod, gynt, ar flaen y gad, bellach pyllau de Cymru oedd â'r cynnyrch isaf, y costau uchaf a'r elw lleiaf yng ngwledydd Prydain. Gan fod Cymru mor ddibynnol ar y diwydiant glo bu hynny'n ergyd ddifrifol i Gymru, yn ddiwydiannol ac yn ddiwylliannol.

John Davies

Erbyn dau ddegau'r ugeinfed ganrif, yn union wedi'r Rhyfel Byd Cyntaf, o'r ddwy filiwn a hanner o bobol a oedd yn byw yng Nghymru, roedd yn agos i 300,000 ohonyn nhw'n lowyr. Cymerwch chi eu gwragedd a'u plant nhw, ac nid yn unig y rheini, ond gweithwyr y rheilffyrdd a oedd yn cario'r glo, pobol a oedd yn gweithio yn y porthladdoedd yn cludo'r glo, pobol oedd yn cadw siopau yn y maes glo, roedden nhw i gyd yn dibynnu ar y diwydiant glo. Felly, fe fyddwn i'n dweud bod o leiaf hanner poblogaeth Cymru erbyn dechrau dau ddegau'r ugeinfed ganrif yn uniongyrchol ddibynnol ar un diwydiant.

Wrth i'r diwydiant glo grebachu cafodd yr effaith ei theimlo ymhell tu hwnt i gymoedd y de-ddwyrain. Mewn dim o dro fe ddirywiodd Cymru o fod yn wlad ddiwydiannol gyfoethog i fod yn wlad o ddiweithdra ac anobaith. Dyma ddechrau dirwasgiad economaidd torcalonnus a fyddai'n para am y rhan helaethaf o'r dau ddegau a'r tri degau. Nid Cymru'n unig a gafodd ei tharo gan y dirwasgiad hwnnw, wrth reswm. Ond fe ddechreuodd y dyddiau main yn gynharach ac fe wnaethon nhw barhau'n hirach yng Nghymru nag yng ngweddill gwledydd Prydain.

John Davies

Mae'r broblem yn cyrraedd ei hanterth yng Nghymru ym mis Awst 1932 gyda 42 y cant o weithwyr yswiriedig Cymru yn ddi-waith. Ond mae'r ffigwr hwnnw yn cuddio sefyllfaoedd llawer iawn gwaeth mewn mannau. Ym Mryn-mawr, er enghraifft, ar ffiniau Mynwy a Brycheiniog, mae canran y di-waith yn agosach at 90 y cant. Ac roedd ffigwr tebyg ym Mrymbo, ger Wrecsam, a ffigwr dim llawer llai yn Nowlais, Merthyr Tudful.

Yn anochel, fe fu dioddefaint o'r fath yn wirioneddol niweidiol i Gymru'n gyffredinol, ac i'r iaith Gymraeg yn benodol. Rhwng 1925 ac 1939, gadawodd bron i 400,000 o Gymry eu gwlad a'i thlodi, a symud oddi yma i fyw – y mwyafrif ohonyn nhw i Loegr. Nid mewnfudo mawr y degawdau blaenorol danseiliodd y Gymraeg yn y Cymoedd. Yr allfudo wnaeth hynny.

O ganlyniad i'r chwalfa honno, mewn sawl ardal roedd y Gymraeg wedi ei chyfyngu i'r capeli, a dim ond yr henoed yn bennaf oedd ar ôl i geisio cynnal y rheini. Fyddai hi ddim yn deg, fodd bynnag, ceisio dadlau, fel y gwnaeth rhai sylwebyddion diweddar, mai dim ond 'Crefydd' a'r 'Gymraeg' a'r 'Nefoedd' oedd yn mynd â bryd y capeli yn ystod y dirwasgiad.

Catrin Stevens

Roedd y capeli hefyd yn ymwybodol iawn o'u rôl gymdeithasol – nid yn unig o'u rôl ysbrydol – ac mae'n rhaid cofio hynny. Roedden nhw'n cynnal ceginau cawl i helpu'r anghenus. Roedden nhw hefyd yn ceisio cynnal ysbryd y bobol trwy drefnu eisteddfodau, yn y Gymraeg a'r Saesneg, a thrwy'r holl gorau a oedd ynghlwm â'r capeli – corau cymysg, corau meibion a chorau merched.

Yn y blynyddoedd cyn y Rhyfel Mawr roedd gwleidyddiaeth, crefydd a'r Gymraeg wedi cyd-fyw. Yn y Gymraeg y byddai Mabon – William Abraham, Aelod Seneddol Rhyddfrydol y Rhondda a llywydd Ffederasiwn y Glowyr (y Ffed) – yn annerch y gweithwyr. Dull Mabon o gadw trefn ar dyrfa a oedd yn dechrau troi'n gecrus oedd cael y dynion i ganu emyn. Am gyfnod roedd y dacteg honno'n gweithio, ond darfod wnaeth hen ffordd Gymreig a Chymraeg Mabon o wleidydda.

Er y 1830au dwy blaid wleidyddol, i bob pwrpas, oedd yna ym Mhrydain – y Rhyddfrydwyr a'r Torïaid. Lai na chanrif yn ddiweddarach, fodd bynnag, ynghanol y dirwasgiad, roedd y Cymry'n prysur gofleidio efengyl newydd – sosialaeth.

Deian Hopkin

Os edrychwch chi ar wreiddiau'r mudiad sosialaidd yng Nghymru, fe gewch chi enwau fel R. J. Derfel, W. J. Gruffydd, Gwili Jenkins, T. E. Nicholas – Niclas y Glais – beirdd a llenorion. Roedd hyd yn oed Kate Roberts wedi ymuno â'r mudiad Llafur cynnar iawn, cyn y Rhyfel Byd Cyntaf. Roedd rhai o'r sosialwyr cynnar hyn yn credu hefyd y gellid creu rhyw fath o ddelfryd sosialaidd o fewn Cymru. Y drafferth oedd hyn: doedd hynny ddim yn siwtio'r gyfundrefn sosialaidd ym Mhrydain efo'i phwyslais ar y rhyngwladol. Roedd pethau 'pwysicach' na'r Gymraeg i ymboeni amdanynt. Drwy hynny, felly, fe gollodd y Cymry y sonies i amdanyn nhw nawr y ddadl i raddau. Fe allfudodd llawer o'r rheini i greu Plaid Genedlaethol Cymru. Ond allan o wreiddiau sosialaidd y daeth llawer o'r cenedlaetholwyr cynnar.

Ond beth bynnag oedd gwreiddiau gwleidyddol y Cymry, roedd y Gymraeg ynghanol argyfwng gwirioneddol. Yn eu hanobaith fe ddaeth llaweroedd o bobol Morgannwg a Mynwy'n arbennig i'r casgliad yn ystod y Dirwasgiad nad oedd diben trosglwyddo'r iaith i'w plant. Os oedden nhw'n gorfod gadael y Cymoedd a symud i Loegr i chwilio am waith, fyddai'r Gymraeg yn dda i ddim iddyn nhw yn Slough neu Dagenham. Dyna, gydag adlais iasol o'r hyn a ddigwyddodd yn Iwerddon yn dilyn y Newyn Mawr, sut yr ymresymai peth wmbredd o deuluoedd Cymraeg y Cymoedd dirwasgedig.

Doedd rhagolygon yr iaith at y dyfodol ddim yn rhyw galonogol iawn hyd yn oed yn y gorllewin gwledig. Bob blwyddyn rhwng 1930 ac 1939, roedd mwy o farwolaethau nag o enedigaethau yn siroedd Môn, Caernarfon, Meirionnydd a Cheredigion. Y rhain oedd y siroedd Cymreiciaf. Yn amlwg, os na fyddai pethau'n newid, marw hefyd fyddai'r Gymraeg.

Mae'r dystiolaeth i gyd yn dangos mai gwlad o dan warchae oedd Cymru yn y blynyddoedd ar ôl y Rhyfel Mawr. Roedd y gyflafan erchyll honno wedi ei gwneud hi'n boenus o amlwg fod ffawd Cymru ynghlwm wrth ffawd gweddill y byd. Byddinoedd tramor oedd wedi cipio cenhedlaeth gyfan o Gymry ifanc. Ac roedd glo tramor wedi bod yn elfen yn y broses o danseilio hyder a ffyniant economaidd Cymru.

Ar yr wyneb doedd bywyd yn yr ardaloedd gwledig ddim wedi newid ryw lawer. Ar y fferm a'r tyddyn, y ceffyl nid y tractor oedd y brenin o hyd. Doedd dulliau'r bugail o ofalu am ei braidd, a'r modd y byddai'r gymdeithas gyfan yn dod at ei gilydd i gydweithio – ac i gymdeithasu – ar ddyddiau cneifio ac adeg y cynhaeaf, ddim wedi newid chwaith. Ond doedd yr ardaloedd amaethyddol ddim wedi gallu osgoi effaith y

Rhyfel Mawr. Cafodd hyder Cymru gyfan ei ysgwyd gan y profiad hwnnw.

Bob Morris

Mae o i'w weld yn llenyddiaeth y cyfnod: Kate Roberts yn sôn am gymdeithas yn colli ei diniweidrwydd wrth i ddynion ifanc oedd wedi cael eu magu mewn cymdeithasau clòs gwledig, capelyddol, gael eu hyrddio i fwrlwm llygredig rhyfel yn ei holl eithafion – a phrofi pethau na ddylai neb orfod eu profi o gwbl.

Wnaeth 'y newyddfyd blin' y canodd R. Williams Parry amdano ddim cilio pan ddaeth yr heddwch. I'r gwrthwyneb yn llwyr, erbyn y dau ddegau roedd yna deimlad fod y byd mawr y tu allan wedi llwyddo i dreiddio i bob cornel o Gymru.

Roedd y Cymry wedi bod yn gyfarwydd â'r trên ers hanner canrif neu ragor. Ond, yn amlwg, dim ond o orsaf i orsaf roedd y trên yn gallu mynd, ar gledrau rheilffyrdd gosodedig. Pan ddaeth y car modur, roedd hwnnw'n gallu mynd i bobman, hyd yn oed i'r pentrefi mwyaf anghysbell. Ofnai llawer iawn o Gymry dylanwadol y byddai'r car a'r bws yn cludo gwerthoedd estron, Seisnig, i galon y Gymru Gymraeg.

Ond rhesymodd Syr Ifan ab Owen Edwards y gellid defnyddio'r chwyldro hwn ym myd trafnidiaeth i ddod ag ieuenctid Cymru at ei gilydd. Yn 1922 sefydlodd Urdd Gobaith Cymru. Efo'i rhwydwaith o adrannau, gwersylloedd ac eisteddfodau cylch, sir a chenedlaethol, mae'r Urdd yn dal i ddarparu amrywiaeth o weithgareddau ar gyfer pobol ifanc, a hynny drwy gyfrwng y Gymraeg. Ond fedrai hyd yn oed mudiad torfol fel yr Urdd ddim gwrthsefyll y cyfryngau torfol. A'r mwyaf poblogaidd o ddigon o'r rheini oedd y sinema. Erbyn 1920 roedd dros 250 ohonyn nhw drwy bob cwr o Gymru. Roedd y Cymry wedi gwirioni ar fynd i'r pictiwrs. Yr adeg honno roedd hanner y boblogaeth, neu ragor na hynny, yn mynd i weld ffilm o leiaf unwaith yr wythnos.

John Davies

Yr un ffilmiau fyddai gyda chi, dwedwch, yn Llangefni a Ffestiniog ag a fyddai gyda chi yn Ipswich neu Dundee. Hynny yw, yn ei hanfod roedd e'n gyfrwng rhyngwladol, un oedd yn darparu dim ar gyfer anghenion penodol Cymru.

Roedd yn rhaid i bobol deithio o'u cartrefi i weld ffilmiau – ond roedd un o'r cyfryngau torfol newydd yn dod yn uniongyrchol drwy'r awyr i gartrefi'r Cymry. Y radio oedd hwnnw.

Dechreuodd y BBC ddarlledu o Gymru yn Chwefror 1923 o orsaf Caerdydd. Doedd dim un Cymro na Chymraes yn cael eu cyflogi yno, a doedd dim un rhaglen yn y Gymraeg yn unig yn cael ei darlledu, er y byddai ambell gân Gymraeg ac ambell sgwrs Gymraeg yn cael eu cynnwys oddi fewn i raglenni Saesneg. Yn wir, ar un adeg, yr unig raglenni radio hollol Gymraeg oedd y rheini a ddarlledid yn wythnosol gan Radio Éireann a fanteisiai ar y ffaith fod rhaglenni o Iwerddon yn cyrraedd cartrefi gorllewin Cymru yn ddirwystr ar draws y môr. Ond ni allai'r Gymraeg ddibynnu'n unig ar ewyllys da'r Gwyddelod. Rhaid oedd Cymreigio'r BBC.

W. J. Gruffydd, Athro'r Gymraeg yng Ngholeg Prifysgol Caerdydd, oedd un o arweinyddion Cylch Dewi, yr ymgyrch dros sicrhau chwarae teg i Gymru a'r Gymraeg ar donfeddi'r radio. Cofier mai'r radio oedd y cyfrwng grymusaf o ddigon ar aelwydydd Cymru yn y cyfnod cyn goruchafiaeth y teledu.

John Davies

Fe gafwyd yn 1937 y rhanbarth Cymreig, y Welsh Home Service, gyda'i bencadlys yng Nghaerdydd ond gydag adran fywiog iawn hefyd ym Mangor. Ac yn wir mae hynny'n garreg filltir bwysig iawn. Chafwyd bron yr un hwb arall o fath yn y byd i'r Gymraeg yn y cyfnod rhwng y rhyfeloedd heblaw am sefydlu rhanbarth Cymreig y BBC. Dwi'n credu, mewn cyfnod a oedd yn eithaf hesb o unrhyw fath o enillion cenedlaetholgar, y gallwn ni weud bod y fuddugoliaeth honno yn un hynod, hynod arwyddocaol.

A buddugoliaeth oedd hi a ddeilliodd o'r ffaith fod y Cymry eisiau i'r Gymraeg berthyn i fyd newydd y radio – nid i'r oes a fu. Mantais fawr y radio o safbwynt caredigion yr iaith Gymraeg oedd fod y gwasanaeth cyfan yn cael ei reoli gan un awdurdod. Roedd gan fudiad fel Cylch Dewi un targed amlwg i anelu ato, sef y BBC. Ond doedd pob un o'r cyfryngau torfol ddim yn darged mor hawdd.

Mentrau preifat oedd y papurau newydd Saesneg. Doedd yna ddim corff canolog yn eu rheoli nhw. A does dim modd gorbwysleisio dylanwad papurau newydd Lloegr ar Gymru'r cyfnod.

John Davies

Erbyn dau ddegau'r ugeinfed ganrif mae poblogrwydd faniau modur yn caniatáu i bapurau fel y *Daily Mirror* a'r *News of the World* gael eu dosbarthu nid yn unig i'r trefi mawrion ond i bentrefi bach hefyd. Ac maen nhw – er yn eithaf bas – yn llawer llawer iawn mwy joli na rhai o gyhoeddiadau'r Methodistiaid Calfinaidd oedd yn gallu bod yn drwm a phietaidd. Does dim rhyfedd felly fod y bobol yng Nghymru wedi troi i'w darllen nhw yn hytrach na'r *Drysorfa*. A bron na allech chi ddweud bod llawer iawn o Gymry Cymraeg wedi dod yn fwy cyfarwydd erbyn diwedd y dau ddegau â darllen Saesneg yn hytrach na darllen Cymraeg.

Ond mae'n bwysig nodi nad deunydd crefyddol oedd yr unig newyddiaduraeth a gyhoeddid yn y Gymraeg. Roedd gwasg Gymraeg doreithiog i'w chael, yn arbennig felly yng Nghaernarfon, ac mewn mannau eraill megis Dinbych, Lerpwl ac Aberdâr, heb sôn am bapurau Cymraeg Gogledd America a'r Wladfa ym Mhatagonia. Ond mae'n berffaith wir fod y Cymry Cymraeg mewn llefydd fel sir Gaernarfon wedi cael blas anghyffredin ar ddarllen y wasg Saesneg fwy neu lai'n syth ar ôl i'w chynnyrch ddechrau cyrraedd yr ardaloedd gwledig. Y tristwch yw fod hynny wedi digwydd ar draul y wasg Gymraeg. Efallai mai Seisnigrwydd y gyfundrefn addysg oedd yn gyfrifol am hynny. Fwyfwy ystyrid y Gymraeg yn iaith y capel. Y Saesneg oedd iaith y byd a'i bethau. Ac fel y soniwyd ynghynt, roedd amharodrwydd y wasg Gymraeg, yn wahanol i'r papurau lleol cyfrwng Saesneg, i roi sylw i hynt a helynt timau pêl-droed llefydd fel Llanberis yn eu dieithrio oddi wrth drwch y boblogaeth.

Roedd hynny'n greulon o eironig. Yr union adeg yr oedd y werin Gymraeg yn ymserchu am y tro cyntaf yn y wasg Saesneg, roedd safon y gwaith llenyddol a oedd yn cael ei ysgrifennu yn Gymraeg yn uwch nag yr oedd wedi bod ers canrifoedd – ers cyfnod Beirdd yr Uchelwyr, bum can mlynedd ynghynt.

Derec Llwyd Morgan
Drwy'r bedwaredd ganrif ar bymtheg, o ddyddiau'r geiriadurwr William Owen Pughe oedd yn edrych ar bethau'n rong, hyd at ddyddiau'r Bardd Newydd oedd

yn chwilio am 'Ystyr' popeth, a hynny mewn iaith chwyddedig, roedd 'na duedd mewn llawer o Gymry i ysgrifennu ac areithio mewn ffugiaith ddychrynllyd. Mae Thomas Parry mewn un ysgrif yn rhoi inni enghraifft o hynny. Mae'r enghraifft yn ddigon diniwed ond mae'n werth ei ddarllen: 'Gwnaeth y bachgen ei feddwl i fyny i bresenoli ei hun yn nhŷ ei feistr pan fyddai'r haul yn gwneud ei ymddangosiad y diwrnod dilynol.' Fel hyn y dylai hi fod: 'Penderfynodd y bachgen fod yn nhŷ ei feistr gyda'r wawr drannoeth.'

Mae'r clod am buro'r Gymraeg o'r fath rwtsh yn ddyledus i un dyn.

Derec Llwyd Morgan
John Morris-Jones a benderfynodd sgwrio'r iaith a'i chael yn lân o'r hen Seisnigrwydd 'ma, o'r chwyddfawredigrwydd yr oedd pobol wedi'i roi ynddi hi. Wel, shwt, meddech chi? Yn syml, drwy safoni'r sbelio, yn *Orgraff yr Iaith Gymraeg* (1928) a chyn hynny yn *Welsh Orthography* (1893). Fe wnaeth e ddisgrifio'r Gymraeg o'r newydd yn gampus yn ei ramadeg mawr, *A Welsh Grammar, Historical and Comparative* (1913) a thrwy bregethu'r un bregeth wrth feirniadu yn yr Eisteddfod Genedlaethol o flwyddyn i flwyddyn – a thrwy esiampl.

Ar ddechrau'r ugeinfed ganrif hefyd, daeth cenhedlaeth o feirdd a llenorion Cymraeg gwirioneddol alluog i amlygrwydd.

Robin Chapman
Yn Eisteddfod Genedlaethol Bangor yn 1902 dyma awdl 'Ymadawiad Arthur', T. Gwynn Jones yn cipio'r

Gadair, ac mae'n creu chwyldro. Ac mae'n creu hefyd ddadeni mewn llenyddiaeth Gymraeg. Am y chwarter canrif nesaf, 'Ymadawiad Arthur' a chanu yn null T. Gwynn Jones ydi'r Safon Aur, ac mae'n denu llenorion mawr i'r maes, pobl rydan ni'n dal i'w hastudio fel y rhai mwyaf cynrychioladol o farddoniaeth orau'r ugeinfed ganrif.

Fe gafodd y bwrlwm creadigol hwnnw lwyfan teilwng yn 1922 pan ddechreuwyd cyhoeddi'r cylchgrawn dylanwadol *Y Llenor*, dan olygyddiaeth yr Athro W. J. Gruffydd.

Robin Chapman

Y Llenor oedd llwyfan y byd academaidd Cymraeg o 1922 hyd 1951. Dyna oedd y lle i gael cyhoeddi'ch gwaith ac mae'n gylchgrawn sy'n denu'r enwau mawr. Mae'r *Llenor* hefyd yn beirniadu llenyddiaeth mewn ffordd broffesiynol am y tro cyntaf.

Mae holl gynnwrf a chyffro oes aur llenyddiaeth Gymraeg yr ugeinfed ganrif i'w canfod yn ôl-rifynnau'r *Llenor*. Ac yn wahanol – yn hollol wahanol – i lenyddiaeth y ganrif flaenorol, roedd barddoniaeth Gymraeg y cyfnod yn heriol a chyffrous.

Daeth 'Mab y Bwthyn', cerdd Cynan am brofiadau milwr o gefn gwlad yn ymladd – ac yn ymblesera – yn Ffrainc yn ffefryn mawr. Roedd pobol yn ei dysgu hi ar eu cof. Mor ddiweddar â Thachwedd 2013, ar ei gwely angau yn 88 oed, roedd fy mam yng nghyfraith yn dal i adrodd rhannau o'r gerdd.

Roedd T. H. Parry-Williams gyda'r cyntaf – ymhell cyn Samuel Beckett – i fynd i'r afael ag anffyddiaeth a gwacter ystyr. Mentrodd ofyn:

> Beth ydwyt ti a minnau, frawd,
> Ond swp o esgyrn mewn gwisg o gnawd?

Ac yn Eisteddfod Pont-y-pŵl yn 1924, enillwyd y Goron am gerdd hoyw – cerdd Prosser Rhys yn clodfori perthynas sydd ymhell o fod yn blatonaidd rhwng dau ddyn.

Mae'n wir nad oes rhyw yng ngwaith Kate Roberts, er mai ei gŵr hi, Morris Williams, oedd un o'r ddau gariad yng ngherdd led hunangofiannol Prosser Rhys. Ond nid rhyw yn unig sy'n absennol o waith Kate Roberts. Does yna fawr o grefydd chwaith yn ei straeon a'i nofelau. Mae ei chymeriadau yn mynd i'r capel ond nid pobol grefyddol ydyn nhw.

Y chwithdod ydi mai blynyddoedd y cyfoeth llenyddol oedd blynyddoedd y tlodi cymdeithasol yn ogystal. Pwy fyddai ar ôl i ddarllen llenyddiaeth Gymraeg a phobol Cymru'n gorfod dianc i Loegr wrth eu cannoedd o filoedd o grafangau tlodi a diweithdra? Yn wir, pwy fyddai ar ôl i siarad Cymraeg? Ac wrth i'r ganrif fynd rhagddi gwaethygu wnaeth cyflwr yr iaith. Rhwng cyfrifiad 1911 ac 1921 fe fu gostyngiad o dros 55,000 yn nifer y siaradwyr Cymraeg yng Nghymru. Ond nid pawb oedd yn effro i arwyddocâd hynny.

Bob Morris

Mi oedd hi'n ymddangos mewn ardaloedd naturiol Gymraeg yng ngorllewin Cymru, gan gynnwys gorllewin Morgannwg hefyd, fod pethau'n parhau yn union fel ag y buon nhw erioed. Roedd yr iaith Gymraeg yn ffynnu. Roedd yna bentrefi oedd bron yn uniaith Gymraeg ac roedd patrymau diwylliannol traddodiadol fel capel ac eisteddfod yn dal yn gryf. Oherwydd hynny, efallai fod y Cymry yn yr ardaloedd yma wedi bod yn araf i weld yr argyfwng yn digwydd, wedi bod yn araf i sylweddoli maint y perygl oedd yn wynebu'r iaith Gymraeg.

Ond roedd criwiau bychain yma a thraw a sylweddolai'n iawn fod yr iaith yn colli tir. Adeg Eisteddfod Genedlaethol Pwllheli yn 1925 daeth nifer o genedlaetholwyr at ei gilydd yng nghyfarfod swyddogol cyntaf Plaid Genedlaethol Cymru, sef yr enw a ddefnyddid ar y cychwyn cyntaf cyn iddi gael ei galw'n Blaid Cymru. Er eu bod nhw'n griw digon cymysg, roedd pawb ohonyn nhw'n argyhoeddedig nad oedd diben bodloni ar fod yn Gymry brwd am un diwrnod yn unig bob blwyddyn, ar Ddydd Gŵyl Dewi, nawddsant Cymru.

Richard Wyn Jones

Cymry undydd y Cinio Gŵyl Dewi bob Mawrth y cyntaf oedd y gelynion mawr yng ngolwg y cenedlaetholwyr cynnar – sef y bobol hynny a fyddai'n codi ar eu traed a gwneud areithiau blodeuog am barhad yr heniaith ond na fyddai'n gwneud affliw o ddim i sicrhau ei pharhad.

Mae'n ddiddorol bod pobol erbyn heddiw yn ystyried bod y Blaid Genedlaethol wreiddiol wedi bod yn blaid o genedlaetholwyr diwylliannol. Ond os darllenwch chi'r hyn roedden nhw'n ei ddweud, fe welwch chi eu bod nhw'n ffyrnig yn erbyn cenedlaetholdeb diwylliannol. Maen nhw'n credu mai gwastraff amser llwyr ydi hynny. Galw maen nhw am genedlaetholdeb gwleidyddol. Nid yw gwneud areithiau sentimental am Gymru a'r Gymraeg yn dda i ddim. Rhaid ymladd drosti.

Ymhlith y rhai a ddaeth at ei gilydd ym Mhwllheli i gyfarfod agoriadol y Blaid Genedlaethol roedd ysgolhaig ifanc, disglair o'r enw Saunders Lewis. Er y caiff ei gofio heddiw fel dramodydd Cymraeg mwyaf yr ugeinfed ganrif, doedd o ddim wedi esgyn i'r uchelfannau hynny erbyn 1925.

Robin Chapman

Roedd y cyfarfod ym Mhwllheli yn gynulliad bach digon di-nod. Roedd Saunders wedi ennill rhyw fath o amlygrwydd iddo'i hun y flwyddyn cynt trwy alw ar y Cymry i ddrilio – sef dysgu sut i fartsio'n filwrol gan gario gynnau pren, fel symbol o annibyniaeth Cymru. Ond yn achos cyfarfod cyntaf y Blaid Genedlaethol ym Mhwllheli ychydig o sôn sydd am y digwyddiad yn y papurau newydd, ac yn sicr fe ddigwyddodd heb i odid neb ei gymryd o ddifrif.

Ond o fewn blwyddyn, roedd Saunders Lewis wedi cael ei ethol yn llywydd Plaid Genedlaethol Cymru – a dechreuodd Saunders y beirniad ddangos ei ddawn fel newyddiadurwr gwleidyddol. Cyhoeddodd gyfres o erthyglau miniog yn *Y Ddraig Goch*, sef papur swyddogol y blaid newydd, yn y gobaith o allu denu ei gyd-Gymry at yr achos.

Richard Wyn Jones

Mi oedd aelodau cyntaf Plaid Cymru yn gyfuniad mwya rhyfeddol o bobol, a deud y gwir – rhai ohonyn nhw yn werinwyr cyffredin, aelodau'r dosbarth gweithiol, ac eraill o'r dosbarth deallusol Cymraeg. Trawsdoriad llwyr. Ond bod gor-gynrychiolaeth o weinidogion, o athrawon ysgol, o ddarlithwyr prifysgol.

Yn bendant, fe lwyddodd Saunders Lewis i ddenu cewri llenyddol Cymru i'r gorlan. Yn eu plith roedd Kate Roberts – a oedd yn prysur gael ei chydnabod fel un o lenorion disgleiria'r Gymraeg. Denwyd hefyd un o bendefigion y sefydliad llenyddol, W. J. Gruffydd, golygydd *Y Llenor*.

Robin Chapman
Roedd W. J. Gruffydd yn aelod o'r Blaid Genedlaethol,
mae'n siŵr gen i, yn y tri degau ond does dim cofnod o
hynny. Roedd llawer o'r aelodau yn gyndyn iawn i dalu'r
tâl aelodaeth. Ar ben hynny hefyd roedd Gruffydd yn
mynnu torri ei gŵys ei hun. Mi oedd o'n greadur digon
anuniongred, unigolyddol.

Fedrai neb, fodd bynnag, amau ei ymroddiad i'r Gymraeg.
Bu ar flaen y gad yn yr ymgyrch i Gymreigio gwasanaeth
radio'r BBC yn nyddiau cynnar darlledu. Ac un gwahaniaeth
hollbwysig rhwng W. J. Gruffydd a Saunders Lewis oedd y
ffaith mai dyn y pwyllgor a'r adroddiad oedd Gruffydd yn
hytrach na chwyldroadwr. Ond yn eu ffyrdd gwahanol
roedd cyfraniad y ddau i barhad yr iaith yn amhrisiadwy.

Yn 1927, cafodd W. J. wahoddiad gan lywodraeth
Dorïaidd Stanley Baldwin i ymuno â phwyllgor a oedd yn
paratoi adroddiad ar le'r Gymraeg yn yr ysgolion.

John Davies
Mae e'n dadansoddi'r iaith a'i sefyllfa yn bur ddeheuig,
ac yn dadlau, mewn modd na fyddai ddim yn dderbyniol
i bawb, mai'r Gymraeg yw hanfod cenedligrwydd
Cymru. A heb y Gymraeg, does dim cenedligrwydd.
Mae 'na lawer iawn o bobol heddi fyddai'n anghytuno'n
chwyrn. Ond dyna oedd ei safbwynt e.

Union wyth deg o flynyddoedd ar ôl cyhoeddi'r Llyfrau
Gleision a oedd mor daer yn erbyn dysgu'r Gymraeg yn yr
ysgol, galwodd W. J. Gruffydd am Gymreigio'r gyfundrefn
addysg.

John Davies
Un o'r pethau sy'n codi yw'r posibilrwydd o agor

ysgolion Cymraeg eu hiaith. Ond roedd y rhan fwyaf o'r rhai a roddodd dystiolaeth i'r pwyllgor yn 1927 yn gwrthod hynny ar y sail nad oedd e'n ymarferol i gludo plant, gryn bellteroedd efallai, i ysgol Gymraeg. Ac ofnid pe byddai rhai ysgolion yn canolbwyntio'n llwyr ar y Gymraeg y byddai'r iaith yn cael ei hanwybyddu'n llwyr mewn ysgolion eraill. Felly, dyw'r ymchwydd mewn ysgolion Cymraeg eu cyfrwng ddim yn digwydd yn y dau ddegau a'r tri degau. Mae'n rhaid aros am y cyfnod ar ôl yr Ail Ryfel Byd cyn i'r llwybr hwnnw ymagor.

Roedd y llywodraeth wedi derbyn yn llwyr yr egwyddor fod y Gymraeg yn haeddu ei lle o fewn y gyfundrefn addysg, er mawr foddhad i W. J. Gruffydd. Ond i nifer fawr o genedlaetholwyr, roedd amharodrwydd Llundain i weithredu'n ymarferol yn profi nad oedd diben troi at y sefydliad Prydeinig am gymorth. Yn ôl carfan Saunders Lewis, fyddai ewyllys da llywodraeth Lloegr byth yn ddigon i warchod dyfodol y Gymraeg. Ei farn ef, ymhlith eraill, oedd fod angen gweithredu yn uniongyrchol er mwyn diogelu'r genedl a'r iaith. A phan gyhoeddodd y llywodraeth yn 1935 y byddai plasty hanesyddol Penyberth ym Mhenrhos, ger Pwllheli yn Llŷn, yn cael ei ddymchwel a dau gan erw o'r tir o'i gwmpas yn cael eu defnyddio ar gyfer codi ysgol i hyfforddi bomwyr y Llu Awyr, daeth y weithred honno gam yn nes.

Methiant fu pob ymgais i atal yr ysgol fomio rhag cael ei hadeiladu. Y Blaid Genedlaethol oedd yn arwain yr ymgyrch ond fe dderbyniwyd cefnogaeth a oedd yn llawer iawn mwy eang a niferus na'r gefnogaeth a fodolai ar y pryd i'r Blaid. Cyflwynwyd deiseb i'r Senedd wedi ei harwyddo gan 5,293 o drigolion Llŷn: 'The humble petition of inhabitants of the Lleyn Peninsula of Caernarvonshire' fel y'i gelwid. Ar yr un pryd cyflwynwyd deiseb ychwanegol wedi ei harwyddo gan

5,315 o bobol o ardaloedd eraill. Mewn llythyr a anfonwyd efo'r deisebau at y Prif Weinidog, Stanley Baldwin, hawliwyd bod dwy fil o gyrff a gynrychiolai hanner miliwn o Gymry wedi datgan eu gwrthwynebiad i godi ysgol fomio yn un o gadarnleoedd yr iaith Gymraeg a'r traddodiad Cristnogol Cymreig. Wnaeth Baldwin ddim trafferthu i ateb na hyd yn oed gydnabod derbyn y llythyr.

Yn anffodus, roedd hynny'n hollol nodweddiadol o'r dirmyg a ddangosodd yr awdurdodau yn Lloegr tuag at Gymru yn achos Penyberth. Yn Lloegr y bwriadwyd codi'r ysgol fomio yn wreiddiol ond pan gwynodd naturiaethwyr y byddai ei chodi ar Chesil Bank yn Swydd Dorset yn tarfu ar yr elyrch a nythai yn Abbotsbury gerllaw, cydsyniodd y llywodraeth i chwilio am safle arall. Un o'r rheini oedd Holy Island yn Northumbria. Fel y gellid disgwyl, roedd cysylltiadau crefyddol yr ardal yn ffactor gref yn y ddadl yn erbyn dod â'r ysgol fomio yno. Ond, fel yn achos Dorset, statws Holy Island fel cynefin rhywogaethau amrywiol o adar môr oedd un o'r rhesymau pennaf dros beidio lleoli'r ganolfan fomio yn Northumbria.

Bob Morris
Felly, mi oedd elyrch a hwyaid Lloegr yn cyfrif. Ond doedd yr iaith Gymraeg ddim.

Yn oriau mân y bore ar 8 Medi 1936, fe aeth Saunders Lewis, Lewis Valentine, a D. J. Williams i Benyberth gyda'r bwriad o losgi cytiau'r adeiladwyr a oedd wedi dechrau paratoi'r safle ar gyfer yr ysgol fomio. Yn eu cynorthwyo roedd pedwar Pleidiwr ifanc.

O. M. Roberts
Fe aeth Victor (Hanson Jones) a D. J. (Williams) i un cwt. Fe aeth J. E. (Jones) a Val (Lewis Valentine) at gwt arall,

a Saunders (Lewis) a finna at gwt arall. A 'ngwaith i oedd tywallt petrol o'r can dau alwyn i'r tun bach 'ma, a Saunders efo'i chwistrell yn codi hwnnw ac yn chwistrellu'r coed. A gwneud hynny am ben y dillad, wrth gwrs, yr oedden ni wedi dod efo ni o'n cartrefi i gychwyn y tân. Dyna wnaeth Saunders nes yr oedd y petrol wedi gorffen. Wna i byth anghofio'r noson. Ddweda i wrthach chi be oedd yn gyffrous. Saunders yn dod aton ni ac yn deud, 'Mi ro' i ugain munud i chi fynd yn glir, yna fe fyddwn ni'n tanio, ac yn mynd i Bwllheli ac yn rhoi ein hunain yn nwylo'r plismyn.' Wel, rŵan, hwnnw oedd y cyfnod mwyaf anodd yn holl hanes yr ymgyrch – eu gadael nhw yno. Ond eu gadael nhw fu raid, wrth gwrs.

Wrth ymddangos gerbron y llys yng Nghaernarfon, esboniodd Saunders Lewis mai ei bryderon ynglŷn â dyfodol y Gymraeg oedd wedi peri iddo roi'r ysgol fomio ar dân.

Robin Chapman

Mae 'Paham y Llosgasom yr Ysgol Fomio', anerchiad Saunders Lewis o flaen y llys, yn fwy o *tour de force* gwleidyddol nag o amddiffyniad. Yn wir, roedd o am gael ei ddedfrydu. Ei amcan oedd codi ymwybyddiaeth, ac ymwybyddiaeth o ddylanwad a phwysigrwydd a gwerth yr iaith Gymraeg.

Yn hynod arwyddocaol, er ei bod yn gwbl amlwg i bawb mai Saunders Lewis, D. J. Williams a Lewis Valentine oedd yn gyfrifol am roi'r ysgol fomio ar dân, methodd y rheithgor yng Nghaernarfon â chytuno ar ddedfryd. Felly cafodd yr achos ei symud i'r Old Bailey yn Llundain. Nid oedd y llywodraeth yn teimlo y gellid dibynnu ar reithgor yng

Nghymru i gael y tri yn euog. (Neu'r Tri, efo priflythyren, fel y dechreuwyd cyfeirio atyn nhw.)

Yn yr Old Bailey yn 1937 dedfrydwyd nhw gan y Barnwr, Syr Ernest Bruce Charles, i naw mis yng ngharchar Wormwood Scrubs. Pan ryddhawyd nhw o garchar roedd tyrfa o ddeuddeng mil ym Mhafiliwn Caernarfon i'w croesawu adref.

O gofio'i bod wedi cymryd tan 1966 i'r blaid a arweiniai Saunders Lewis ennill sedd seneddol mae'r cwestiwn yn cael ei ofyn o hyd pam na allodd Plaid Cymru fanteisio'n wleidyddol ar y don o gefnogaeth a dderbyniodd yn sgil y 'Tân yn Llŷn'. Yr esboniad mwyaf tebygol am hynny yw fod rhyfel byd arall ar fin digwydd. Dyna, wedi'r cyfan, pam roedd yr ysgol fomio yn cael ei chodi yn y lle cyntaf. Ar adeg o ryfel mae'r hyn sydd gan ddinasyddion gwladwriaeth yn gyffredin i'w gilydd yn cymryd blaenoriaeth dros y pethau sy'n eu gwahanu.

Ond hyd yn oed os nad elwodd Plaid Cymru yn y tymor byr, fe wnaeth y ddau achos llys les i'r Gymraeg. Er i'r barnwyr ganiatáu i'r tri roi eu tystiolaeth yn Gymraeg, roedd y cyfieithu mor llafurus fel y dewisodd Saunders Lewis – dan brotest – roi ei dystiolaeth yn Saesneg. Wedi'r achos, arwyddwyd deiseb gan chwarter miliwn o bobol yn mynnu statws cyfartal â'r Saesneg i'r Gymraeg yng Nghymru.

Robyn Léwis

Chafwyd mo hynny. Ond yn Neddf y Llysoedd 1942 fe gafwyd yr hawl i siarad Cymraeg yn y llys os oedd y tyst dan anfantais wrth siarad Saesneg. Ond ddim am unrhyw reswm arall. A'r llys yn unig oedd yn cael penderfynu hynny. Ond y llys bellach oedd yn talu am y cyfieithu.

Daeth dwy ffordd o weithredu dros y Gymraeg i amlygrwydd yn ystod y dau ddegau a'r tri degau. Ar y naill law, dadleuwyd bod mantais mewn cydweithio â Churchill a'r sefydliad Prydeinig, drwy bwyllgora a sgwennu adroddiadau. Ar y llaw arall, roedd carfan Saunders Lewis yn dadlau o hyd fod yn rhaid gweithredu'n uniongyrchol, bod yn rhaid herio grym Llundain er mwyn sicrhau dyfodol i'r iaith.

Yn sgil llwyddiant cymharol deiseb fawr 1938, a chyflwyno Deddf y Llysoedd, roedd hi'n ymddangos fod dulliau milwriaethus Tri Penyberth wedi dwyn ffrwyth. Ond yn ystod blynyddoedd chwerw'r Ail Ryfel Byd, fe fyddai'r ddau ddull yn gwrthdaro yn y modd mwyaf dramatig bosib. A'r tro hwnnw, byddai W. J. Gruffydd a Saunders Lewis yn dod benben â'i gilydd.

Yn 1939, fe aeth y byd i ryfel am yr eildro yn yr ugeinfed ganrif. A Chymru a'r Gymraeg eisoes wedi dioddef yn enbyd o effeithiau'r Dirwasgiad, ofnai llawer y byddai rhyfel arall yn tanseilio'r iaith Gymraeg ymhellach.

Robin Chapman
Yng ngolwg y cenedlaetholwyr, roedd y rhyfel yn fuddugoliaeth ddiwylliannol i Loegr. Roedd Cymry ifanc oddi cartref yn y lluoedd arfog. Roedd miloedd o blant o ddinasoedd mawr Lloegr yn cael nodded yng nghefn gwlad Cymru rhag y bomiau. Roedd y wasg yn llawer iawn mwy jingoistaidd. Roedd 'na atal cyhoeddi llyfrau Cymraeg oherwydd prinder papur. A hefyd atal darlledu rhaglenni radio yn y Gymraeg er mwyn cadw'r donfedd yn glir i gyhoeddiadau gan y llywodraeth.

John Davies
Mae hynny i gyd yn sbarduno pobol i sefydlu Pwyllgor

Amddiffyn Diwylliant Cymru, toc ar ôl dechrau'r rhyfel, y mudiad sy'n troi'n Gymru Fydd yn nes ymlaen. Mae e'n rhyw fath o lais amhleidiol, allech chi ddweud, sy'n tynnu pobol i mewn o'r Blaid Genedlaethol, y Blaid Lafur, y Blaid Ryddfrydol, hyd yn oed ambell i Dori – a phobl heb unrhyw blaid o gwbl – i gydweithio o blaid parhad mesur o arwahanrwydd Cymreig.

Bu'r pwyllgor yn lled lwyddiannus, ac fe enillwyd sawl consesiwn i'r Gymraeg yn ystod y rhyfel. Yn sicr, elwodd Urdd Gobaith Cymru o'r gwaith caled a wnaeth Pwyllgor Amddiffyn Diwylliant Cymru.

Bob Morris
Roedd yr awdurdodau yn mynnu fod pobol ifanc oedd o dan oed gwasanaeth milwrol yn gorfod ymuno â mudiad ieuenctid, naill ai'r Sgowtiaid neu'r Geidiaid yn bennaf. Ond yng Nghymru fe gafodd yr Urdd hefyd ei gydnabod gan y llywodraeth fel mudiad addas a theilwng. Ac felly cafwyd cydnabyddiaeth swyddogol gan lywodraeth Llundain i weithgareddau Cymraeg ar gyfer pobol ifanc yn ystod y rhyfel, a llawer iawn o bobol ifanc Cymru yn ymuno â'r Urdd yn y cyfnod hwnnw.

Ac yn rhyfeddol, efallai, doedd dim cymaint â hynny o sail i ofnau'r Cymry Cymraeg am y niwed tybiedig y byddai'r rhyfel yn ei wneud i'r iaith. Er bod 200,000 o Saeson o ddinasoedd Lloegr – plant yn bennaf – wedi cael eu hanfon i Gymru i osgoi bomiau'r Almaenwyr, wnaeth y Saeson bach hynny fawr o niwed i'r Gymraeg. I'r gwrthwyneb, fe ddaru llawer o'r faciwîs ddysgu Cymraeg mewn dim o dro.

Dadleuai Gwynfor Evans, llywydd Plaid Cymru o 1945 hyd 1981, mai'r effaith waethaf a gafodd yr Ail Ryfel Byd ar yr iaith Gymraeg oedd yr hyn a ddigwyddodd i ffermwyr

Mynydd Epynt yn sir Frycheiniog. Epynt oedd cadarnle'r iaith yn y sir. Yn 1940 fe feddiannodd y llywodraeth ddeugain mil o erwau o dir pori a'u troi'n faes tanio. Yn y broses, gorfodwyd pedwar cant o deuluoedd Cymraeg i adael y fro. Golygai'r un weithred honno fod ffin y Gymru Gymraeg wedi cael ei gwthio ddeng milltir i'r gorllewin dros nos. Maes tanio yw Epynt hyd y dydd heddiw ac mae adfeilion y ffermdai a wagiwyd i'w gweld o hyd ar y llechweddau gwyrddion.

Yn ystod hanner cyntaf yr ugeinfed ganrif, roedd gan Brifysgol Cymru'r hawl i ethol Aelod Seneddol i'w chynrychioli yn San Steffan. Yn 1942, dyrchafwyd yr Aelod Rhyddfrydol, Ernest Evans, yn farnwr, gan adael y sedd yn wag. Roedd cytundeb rhwng y pleidiau Prydeinig na fydden nhw'n ymladd isetholiadau yn ystod blynyddoedd y rhyfel. Yn unol â hynny, wnaeth y Torïaid na'r Blaid Lafur ddim enwebu neb i sefyll yn yr isetholiad a gynhaliwyd ym mis Ionawr 1943.

Richard Wyn Jones

Doedd dim rhwymedigaeth ar Blaid Cymru i gadw at y pact hwnnw. Doedd hi erioed wedi bod yn rhan o unrhyw drafodaeth, felly doedd dim disgwyl iddi ymatal rhag sefyll.

Roedd y Blaid yn gweld yr isetholiad hwnnw fel cyfle euraid iddi ennill. Roedd yr etholaeth yn un od, wedi ei chyfyngu i bobol hefo gradd ym Mhrifysgol Cymru. Dyna etholaeth lle byddai disgwyl i Blaid Cymru gael cefnogaeth llawer iawn mwy nag y byddai'n ei chael mewn etholaeth fwy cyffredin a mwy normal.

Lai nag ugain mlynedd ar ôl sefydlu Plaid Cymru, roedd hi'n ymddangos yn 1943 fod ganddi gyfle go iawn i ennill sedd yn San Steffan am y tro cyntaf. Ond er mawr syndod i bawb, gwnaeth y Blaid Ryddfrydol gyhoeddiad a fyddai'n ergyd drom i obeithion Plaid Cymru. Roedden nhw wedi dod o hyd i ymgeisydd. Neb llai na W. J. Gruffydd ei hun.

Robin Chapman

Wedi misoedd yn llythrennol o fargeinio a fu'n destun trafod diddiwedd, dyma W. J. Gruffydd yn derbyn enwebiad y Blaid Ryddfrydol. Ond nid fel Rhyddfrydwr pur. Mae'n mynnu cael sefyll fel Rhyddfrydwr Annibynnol. Roedd hynny, wrth gwrs, yn nodweddiadol o ddyn oedd eisie ei ffordd ei hun bob amser.

Roedd etholiad Prifysgol Cymru, felly, yn ornest rhwng cynrychiolwyr dau fath o genedlaetholdeb. Yn un cornel, Saunders Lewis, y dyn a oedd wedi llosgi'r ysgol fomio. Yn y gornel arall, W. J. Gruffydd, dyn y pwyllgor a'r adroddiad, Dyn y Sefydliad. Roedd y ddau ohonyn nhw wedi gweithio'n ddiflino dros y Gymraeg ers ugain mlynedd a mwy, ond nid yn yr un ffordd. Byddai etholiad y Brifysgol yn gofyn i garfan o Gymry ddewis rhwng dau ddyfodol gwahanol i'r genedl – ac i'r iaith.

Richard Wyn Jones

Mae o'n isetholiad rhyfeddol o fudr. Mae rhai o'r pethau oedd yn cael eu dweud am Saunders Lewis a'i gyfeillion yn anhygoel. Maen nhw'n cael eu galw'n ffasgwyr ac yn Natsïaid. Mae yna lifeiriant o ffieidd-dra yn cael ei anelu atyn nhw, a hynny yn y wasg ac ym mhobman arall. Ac mae pethau rhyfedd iawn yn digwydd: er enghraifft, am mai Pabydd oedd Saunders Lewis mae'r Blaid Gomiwnyddol yng ngogledd Cymru yn ymuno efo W. J. Gruffydd ar y sail bod isio cefnogi Protestaniaeth yn erbyn Pabyddiaeth. Roedd gynnoch chi betha *bizzare* iawn yn mynd ymlaen.

Chwalwyd gobeithion Saunders Lewis pan gyhoeddwyd y canlyniad ym mis Ionawr 1943. W. J. Gruffydd oedd yn fuddugol, a hynny gyda dros ddwywaith yn fwy o bleidleisiau na Saunders Lewis – 3,098 i'r Rhyddfrydwr Annibynnol a 1,330 i Blaid Cymru. Ymhlith y cenedlaetholwyr profwyd siom anferthol. Ar ôl bod mewn bodolaeth er 1925, chwalwyd eu breuddwydion gwleidyddol yn deilchion. Yng ngolwg cefnogwyr Saunders Lewis, W. J. Gruffydd oedd y Jiwdas a fradychodd y blaid, y genedl, a'r Gymraeg.

Ond camgymeriad y Pleidwyr oedd rhoi'r argraff mai nhw'n unig a bryderai am les y Gymraeg. Y gwir ydi y byddai buddugoliaeth W. J. Gruffydd o fewn dim o dro yn rhoi hwb enfawr i'r Gymraeg, a hynny mewn cyfnod o argyfwng gwirioneddol.

Robin Chapman

Doedd Gruffydd ddim yn Aelod Seneddol arbennig iawn. Roedd o wedi cadw ei Gadair ym Mhrifysgol Caerdydd, ac wedi cadw ei gyflog hefyd, ond mi wnaeth o un cyfraniad seneddol arhosol, sef gwasanaethu ar y pwyllgor a luniodd Ddeddf Addysg 1944, deddf Butler. Cyfraniad Gruffydd oedd sicrhau lle i'r Gymraeg yn y maes llafur addysgol.

Byddai'r cyfraniad tyngedfennol hwnnw tuag at Ddeddf Addysg Rab Butler yn chwyldroi statws y Gymraeg yn ein hysgolion.

Bob Morris

Cyn i'r ddeddf newydd ddod i rym dim ond un ysgol Gymraeg oedd yn bodoli, a honno yn ysgol breifat wedi'i sefydlu gan Syr Ifan ab Owen Edwards yn

Aberystwyth. Ond rhoddodd Deddf Addysg 1944 yr hawl i awdurdodau lleol lunio'u strwythur addysgu eu hunain. Dyna roddodd gychwyn ar y gadwyn o ysgolion Cymraeg penodedig y mae'r galw amdanynt yn dal i gynyddu heddiw, yn yr unfed ganrif ar hugain.

Cyngor Sir Gaerfyrddin oedd y cyntaf i fanteisio ar y Ddeddf Addysg newydd, gan fynd ati i agor ysgol benodedig Gymraeg yn Llanelli.

Deian Hopkin

Fe agorwyd hi ar Ddydd Gŵyl Dewi 1947, yn ysgoldy Capel Seion, Llanelli. Mae'n rhaid cyfadde mai fi oedd y disgybl ifanca yno. Y diwrnod cyntaf hwnnw oedd dydd fy mhen-blwydd i fy hunan. Arbrawf oedd hi: y gyntaf un o'r ysgolion a sefydlwyd gan y wladwriaeth er mwyn hybu'r iaith Gymraeg. Roedd gennym ni athrawon arbennig, a phan fuom ni'n dathlu hanner canmlwyddiant Ysgol Gymraeg Dewi Sant, Llanelli, yr un athrawon oedd yn ymgynnull y diwrnod hwnnw â'r rhai a oedd yno ar y diwrnod cynta. Mae hynny, dwi'n meddwl, yn dangos yr ymroddiad a oedd gan yr athrawon i'r ymgyrch arloesol bwysig hon.

Yn 1956 agorwyd yr ysgol uwchradd Gymraeg gyntaf – Ysgol Glan Clwyd, yn y Rhyl i ddechrau cyn iddi adleoli i Lanelwy. Bellach, mae dros bum cant o ysgolion Cymraeg ac yn ôl ffigurau Cyfrifiad Ysgolion Cymru 2012 mae 62,446 (23.82%) o ddisgyblion cynradd yn mynychu ysgolion cyfrwng Cymraeg. Y ffigwr cyfatebol yn y sector uwchradd yw 41,262 (20.84%). Yn ogystal â hynny mae rheidrwydd bellach ar ysgolion Cymru'n gyffredinol i ddysgu Cymraeg. Efo rhai eithriadau nodedig, fodd bynnag, nid yw ymdrechion yr ysgolion cyfrwng Saesneg i gynhyrchu siaradwyr Cymraeg yn galonogol o gwbl. Yn wir, pe byddai dysgu Saesneg neu Fathemateg i ddisgyblion ysgol wedi bod hanner mor aflwyddiannus ag yw'r ymdrechion i ddysgu Cymraeg iddyn nhw, bydda'r stŵr mwyaf ofnadwy wedi bod.

Y tu allan i'r broydd naturiol Gymraeg, a chrebachu'n ddirfawr mae'r rheini, byddai sefyllfa'r iaith wedi bod yn wironeddol argyfyngus oni bai am yr ysgolion cyfrwng Cymraeg.

John Davies

Yr hyn ry'n ni'n ei weld nawr yw bod cryn ffyniant ar y Gymraeg mewn ardaloedd a ystyrid, gynt, fel llefydd lle roedd yr iaith fwy neu lai wedi diflannu, fel Caerdydd, fel Pontypridd ac fel Bro Morgannwg a rhannau o sir y Fflint. A'r allwedd i'r newid, wrth gwrs, oedd dyfodiad yr ysgolion Cymraeg.

Nid W. J. Gruffydd sy'n haeddu'r clod i gyd am hynny, wrth reswm. Roedd Deddf Addysg 1944 yn benllanw blynyddoedd lawer o bwyso ac ymgyrchu, ac mae'r system wedi cael ei diwygio droeon ers yr Ail Ryfel Byd. Ond Deddf Addysg 1944 ydi sylfaen y system addysg bresennol, ac fe wnaeth W. J. Gruffydd gyfraniad amhrisiadwy a safadwy, gobeithio, wrth i'r ddeddf honno gael ei llunio.

Diddymwyd sedd Prifysgol Cymru yn San Steffan yn 1950 a bu farw W. J. Gruffydd bedair blynedd yn ddiweddarach. Ei gyfraniad tuag at lunio'r Ddeddf Addysg oedd ei weithred bwysig olaf mewn oes o lafurio dros yr iaith Gymraeg. Ond fe fyddai Saunders Lewis yn byw am dros ddeng mlynedd ar hugain arall.

Robin Chapman

Mae Saunders Lewis, ar ôl colli isetholiad y Brifysgol, yn

dal i sgrifennu bob wythnos i'r *Faner*, colofn ddylanwadol iawn, ond dydi o ddim yn ymhél bellach â gwleidyddiaeth ymarferol. Ond ni allai dyn fel Saunders gadw'n dawel yn hir iawn.

Ac ar ddechrau'r chwe degau, fe fyddai Saunders Lewis yn gwneud ei gyfraniad mawr olaf, a'r pwysicaf efallai, i'r frwydr dros ddyfodol yr iaith Gymraeg. Ar 13 Chwefror 1962, ychydig fisoedd cyn cyhoeddi canlyniadau torcalonnus cyfrifiad y flwyddyn flaenorol, ef oedd yn darlledu darlith flynyddol BBC Cymru. *Tynged yr Iaith* oedd ei destun. Yn y ddarlith cyhoeddodd Saunders Lewis mai 'trwy ddulliau chwyldro yn unig y mae llwyddo ... i adfer y Gymraeg yng Nghymru'.

Byddai'r ddarlith honno yn tanio dychymyg cenhedlaeth newydd o Gymry, ac yn rhoi cychwyn i bennod newydd yn hanes y frwydr dros barhad yr iaith.

Dylanwad cadarnhaol y Chwyldro Diwydiannol ar y Gymraeg, a dylanwad niweidiol y dirwasgiad a drawsnewidiodd Gymru o fod yn wlad flaengar, ffyniannus i fod yn un affwysol dlawd, fu testun y bennod hon. Ond priodol cyn cloi fyddai rhoi diweddariad bras o hanes yr ymgyrchu a fu dros yr iaith yn dilyn darlledu darlith Saunders Lewis.

Aeth wyrion ac wyresau'r rhai a gofiai ddyddiau'r cyni ati i ffurfio Cymdeithas yr Iaith Gymraeg a gynhaliodd ei phrotest gyntaf ar bont Trefechan, Aberystwyth, yn Chwefror 1963. Drwy gynnal ymgyrchoedd tor cyfraith ac anufudd-dod sifil a arweiniodd at achosion llys dirifedi ac at garcharu llaweroedd o'i haelodau, gorfododd Cymdeithas yr Iaith lywodraethau Torïaidd a Llafur yn Llundain i ddeddfu o blaid y Gymraeg. Yn 1973 caniatawyd codi arwyddion ffyrdd dwyieithog am y tro cyntaf erioed.

Gwersyllwyr cynnar Urdd Gobaith Cymru
yn Llangrannog yn 1930

Protest ar Faes yr Eisteddfod yn 1980
wrth i aelodau Cymdeithas yr Iaith fynnu sianel deledu Gymraeg

Sefydlwyd gwasanaeth radio Cymraeg, Radio Cymru, yn 1979, a sianel deledu Gymraeg, S4C, yn 1982. Yn 1993 cryfhawyd a diwygiwyd Deddf Iaith druenus o annigonol 1967. Mewn sawl dull a modd cryfhawyd statws y Gymraeg yn aruthrol.

Roedd lle i obeithio adeg cyhoeddi ffigyrau iaith Cyfrifiad 2001 y deuai canrif newydd â gobaith newydd i'r Gymraeg. Ac yn wir, cynyddodd canran a chyfanswm y siaradwyr Cymraeg i 20.8% (582,368), o'u cymharu â'r 18.7% (508,098) a gofnodwyd ddeng mlynedd ynghynt yng Nghyfrifiad 1991. Ysywaeth, gostyngiad yng nghanran a chyfanswm siaradwyr Cymraeg 2001 a gafwyd yng Nghyfrifiad 2011, i 562,016 (19.0%). Gwaeth na'r ystadegau noeth hynny oedd deall bod y Gymraeg bellach yn iaith lleiafrif o'r boblogaeth mewn dwy o'i hen gadarnleoedd, Ceredigion a sir Gaerfyrddin. Bellach, dim ond yng Ngwynedd ac Ynys Môn mae mwyafrif y boblogaeth yn siarad Cymraeg.

Dywedir wrthym ein bod yn byw mewn cymdeithas ôl-ddiwydiannol. Ai dyna'r broblem o safbwynt y Gymraeg? Diwydiant gadwodd y Cymry yng Nghymru a'n galluogi i gymathu cynifer o'r mewnfudwyr a heidiodd yma i'r hen ddiwydiannau trymion. Ac mewn cyfnod mwy diweddar, beth bynnag fo barn neb am ynni niwclear, ni ellir gwadu nad ydi atomfa Trawsfynydd, wrth i'r chwareli edwino, wedi cadw'r Gymraeg yn fyw ym Mlaenau Ffestiniog. Efallai y bydd rhai'n tybio bod hynny'n bris rhy uchel i'w dalu. Rhaid parchu'r farn honno. Ond dyw troi'n trwynau ar bob math o waith yn gwneud dim cymwynas â'r iaith.

Mae segurdod amgueddfaol yn gwneud y Gymru wledig yn fwy deniadol nag erioed i fewnfudwyr. Yr union segurdod hwnnw hefyd sy'n gorfodi'r Cymry brodorol i allfudo. Fe wyddom beth fu effaith hynny ar y Gymraeg pan barlyswyd y Cymoedd gan ddirwasgiad hir a didostur dau ddegau a thri degau'r ganrif ddiwethaf. Mae rhai o'r Cymry a fu fwyaf selog dros y Gymraeg ac a aberthodd eu rhyddid drosti ymysg y rhai mwyaf gwrthwynebus pan fo datblygwyr a diwydianwyr yn meddwl ymsefydlu yn yr hyn sydd ar ôl o'r Gymru Gymraeg.

Un o fuddugoliaethau mawr yr ymgyrchwyr hynny oedd dangos mai Cymru yw Cymru drwy fynnu nad Cardigan a Carmarthen a Holyhead yn unig fyddai ar arwyddion ffyrdd ein gwlad. Ond cofiwn rybudd sobreiddiol Ned Thomas: 'Mae rhagor a rhagor o arwyddion ffyrdd Cymraeg yn arwain i lai a llai o lefydd Cymraeg.'

Amlwch: Un o'r Tair Tref Fwyaf yng Nghymru

Mae pawb yn meddwl eu bod nhw'n gwybod sut fath o wlad oedd Cymru ers talwm o safbwynt diwydiant. Yn ne Cymru roedd pyllau glo a glowyr. Yng ngogledd Cymru roedd chwareli llechi a chwarelwyr. Ond yng ngweddill Cymru nid oedd unrhyw fath o weithgarwch diwydiannol yn digwydd ar wahân, wrth gwrs, i amaethyddiaeth. Neu dyna'r canfyddiad arferol ...

Ond lol wirion – celwydd noeth – ydi hynny. Fel mae'r gyfrol hon wedi ceisio'i gorau i ddangos, roedd yna adeg pan oedd cefn gwlad Cymru yn fwrlwm o bob math o fentrau diwydiannol. Ac yn annisgwyl, efallai, does dim gwell enghraifft o ddiwydiannu gwledig ar raddfa helaeth ac amrywiol na thref Amlwch, ar arfordir gogleddol Ynys Môn.

Yn 1801, pan oedd Caerdydd yn ddim ond pentref pysgota bychan a di-nod, roedd Amlwch, gyda phoblogaeth o bum mil, yn un o'r tair tref fwyaf yng Nghymru. Dim ond Merthyr ac Abertawe oedd yn fwy nag Amlwch. Mae'r rheswm dros dwf a statws Amlwch i'w ganfod ar ddarn o fynydd uwchben y dref. Gan nad yw'n ddim ond 147 metr, go brin y byddai'n cael ei alw'n fynydd yn unman arall ond ym Môn. Ond os nad oedd o'n fawr roedd o'n ddigon yn ei ddydd i gael ei adnabod a'i gydnabod fel un o'r canolfannau mwyngloddio pwysicaf yn y byd. Y darn mynydd hwnnw yw Mynydd Parys – y Mynydd Copr.

Ar un cyfnod yn y bedwaredd ganrif ar bymtheg mwynfeydd Mynydd Parys oedd yn rheoli pris copr drwy'r byd i gyd. Dyna i chi pa mor bwysig a dylanwadol oedd y lle hwn. Yn ei sgil daeth Amlwch yn dref eithriadol o brysur.

Winshys mwyngloddio ar Fynydd Parys, Amlwch

Mynydd Parys

Roedd yno dair o ffatrïoedd baco, gwaith brics a ffatri baent. Adeiladwyd llongau yno, rhai ohonyn nhw'n llongau pur fawr. Ac yno hefyd roedd nifer o fragdai, ac ugain a rhagor o dafarndai.

Ond y mynydd roddodd fod i'r Amlwch ddiwydiannol. Hwnnw oedd calon a chanolbwynt y cyfan. Fel tir amaethyddol y cafodd y mynydd ei ddefnyddio am ganrifoedd, ond cafodd hanes Amlwch ei drawsnewid yn llwyr pan ddaru un dyn ddarganfod y cyfoeth a oedd yn gorwedd dan bridd cynnil y mynydd.

Mynydd Trysglwyn oedd ei enw gwreiddiol. A Thrysglwyn yw'r enw, heddiw yn yr unfed ganrif ar hugain, ar y fferm wynt sylweddol sydd wedi ei lleoli nid nepell o'r hen waith copr. Newidiwyd enw Mynydd Trysglwyn i Fynydd Parys yn ystod y bymthegfed ganrif. Penododd Harri IV, brenin Lloegr, ŵr o'r enw Robert Parys i gasglu'r dreth y gorfodwyd pobl Môn i'w thalu i Goron Lloegr fel cosb am eu cefnogaeth i wrthryfel Owain Glyndŵr. Mae'n rhaid bod y Parys hwnnw wedi llwyddo i blesio'r brenin. Dangosodd Harri ei werthfawrogiad o ymdrechion Parys drwy roi Mynydd Trysglwyn yn rhodd i'r casglwr trethi. Mae'n anodd credu y byddai gwerin bobol yr ardal wedi rhoi'r gorau'n syth i alw'r mynydd wrth ei enw Cymraeg cynhenid, ond pan gafodd copr ei ddarganfod yn y mynydd, Parys oedd yr enw a gydiodd.

Mewn gwirionedd, mae gwreiddiau diwydiannol y mynydd yn mynd yn ôl yn llawer iawn pellach na dyddiau Glyndŵr a Harri IV – heb sôn am Robert Parys. Gellir olrhain hanes mwyngloddio yn Amlwch hyd at yr Oes Efydd, rhyw 2,000 o flynyddoedd Cyn Crist. Mae archeolegwyr diwydiannol wedi canfod prawf pendant o hynny.

Bryan D. Hope

Mi ydan ni wedi dod o hyd i forthwylion carreg ar yr wyneb a hefyd o dan ddaear. Nid o garreg leol y cafodd y morthwylion eu llunio. Roedd y cerrig hynny wedi cael eu cludo i Fynydd Parys ac mae ôl morthwylio i'w gweld yn eglur arnyn nhw.

Er nad yw'r arbenigwyr i gyd yn gytûn, mae tystiolaeth eithaf pendant dros gredu bod y Rhufeiniaid wedi mwyngloddio copr ym Mynydd Parys, yn ogystal â Chwmystwyth, a'r Gogarth yn Llandudno. Ond fyddai 'run o'r mwynfeydd copr hynny yn cael yr un dylanwad rhyngwladol ag a gafodd Mynydd Parys ac Amlwch.

Roedd bywyd yn sir Fôn cyn y Chwyldro Diwydiannol yn ddigon syml, gyda'r rhan fwyaf o'r boblogaeth yn cael bywoliaeth ddigon llwm o amaethu, pysgota, codi mawn neu wrth drin gwlân. Ond daeth y Chwyldro Diwydiannol â newidiadau mawr i'w ganlyn. A'r hyn a barodd i bobol fynd ati o ddifrif i gloddio ym Mynydd Parys oedd y galw cynyddol am gopr ar gyfer adeiladu peiriannau'r chwyldro hwnnw.

Erbyn canol y ddeunawfed ganrif perchennog y rhan fwyaf o Fynydd Parys oedd Syr Nicholas Bayly, Plas Newydd, un o gyndadau'r llinach bresennol o Ardalyddion Môn. Cafodd Syr Nicholas beth llwyddiant yn cloddio ar y mynydd, a bu hynny'n ddigon i berswadio cwmni o Macclesfield, Roe and Co., i gymryd les ar y mynydd. Ar 2 Mawrth 1778 anfonodd Charles Roe ŵr o'r enw Jonathan Roose, mwyngloddiwr o Derby, i archwilio'r mynydd. Fe ddaeth hwnnw o hyd i wythïen sylweddol iawn o gopr.

Roedd hwn yn ddarganfyddiad mor bwysig fel bod yr ail o Fawrth yn cael ei ddathlu fel gwyliau yn sir Fôn am flynyddoedd lawer. Ac ar fedd Jonathan Roose ym mynwent eglwys Amlwch mae'r geiriau yma wedi eu cerfio:

He first yon mountain's wondrous riches found,
First drew its minerals blushing from the ground,
He heard the miners' first exulting shout
Then toiled near fifty years to guide its treasures out.

Mae sôn hefyd fod un o'r gweithwyr a gynorthwyodd Roose
i ddarganfod y copr, Roland Puw, yn cael ei wobrwyo'n
flynyddol gyda photel o frandi, ac fe gafodd fyw yn Amlwch
yn ddi-rent am weddill ei oes.

Wedi i Jonathan Roose ddarganfod yr wythïen fawr fe
ddechreuwyd cloddio o ddifrif am gopr ar y mynydd. Doedd
yna ddim cloddfeydd copr tebyg i rai Mynydd Parys yn
unman. Y dull traddodiadol a ddefnyddiwyd ym mhobman
arall i gael at y mwyn oedd drwy dyllu siafftiau tanddaearol
dyfnion yn y graig. Ond yn Amlwch roedd yr wythïen gopr
mor fawr fel bod y safle yn debycach i *chwarel* gopr nag i
gloddfa gopr arferol. Drwy ganol Mynydd Parys fe wnaed
twll anferthol, fel ceg rhyw gawr chwedlonol. Ar un adeg nid
oedd twll mor fawr â hwn o waith dyn i'w gael yn unman
arall yn y byd. Daethpwyd i ben â'r gwaith drwy ddefnyddio
ffrwydron, ceibiau a rhawiau, nerth bôn braich y mwynwyr,
a pharodrwydd ceffylau i ysgwyddo llawer o'r baich. Byddai
dynion yn cael eu gollwng ar raffau'r holl ffordd i lawr o
wyneb y mynydd er mwyn cyrraedd at y copr. Yn briodol
iawn, y Twll Mawr oedd yr enw a roddwyd ar y cafn a
dyllwyd drwy grombil y mynydd

Bryan D. Hope

Hyd at ddiwedd y ddeunawfed ganrif roedd 'na 1,200 o
ddynion, gwragedd a phlant yn gweithio ar y mynydd.
Roedden nhw fel morgrug ar wyneb y mynydd. A
thrwy'r adeg mi fyddai sŵn byddarol wrth i'r graig gael
ei thanio a'i ffrwydro. Ac mi fyddai 'na geffylau gwedd

efo troliau – dau geffyl i bob trol – yn dod â'r mwyn a ffrwydrwyd o'r graig i fyny o waelod y Twll Mawr.

J. O. Hughes

Roedd curo'r graig efo trosol yn waith caled ofnadwy. Roedd yn rhaid gwneud twll digon dwfn i wthio powdwr gwn i mewn iddo fo i chwythu'r graig yn ddarnau. Ond rhag colli amser ac osgoi gwneud gormod o waith cerdded iddyn nhw eu hunain, yn aml iawn fyddai'r dynion ddim yn mynd yn ddigon pell i ffwrdd cyn tanio. Ac mi fyddai peth wmbredd ohonyn nhw'n cael eu taro yn eu pennau gan gerrig a oedd yn cael eu hyrddio atyn nhw dan bwysau'r ffrwydrad.

Mi fyddai'r gweithwyr hefyd yn agor twneli. Yn amlwg, roedd angen gofal neilltuol wrth ffrwydro y tu mewn i ogof. Eto roedd hi'n gyffredin i fwynwr ddychwelyd i'r twnnel yn rhy fuan, cyn i ddirgryniadau'r ffrwydrad dawelu ac mi fydden nhw'n cael eu taro gan gerrig o'r to. Gwaith peryg oedd bod yn fwynwr.

Bryan D. Hope

Fedrwch chi ddychmygu'r mwynwyr yn gweithio dan ddaear efo ebill ac yn tyllu i mewn i'r graig? Roedd 'na nifer o enghreifftiau o wreichionen yn tasgu wrth wthio'r powdr i mewn i'r twll efo ebill. Yn aml mi fyddai hynny'n peri i'r ebill saethu allan o'r graig fel bwled o wn. Cafodd amryw o fwynwyr eu trywanu'n gelain wrth i'r ebill fynd yn syth drwyddyn nhw.

Er mai'r Twll Mawr sy'n denu'r llygaid wrth grwydro ar hyd llwybr treftadaeth Mynydd Parys heddiw, roedd yna hefyd filltiroedd o dwnelau yng nghrombil y mynydd a channoedd o fwynwyr yn tyllu'r graig yng ngolau cannwyll.

Bryan D. Hope
Mi oedd 'na nifer o lefydd yn Amlwch a'r cyffiniau yn cynhyrchu canhwyllau. Mi fyddai'r mwynwyr yn gosod y gannwyll ar big eu capiau.

Ac mae lle canolog i ganhwyllau yn yr hanes a adroddwyd am ymweliad y gwyddonydd byd-enwog Michael Faraday, yr arloeswr pennaf yn y defnydd diwydiannol o drydan, â Mynydd Parys yn 1819. Yn wir, gallai'r profiad brawychus a gafodd Faraday yn ystod ei ymweliad fod wedi ei wneud yn fwy penderfynol byth o ehangu'r defnydd o drydan!

Bryan D. Hope
Roedd o'n disgrifio gweld y goleuadau bach 'ma – y canhwyllau – yn symud yma ac acw ym mhobman dan ddaear. Doedd o'n gweld dim byd arall. Ond fe glywai Faraday sŵn y morthwylio ac yna'r distawrwydd cyn y tanio. Ar ôl dod i'r wyneb roedd o wedi blino, braidd, ac mi eisteddodd ar gasgen i gael ei wynt ato. Roedd 'na gannwyll yn olau ar y gasgen honno a wnaeth Faraday ddim sylweddoli ar y cychwyn mai casgen bowdwr oedd hi ac y galla fo fod wedi cael i chwythu i ebargofiant. Roedd o wedi dychryn yn arw.

Gan fod y gwaith ym Mynydd Parys mor debyg i waith chwarel, cafodd trefn 'y fargen' ei mabwysiadu yno hefyd i dalu'r gweithwyr. Dan y drefn honno byddai'r dynion yn ffurfio grwpiau bychain, ac yn cytuno i weithio rhannau penodol o'r graig. Byddai'r mwynwyr wedi amcangyfrif gwerth y graig ac wedi mynd ati i daro bargen cyn dechrau gweithio.

Bryan D. Hope
Y ffordd roedd y fargen yn cael ei gweithredu yn Amlwch oedd fod gynnoch chi nifer o gangiau gwaith

neu grwpiau – aelodau o'r un teulu yn aml – rhyw bump neu chwech ym mhob grŵp, yn bargeinio yn erbyn ei gilydd mewn rhyw fath o *Dutch auction*. Ac mi fyddai'r pris yn gostwng efo pob cynnig nes cyrraedd y cyflog isaf y byddai'r 'bargeinwyr' yn fodlon gweithio amdano fo. Y gang fyddai'n fodlon gweithio am hyn a hyn y dunnell yn llai na neb arall fyddai'n ennill y fargen.

Roedd elfen gref o siawns yng nghyfundrefn y fargen. Gallai'r fargen fod yn un doreithiog a phroffidiol ond gallai siomi hefyd. Gyda'r gweithlu wedi ei rannu'n unedau bychain i weithio'r fargen, roedd y rheolwyr yn ei chael hi'n hawdd cadw trefn. Bu system y fargen yn gyfrifol am droi Amlwch yn rhyw fath o Klondike ar un cyfnod, ond pan ddechreuodd y mwyn brinhau, a'r bargeinion fynd yn salach, daeth y dyddiau da i ben. Erbyn 1815 roedd allforion rhatach o Affrica a chyfandiroedd America yn tanseilio lle canolog Amlwch yn y farchnad gopr. O'r 1,200 o weithlu a grybwyllwyd eisoes, erbyn 1808 roedd y niferoedd wedi gostwng i 207, ac i 122 ddwy flynedd yn ddiweddarach. Fel yn achos y chwarelwyr a'r glowyr, daeth mwynwyr Mynydd Parys i ddeall mai busnes anwadal oedd dibynnu ar y graig am eu bywoliaeth.

Yn ystod cyfnod y bwrlwm roedd sawl elfen, wrth gwrs, i'r broses o droi'r mwyn crai yn gopr. Ar ôl tynnu'r mwyn o'r graig, roedd rhaid mynd ati i'w drin a'i drawsnewid yn gopr o ansawdd masnachol. Mewn siediau anferth ar wyneb y mynydd y byddai hynny'n digwydd. Ac roedd y gwaith hollbwysig hwnnw yn cael ei gyflawni, nid gan ddynion, ond gan ferched. Y rhain oedd yr enwog 'Gopr Ladis'.

Mair Williams
Eu gwaith nhw oedd malu'r mwyn ar ôl iddo fo ddod i'r wyneb yn ddarnau mawr o bob siâp. Mi fydden nhw'n

eistedd yn y siediau ar feinciau mewn rhesi o ugain neu bedair ar hugain. O flaen pob un ohonyn nhw fe fyddai 'na engan, tebyg i engan y gof. Wedyn mi fyddai'r merched yn gafael mewn morthwylion pedwar pwys ac yn curo'r darnau o fwyn yn lympiau bychan o faint wyau.

Mi oedd y Copr Ladis yn gymeriadau. Roedden nhw'n canu wrth weithio ac mi fyddai 'na gŵynion eu bod nhw'n gwneud gormod o sŵn. Ond dwi'n credu bod yn rhaid iddyn nhw ganu am eu bod nhw'n curo'r mwyn efo'r morthwylion ar y curiad cyntaf ym mhob bar o'r gân.

Yn ogystal â chanu wrth eu gwaith fe ddaeth y merched eu hunain yn destun rhai o'r baledi a gafodd eu cyfansoddi a'u canu mewn ffeiriau ymhell y tu hwnt i lannau Menai. Mewn byd mor wrywaidd â byd mwyngloddio roedd cyfraniad allweddol merched i'r broses yn ennyn chwilfrydedd. Yn llawer diweddarach cyflogwyd cyfran sylweddol o ferched hefyd yng ngweithfeydd tun Llanelli a Chydweli a'r cyffiniau, ond mae lle i gredu mai ar Fynydd Parys y gwelwyd merched yn gweithio gyntaf yn y diwydiannau trymion:

Maent oll yn ferched medrus a hwylus wrth eu gwaith
A'u henwau geir yn barchus gan fwynwyr o bob iaith.
Hwy weithient oll yn galed am gyflog bychan iawn.
O'r braidd cânt drigain ceiniog am weithio wythnos lawn.

Wedi i'r Copr Ladis ei ddidoli byddai'r copr yn cael ei rostio mewn ffwrneisi enfawr er mwyn cael gwared â'r sylffwr a oedd yn bresennol yn y graig. Y broses honno fyddai'n creu'r mwg melyn, gwenwynig a lygrodd y rhan hon o Ynys Môn am genedlaethau lawer. Ond er gwaethaf hynny, fe ddaeth

Mynydd Parys yn rhyw fath o atyniad cynnar i dwristiaid. Yn wir, yr hagrwch a'r bryntni oedd yn eu denu.

Bryan D. Hope
Roedd nifer o ymwelwyr yn dod i Amlwch ar y pryd am ei fod o'n cael ei ystyried yn un o ryfeddodau'r byd diwydiannol newydd. Fe ddisgrifiodd un o'r ymwelwyr hynny Fynydd Parys fel y drws i uffern.

Y gŵr hwnnw oedd y Parch. Edward Bingley a aeth ymlaen i ymhelaethu ymhellach ar yr hyn a welodd ar Fynydd Parys yn 1798:

Wedi imi ddringo i ben y mynydd, sefais ar ymyl gagendor anferthol. Camais allan i sefyll ar un o'r llwyfannau a oedd yn crogi dros ochr y dibyn. Roedd yr hyn a brofais yn gwbl arswydus. Dwsinau o ogofâu wedi eu naddu yn y graig, creigiau toredig blith draphlith, dynion aneirif yn gweithio ar wahanol rannau o'r graig o dan yr amodau peryclaf, sŵn annioddefol y morthwylio parhaus a rhuo'r ffrwydron. Cynhyrfwyd a dychrynwyd fi gan yr hyn a welai fy llygaid ac a glywai fy nghlustiau.

Yng nghanol y ddeunawfed ganrif perchnogion Mynydd Parys oedd Nicholas Bayly o Blas Newydd, ger Llanfairpwll (a ddaeth yn 1815 yn gartref i'r cyntaf o Ardalyddion Môn) a'r Parch. Edward Hughes, Llys Dulas, plasty nid nepell o'r gwaith copr. Ond doedd pethau ddim yn rhy dda rhwng y ddau. Roedden nhw'n anghytuno'n llwyr ynglŷn â'r ffordd orau o weithio'r mynydd a hyd yn oed ar fater mor sylfaenol ag union ffiniau eu perchnogaeth o'r mynydd a'i gopr. Y dadlau di-fudd hwnnw dros gyfnod o saith mlynedd faith roddodd y cyfle i gyfreithiwr o Blas Llanidan, ger Llanfairpwll, ddod yn un o ffigyrau pwysica'r Chwyldro Diwydiannol.

Y dyn hwnnw oedd Thomas Williams a ddaeth i gael ei adnabod wrth ddau enw, mewn dwy iaith. Dyma'r Copper King. A dyma hefyd Twm Chwarae Teg.

Cyfreithiwr Edward Hughes oedd Thomas Williams. Ar ôl llawer iawn o resymu pwyllog ond cadarn llwyddodd Thomas Williams i gael y ddwy ochr i gymodi. Wrth i'w ddylanwad gynyddu daeth y cyfreithiwr hirben yn gyfrifol am reoli holl weithgareddau'r mynydd. Yn swyddogol, gweithio yn y cloddfeydd fel cynrychiolydd y gwahanol berchnogion oedd o, ond yn fuan iawn fe ddaeth yn amlwg mai meistr, nid gwas, oedd Thomas Williams.

Bryan D. Hope

Mi oedd y dyn yn *entrepreneur* o'r radd flaenaf ac yn athrylith. Er bod elw i'w wneud drwy werthu'r mwyn copr o Fynydd Parys, roedd o wedi sylweddoli'n syth fod perchnogion y gweithfeydd smeltio lle byddai'r mwyn yn cael ei doddi yn gwneud elw pur dda o lafur y mwynwyr ym Môn. Fe aeth o ati, felly, i agor ei dodd-dai ei hun. Ac mi sylweddolodd o ymhellach fod y bobol a oedd yn defnyddio'r copr i gynhyrchu pob math o beiriannau yn gwneud rhagor fyth o elw. Dyma Thomas Williams, felly, yn mynd ati i godi melinau copr a fyddai'n cynhyrchu defnyddiau ac offer wedi eu gwneud o gopr. Yn ei gofiant, *The Copper King*, mae'r awdur, J. R. Harris, yn dweud mai Thomas Williams oedd y cyntaf i reoli'r broses gyfan, o'r mwyno i'r toddi i'r cynhyrchu.

Yn Ravenshead, swydd Gaerhirfryn, ac yn Abertawe, a oedd yn un o'r canolfannau toddi copr pwysicaf yn y byd, yr aeth o ati i agor todd-dai. Y rheswm pam na wnaeth o eu codi yn Amlwch oedd am fod cyflenwadau rhad a dibynadwy o lo rhagorol i'w cael yn y ddau leoliad arall. Gan fod angen hyd at ddeugain tunnell o lo i wneud un dunnell o gopr, byddai'r gost o gludo cymaint â hynny o lo i borthladd Amlwch wedi bod yn ormodol.

Lleolodd ei ffatri gyntaf, yn cynnwys ei felin gopr a'i efail gopr ei hun, beth yn agosach at Amlwch, mewn ardal a oedd, fel yr esboniwyd eisoes yn y gyfrol hon, yn grud y Chwyldro Diwydiannol Cymreig, sef Treffynnon yn sir Fflint.

Erbyn diwedd y ddeunawfed ganrif Thomas Williams oedd yn rheoli cyfran sylweddol o'r diwydiant copr ar hyd ac ar led Prydain. Enillodd reolaeth dros y rhan fwyaf o ddiwydiant copr pwysig Cernyw, ac wrth i'w ddylanwad gynyddu ni ellid cymryd unrhyw benderfyniad yn ymwneud â'r diwydiant copr yng ngwledydd Prydain heb sêl bendith a chydsyniad Thomas Williams. Nid yw'n syndod, felly, fod ganddo gryn ddylanwad dros y llywodraeth yn Llundain. Doedd tynnu'n groes i ddyn o'r fath ddim yn syniad da. Nid am y byddai'n mynd ati'n fwriadol i wneud niwed i neb, ond am nad oedd ei debyg ar y pryd am ddeall sut yr oedd gwneud y defnydd gorau bosib o bob ceiniog a fuddsoddid ganddo yn y diwydiant.

Bryan D. Hope

Roedd o'n gawr. Does dim dwywaith am hynny. Mi oedd pobol fel y brodyr Wilkinson, y meistri haearn, ei ofn o. Mi oedd Josiah Wedgwood yn edrych i fyny ato fo. Roedd y bobol hyn yn gewri diwydiannol eu hunain ac eto doedd dim terfyn ar eu hedmygedd nhw o Thomas Williams. Cyn i'r un llyfr gael ei sgwennu amdano fo, y bobol bwerus, ddylanwadol hyn oedd y rhai cyntaf i gyfeirio ato fo'n gyhoeddus wrth yr enw 'The Copper King'.

Fel sy'n gweddu i frenin, yn 1787 penderfynodd Thomas

Williams gynhyrchu ei arian ei hun ar gyfer talu ei weithwyr gan fod arian a gynhyrchid yn y Bathdy Brenhinol o ansawdd mor wael. Roedd ceiniogau Mynydd Parys yn rhagori ar geiniogau Llundain o safbwynt dyluniad hefyd. Yn drawiadol a hynod gelfydd, ar bob darn roedd pen derwydd wedi ei amgylchynu gan ddail derw a mes. Cynhyrchwyd deuddeng miliwn a hanner ohonyn nhw, gwerth £430,000 – swm anferthol yn y ddeunawfed ganrif.

Bryan D. Hope

Ar y cychwyn doedden nhw ddim i fod i gael eu gwario yn unman arall ond ym Môn, Lerpwl a Llundain. Roedd yna'n llythrennol werth ceiniog o gopr ym mhob darn ceiniog a gafodd ei fathu. Pan ystyriwch chi'r miliynau o'r ceiniogau 'ma a fathwyd, mae llawer yn methu deall pam bod cyn lleied ohonyn nhw ar ôl erbyn heddiw. Ond mae'r ateb i'r cwestiwn yn syml. Pan ddaru pris copr ddechrau codi yn naw degau'r ddeunawfed ganrif, fe alwodd Thomas Williams y ceiniogau'n ôl er mwyn eu toddi nhw a gwerthu'r copr am elw. Dyna pam bod cyn lleied ohonyn nhw ar ôl heddiw. Y dyn wnaeth eu bathu nhw ddaru eu toddi nhw hefyd.

Un o lwyddiannau mwyaf Thomas Williams oedd cynhyrchu platiau copr i orchuddio gwaelodion llongau pren y cyfnod. Byddai'r platiau yn arbed gwymon a phlanhigion eraill rhag glynu wrthyn nhw. Dywedid bod llong efo gwaelod glân yn gallu torri drwy'r tonnau'n gyflymach ac, yn achos llong ryfel, yn gallu newid cyfeiriad yn rhwyddach mewn sgarmes. Hefyd roedd yr haenau copr yn atal pryfetach rhag tyllu i goedyn llong a'i gwanio. Fyddai llongau gwaelod-copr drwy hynny ddim angen cymaint o gynnal a chadw â llongau tinnoeth. Hyd heddiw, yn Saesneg defnyddir *copper bottomed* fel term i ddynodi cynllun neu

Arian Mynydd Parys

Y Copor Ladis

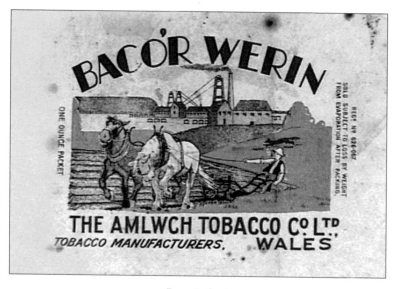

Baco Amlwch

Un o gynhyrchion Bragdy Amlwch

strategaeth cwbl ddibynadwy. Dyna ei darddiad. A hyd yn oed o'i fedd fe lwyddodd Thomas Williams, a fu farw yn 1802, i estyn cymorth dair blynedd yn ddiweddarach i Horatio Nelson.

Bryan D. Hope

Yr hanes ydi fod Nelson wedi ennill Brwydr Trafalgar yn 1805 oherwydd bod ei longau fo yn gyflymach ac yn fwy hylaw na llongau Ffrainc. Faswn i'n deud bod gan Amlwch a sir Fôn le i ymfalch'io ym muddugoliaeth Nelson – ac yng ngallu rhyfeddol Thomas Williams i farchnata pob math o gynhyrchion a wnâi ddefnydd o gopr.

Er bod Thomas Williams wedi tyfu i fod yn un o arloeswyr mawr y Chwyldro Diwydiannol wnaeth o ddim anghofio am Amlwch. Fe fuddsoddodd o'n sylweddol yn y porthladd, ac fe wnaeth o'n siŵr fod cyfran o'i gyfoeth yn mynd tuag at gynnal tlodion yr ardal. Does dim rhyfedd, felly, fod gwerin bobl Amlwch yn cyfeirio ato fo'n annwyl fel Twm Chwarae Teg.

Yn negawdau olaf y ddeunawfed ganrif roedd Amlwch yn dref lwyddiannus a ffyniannus. Serch hynny, roedd safon byw'r mwynwyr yn hynod o isel. Doedd tai'r gweithwyr ddim mymryn gwell na slymiau dwy ystafell, efo lloriau pridd. Doedd dim math o garthffosiaeth ar wahân i dwll yn y ddaear, ac roedd nifer y marwolaethau yn Amlwch yn frawychus o uchel.

Wil Griffiths

Y peth cyntaf i'w gofio yw pa mor gyflym y tyfodd Amlwch fel cymuned, megis sawl cymuned ddiwydiannol arall ar y pryd. Erbyn 1817 roedd oddeutu 5,000 yn byw yma, a hynny wedi tyfu o ddim mewn un genhedlaeth yn unig. Felly, tref oedd hi a godwyd ar frys efo'r defnyddiau rhataf posib. Yn damp a heb garthffosiaeth ddigonol, roedden nhw'n llefydd afiach i godi teuluoedd ynddyn nhw.

Roedd gweithio ym Mynydd Parys yn gallu bod yn beryglus hefyd mewn pob math o ffyrdd. Roedd damweiniau'n ddigwyddiadau cyffredin. Yn ogystal â hynny, mewn tystiolaeth i'r Comisiwn Brenhinol ar Fwyngloddfeydd yn 1863, fe adroddodd dau feddyg fod y diciâu (twbercwlosis) a silicosis yn gyffredin ymhlith y mwynwyr. Ac yn ôl y meddygon, o'u cymharu â chyfoedion a gyflogid ar y tir, edrychai mwynwyr Amlwch bymtheng mlynedd yn hŷn.

Wil Griffiths

Roedd safon isel a diffyg amrywiaeth y bwyd a oedd ar gael i'r werin ddiwydiannol yn cael effaith andwyol ar iechyd y cyhoedd yn Amlwch. Ceirch a thatws oedd yr ymborth dyddiol arferol, a pheth llefrith. Anaml iawn y byddai cig ar gael na llysiau, ar wahân i datws.

Ond, fel yn hanes pob un o'r cymunedau diwydiannol cynnar, roedd digonedd o gwrw ar gael. Roedd tri bragdy yn cynhyrchu cwrw yn Amlwch yn y cyfnod hwnnw. Ar wahân i'r ffaith fod mwyngloddio'n waith llychlyd a sychedig, mae'n wir hefyd dweud bod cwrw ar y pryd yn fwy diogel i'w yfed na dŵr. Roedd y broses o ferwi'r gymysgedd yn lladd rhai heintiau o leiaf. Serch hynny, roedd peryglon i iechyd mewn yfed cwrw hefyd, hyd yn oed wrth ei yfed yn gymedrol. Tric ysgeler rhai bragdai ar y pryd oedd ychwanegu cemegolion fel calch a haearn sylffad at y cwrw er mwyn gwella ei flas.

Yn 1828 roedd cynifer ag un ar hugain o dafarndai yn Amlwch. Hawdd y gellir credu'r adroddiadau fod ymddygiad nifer o'u cwsmeriaid yn tarfu'n ddifrifol ar yr heddwch yn y cyfnod hwnnw ac yn ddiweddarach yn hanes Amlwch.

Bryan D. Hope

Fe ddaru Robert Roberts, y Sgolor Mawr, fel roedd o'n cael ei adnabod, ddisgrifio'r hyn a welodd o yn ystod ei daith fer ar droed o'r porthladd – sef Porth Amlwch – i ganol y dref ei hun. Fe welodd o bobol yn ymladd ar bob cornel. Goryfed oedd yn cael y bai ganddo am gamymddygiad o'r fath. Ond, mewn gwirionedd, mi oedd y cwrw'n stwff sâl iawn. Mi fydda fo'n dod mewn jwg ac yn cael ei dollti o'r jwg i'r potyn yfed. Doedd y cwrw ddim yn hylif clir o bell ffordd. Roedd tameidiau o bob math o bethau yn gymysg â'r cwrw ei hun. Yr arferiad, felly, oedd gadael i'r ddiod setlo ac wedyn yfed ei hanner hi a thaflu'r gweddill ar lawr. Mi oedd ffos o fath i'r diben hwnnw wedi ei hagor yn llawr y dafarn i alluogi'r gwaddodion i lifo allan i'r stryd. Yn sgil hynny fe gafwyd adroddiadau am foch a chŵn a oedd yn crwydro'r strydoedd yn meddwi'n ulw beipen ar y cwrw 'ma. Roedd hi'n anodd dweud pwy oedd fwyaf chwil – yr anifeiliaid neu gwsmeriaid y tafarnau.

Roedd un o'r bragdai wedi ei leoli ar safle Ffynnon Sant Eleth ym Mhorth Amlwch. Credai pobol ar y pryd fod dyfroedd y ffynnon honno yn ddyfroedd meddyginiaethol, dyfroedd a allai iacháu afiechydon a heintiau. Bellach, rhyw lun ar barc digon dymunol sydd yno. Ond pan oedd Amlwch ar ei phrysuraf roedd hon yn ardal arw iawn, gyda medd-dod a phuteindra yn rhemp. Yn y bedwaredd ganrif ar bymtheg hwn oedd cynefin Cathrin Randal, a oedd yn cael ei hadnabod yn lleol fel Cadi Rondol – un o buteiniaid mwyaf drwgenwog (a'r futraf ei thafod, medden nhw ar y pryd) o holl buteiniaid Môn.

Mair Williams

Mi oedd hi'n un o'r Copr Ladis liw dydd ond mi oedd hi hefyd yn ddynes afrad ddifrifol. Doedd hi ddim yn ddynes capel, Cadi Rondol! Wel, ddim ar y cychwyn beth bynnag. Ond mi gafodd hi dröedigaeth. Ac fe ddaeth hi'n ddynes dduwiol iawn, yn ei ffordd ei hun ...

Mae 'na hanesyn amdani yng Nghapel Nebo, o fewn golwg i Fynydd Parys, yn gwrando ar bregeth. Mi gofiodd hi'n sydyn ei bod hi wedi gadael y toes yn y badell o flaen y tân. A dyma'r Diafol yn ymddangos ac yn sibrwd yn ei chlust hi, 'Cadi, mae dy does di'n codi dros ochor y badell. Well iti fynd adra.' Fe neidiodd yr hen Gadi ar ei thraed a dweud dros y capel i gyd wrth y Diafol yn ddigon plaen lle i fynd.

Ddechrau'r bedwaredd ganrif ar bymtheg daeth Cadi Rondol yn forwyn i'r Parch. John Elias (John Elias o Fôn) a'i wraig yn eu siop yn Llanfechell. Yn ôl yr hanes, fe aeth un o forynion John Elias ato a gofyn, 'Ai am fy meiau i y dioddefodd Iesu mawr?' Dyna, yn ôl y chwedl, a ysbrydolodd John Elias i fynd ati i sgwennu geiriau un o emynau mawr yr iaith Gymraeg. Fedrwn ni ddim ond dyfalu, tybed ai Cadi Rondol oedd y forwyn honno?

Ai am fy meiau i
dioddefodd Iesu Mawr
pan ddaeth yng ngrym ei gariad Ef
o entrych nef i lawr?

Bu'n angau i'n hangau ni
wrth farw ar y pren,
a thrwy ei waed y dygir llu,
drwy angau, i'r nefoedd wen.

Mair Williams

Pan fu Cadi Rondol farw, mi oedd John Elias ei hun wrth ei gwely angau hi. Ac yn ei gwmni fo y buo hi farw. Dyna i chi wrthgyferbyniad rhwng y Cadi Rondol ifanc a oedd yn Gopr Ladi a fyddai'n ymhél â dynion yn nhai tafarnau Amlwch â Chadi Rondol ar derfyn ei hoes.

Dyw ceisio ennill eich bara menyn drwy gloddio am fwynau erioed wedi bod yn waith rhwydd. Yn 1817 ar derfyn y rhyfel yn erbyn Napoleon roedd amgylchiadau byw mwynwyr Amlwch yn dorcalonnus ac fe fu terfysg yn y dref. Roedd terfysgoedd o'r fath yn fynegiant o anniddigrwydd cymdeithasol pur gyffredinol ymhlith gweithwyr y cyfnod – anniddigrwydd a gyrhaeddodd ei benllanw yn 1819 gyda chyflafan Peterloo ym Manceinion.

Wil Griffiths

Erbyn 1817 roedd tro ar fyd wedi bod yn y diwydiant copr wrth i'r galw am y mwyn leihau gyda therfyn Rhyfel Napoleon. Fe arweiniodd hynny at dipyn go lew o ddiweithdra yn Amlwch. Roedd cant neu hyd yn oed rhagor o fwynwyr allan o waith. Rhwng popeth roedd 'na bryder mawr ynglŷn â pharhad y cyflenwadau bwyd – ŷd yn bennaf. Ar ddechrau 1817 roedd cyflenwad bwyd y flwyddyn flaenorol yn dechrau dirwyn i ben. Fe gychwynnodd terfysg Amlwch oherwydd ofnau pobol na fyddai yna ddim digon o fwyd ar eu cyfer nhw.

Gwta ddeng mlynedd ar hugain yn ddiweddarach byddai Iwerddon yn cael ei siglo at ei seiliau gan y Newyn Mawr. Er bod y cnwd tatws wedi ei ddifetha gan bla, parhaodd Prydain i allforio grawn o Iwerddon. Er na ellir dechrau cymharu'r sefyllfa ym Môn efo'r un alaethus yn Iwerddon, gweld grawn yr ynys yn cael ei allforio pan oedd cymaint o'i angen ar y boblogaeth leol oedd achos terfysg Amlwch.

Wil Griffiths

Ar ddiwedd mis Ionawr 1817 fe ddaru rhai cannoedd o bobol ymosod ar long o'r enw'r *Wellington* ym mhorthladd Amlwch. Roedd hi wedi ei llwytho â cheirch a'r bwriad oedd cludo'r ceirch i Lerpwl i'w werthu ar y farchnad yno. Fe glywodd y bobol am hyn ac fe ymosodon nhw ar y llong gan ddwyn y llyw – y *rudder*, megis – er mwyn atal y *Wellington* rhag hwylio. A'r hyn sy'n ddiddorol am yr ymosodiad ydi'r nifer o wragedd a phlant a oedd yn cymryd rhan yn y terfysg. Mae hynny'n nodweddiadol o derfysgoedd bwyd y cyfnod ar draws Prydain.

Anfonwyd am gant a hanner o filwyr o Ddulyn i gadw trefn yn Amlwch. Fe gafodd pump o'r prif derfysgwyr eu dal. Rhyddhawyd dau ohonyn nhw ond carcharwyd y tri arall am chwe mis – dedfrydau digon cymedrol o gofio pa mor hallt y gallai dedfrydau'r cyfnod fod. Roedd yn amlwg fod gan yr ynadon gryn dipyn o gydymdeimlad â'r terfysgwyr.

Yn ystod cyfnod Mynydd Parys fel un o ganolfannau pwysicaf y diwydiant copr drwy Brydain a'r byd, bu dylanwad gwŷr Cernyw yn allweddol i lwyddiant y gwaith. Ar y mynydd mae olion peiriant pwmpio'r Pearl. Roedd hwn, fel sawl peiriant pwmpio dŵr arall mewn cloddfeydd ledled y byd, wedi ei gynllunio yng Nghernyw. Yn ôl yr hen air, lle bynnag mae twll yn y ddaear yn unman yn y byd, fe ddowch chi ar draws gŵr o Gernyw yn ei waelod.

Un o'r Cernywiaid pwysicaf yn hanes Mynydd Parys ydi James Treweek. Mi gafodd ei benodi'n asiant yn 1811.

Bryan D. Hope

Fe ddaru o atgyfodi'r gwaith copr yn Amlwch. Mi oedd y cynnyrch wedi gostwng yn sylweddol ond roedd Treweek yn hyddysg yn y technolegau tyllu diweddaraf. Ond Cernywiad oedd o ac yn Amlwch yn y cyfnod hwnnw doedd y cwlwm Celtaidd ddim yn golygu rhyw lawer.

Er bod Treweek ei hun yn uchel ei barch roedd drwgdeimlad rhwng y dynion lleol a'r gweithwyr o Gernyw a gyflogid ar y mynydd. Yn 1863 arweiniodd gwrthdaro agored rhwng y ddwy garfan at streic yn y gwaith.

Roedd dealltwriaeth rhwng y gweithwyr na fyddai neb yn derbyn bargen a oedd wedi ei gwrthod gan weithiwr arall. Heb ddealltwriaeth o'r fath byddai cyflogau'n gostwng a phawb yn dioddef. Ond torrwyd y cytundeb rhesymol hwnnw gan ddau frawd o Gernyw, Thomas a William Buzza. Fe gynddeiriogodd hynny'r gweithwyr lleol. Casglodd torf o amgylch y brodyr a bu'n rhaid eu hebrwng o'r gwaith.

Dychwelodd y brodyr Buzza yn ôl i Gernyw i fyw. Er bod James Treweek a rhai o swyddogion y gwaith wedi ochri efo'r ddau frawd, y Cymry a enillodd y frwydr hon. Hwnnw oedd y tro diwethaf i weithwyr Mynydd Parys fynd ar streic a phrin iawn fu'r dynion o'r tu allan i Gymru a gafodd eu cyflogi yno o hynny ymlaen.

Ond hyd yn oed os rhoddwyd y gorau i fewnforio gweithwyr i Fynydd Parys, parhau fel erioed wnaeth y rheidrwydd i allforio'r mwyn copr a gynhyrchid yn Amlwch. Roedd ffyrdd Môn ar ddiwedd y ddeunawfed ganrif yn druenus o annigonol ar gyfer unrhyw fath o weithgarwch masnachol. A dyna'r stori drwy Gymru. Llongau bychain fyddai'n gyfrifol am gyflenwi'n trefi a'n pentrefi efo'r nwyddau hynny na ellid eu cynhyrchu'n lleol. Yn achos copr Mynydd Parys, yr unig ffordd ymarferol o fewnforio ac allforio nwyddau oedd drwy borthladd Amlwch.

Er mwyn manteisio i'r eithaf ar brysurdeb Mynydd Parys roedd hi'n hollbwysig fod y porthladd yn cael ei ehangu a'i ddatblygu. Rhaid hefyd oedd ceisio'i wneud yn fwy cysgodol. Yn ystod stormydd y gaeaf byddai llongau'n cael eu difrodi wrth i'r gwyntoedd a'r moroedd ffyrnig eu hyrddio yn erbyn muriau'r harbwr.

Doedd ochr ddwyreiniol y porthladd erioed wedi cael ei ddatblygu. Felly torrwyd silff i mewn i'r graig er mwyn creu llwyfan i alluogi llongau i lwytho a dadlwytho'n rhwyddach. Adeiladwyd ffordd uwchben yr harbwr, gyda llithrfeydd i lawr at y cei. Roedd hynny'n galluogi'r cludwyr o'r gloddfa i arllwys eu llwythi i mewn i'r biniau mawr pwrpasol a safai ar y cei.

Bryan D. Hope

Ond nid Mynydd Parys yn unig ddaru elwa ar y datblygu a fu yn y porthladd. Mi ddaru Nicholas Treweek agor iard longau yn Amlwch a mynd ati yno i adeiladu nifer o longau gwych. O fewn dim o dro roedd yr iard wreiddiol wedi mynd yn rhy fychan ac fe agorodd Treweek iard newydd yng ngheg yr harbwr, ym Mhorth Cwch y Brenin. Roedd lle yn y fan honno i agor doc sych a oedd yn galluogi Amlwch i drwsio yn ogystal ag adeiladu llongau.

Hyd at ddechrau'r bedwaredd ganrif ar bymtheg doedd gan Amlwch fawr o draddodiad adeiladu llongau. Yn 1825 penderfynodd James Treweek adeiladu ei long ei hun, gan gomisiynu ei fab, Nicholas, i oruchwylio'r gwaith. Drwy hynny agorwyd pennod hynod lewyrchus yn hanes iardiau llongau Amlwch, un a barodd am y can mlynedd nesaf.

Un o gapteiniaid ifainc Treweek oedd brodor o

Amlwch, William Thomas. Yn ddeuddeg oed roedd o wedi rhedeg i ffwrdd i'r môr. Ychydig a wyddom amdano wedyn hyd nes iddo ddychwelyd i Amlwch yn un ar hugain oed a chymhwyso'i hun yn gapten llong.

Bryan D. Hope
Yn 1872 fe brynodd William Thomas iard gan Treweek ac yn yr iard honno fe ddechreuodd o adeiladu llongau o'r radd flaenaf.

Yn ystod degawdau olaf y bedwaredd ganrif ar bymtheg roedd William Thomas a'i ddau fab, Lewis a William, ymhlith diwydianwyr pwysicaf Amlwch. Dan arweiniad y Tomosiaid adeiladwyd deugain o longau ysblennydd.

Bryan D. Hope
Roedd Dr Basil Greenhill, Curadur Amgueddfa Forwrol Greenwich ac arbenigwr cydnabyddedig ar forwriaeth o bob math, o'r farn bendant mai'r sgwneri haearn a adeiladodd William Thomas yr ieuengaf yn Amlwch oedd y sgwneri gorau i gael eu hadeiladu yn unman ledled y byd. Tydi o'n gywilydd nad yw Cymru'n ymfalchïo mewn gorchest o'r fath? Ond cyn gallu ymfalchïo mae'n rhaid gwybod yr hanes. A tydan ni ddim yn ei wybod o.

Roedd Porth Amlwch yn cael ei ystyried yn borthladd pwysig hyd yn ddiweddar iawn – gyda chryn fynd a dod yno, yn llongau pleser a chychod pysgota. Erbyn heddiw mae'r harbwr bach yn dipyn tawelach a'r dyddiau da wedi hen fynd heibio.

Wrth i ddiwydiannau trymion gael eu sefydlu yn Amlwch, doedd hi'n ddim syndod fod diwydiant baco wedi tyfu yn y dref. Dyna oedd y patrwm mewn canolfannau diwydiannol eraill, yn enwedig rhai morwrol, fel Lerpwl, Bryste a Glasgow.

Roedd y baco a gynhyrchid yn Amlwch, fel y Pride of Wales, Baco'r Aelwyd a Baco'r Hen Wlad, yn boblogaidd tu hwnt. Yn y cyfnod rhwng 1822 ac 1910 yn arbennig, cwmnïau E. Morgan Hughes, Hugh Owen a Chwmni E. Morgan oedd y rhai amlycaf. Goroesodd yr olaf o'r rhain am y rhan helaethaf o'r ugeinfed ganrif.

Alun Jones

Cafodd busnes baco Edward Morgan ei sefydlu yn 1822 gan fy hen hen hen daid. Roedd y dail baco yn dod o'r masnachwyr yn Lerpwl a Llundain. Mi fyddai'r cwmnïau hynny yn anfon samplau o'u dail tybaco i Amlwch a champ Edward Morgan oedd dewis a dethol y dail roedd o'n credu fyddai orau ar gyfer ei gwsmeriaid. A thrwy arogli'r dail – dim ond eu harogli nhw – y bydda fo'n gwneud hynny. Dyna'r drefn. Ac oglau'r baco dwi'n ei gofio'n bennaf pan fyddwn i'n cael mynd i'r ffatri yn hogyn bach a gweld y dynion 'ma, rhyw ddeunaw ohonyn nhw, yn gweithio'n galed yn sŵn y peiriant a fyddai'n torri'r baco.

Mae'n anodd credu hynny heddiw ond roedd yna goel gwlad erstalwm fod baco yn puro'r corff. Ceir straeon am rieni yn rhoi darn o faco wedi ei gnoi yn dda yng nghlustiau plant i wella pigyn clust. Rhoddid baco hefyd ar glwyf agored i atal gwaedu ac i dynnu'r amhurdeb ohono.

Yn sylfaenol, dau fath o faco oedd yn cael ei gynhyrchu yn Amlwch.

Alun Jones

Roedd 'na faco 'twist' a baco 'shag' ac roedd 'na ffyrdd hollol wahanol o'u gweithio nhw. Cael ei wasgu ac yna ei blethu ar ffurf rhaff fyddai'r twist. Baco cnoi oedd hwnnw. Mi oedd cnoi baco yn boblogaidd iawn, yn enwedig efo dynion oedd yn gweithio mewn llefydd a waharddai smocio am y gallai tanio matsien achosi ffrwydrad. Roedd baco shag wedyn yn debycach i'r hyn y bydden ni heddiw yn ei 'nabod fel baco. Roedd y dail ar gyfer hwnnw'n cael eu rhoi mewn peiriant a fyddai'n eu torri nhw'n fân, fân. Ar ddiwedd y broses mi oedd 'na adran arbennig lle byddai merched yn pacio'r gwahanol fathau o faco ar gyfer ei ddosbarthu i'r siopau.

Ond fel y daeth sigaréts yn fwy poblogaidd, dirywio wnaeth y diwydiant cynhyrchu baco yn Amlwch, a throi tuag at gyfanwerthu fu hanes y cwmnïau cyn i'r olaf, E. Morgan, roi'r gorau iddi yn 1985. Bellach, prin iawn ydi olion y diwydiant baco yn Amlwch ar ôl i ffatri Edward Morgan gael ei dymchwel er mwyn hwyluso'r gwaith o agor ffordd newydd drwy'r dref.

Fel y diwydiant baco a diwydiannau eraill Amlwch, edwino'n raddol wnaeth prif ddiwydiant yr ardal wledig hon, y diwydiant copr. Mae cysylltiad clòs rhwng dirywiad y diwydiant copr ym Mhrydain a thwf y diwydiant mewn rhannau eraill o'r byd fel Gogledd a De America, Awstralia ac Affrica.

Bryan D Hope

Rhoddwyd y gorau i dynnu copr o Fynydd Parys am y tro olaf un yn 1904. Ond roedd ei statws fel prif gloddfa gopr y byd wedi dod i ben ddegawdau lawer ynghynt.

Roedd y diwydiant adeiladu llongau wedi dirywio hefyd rhwng y ddau Ryfel Byd wrth i longau gael eu hadeiladu'n llawer iawn rhatach mewn llefydd fel Glasgow, Lerpwl a Belfast. Marw'n ara' deg fu hanes diwydiannol Amlwch.

Fe wnaeth cwmni Anglesey Mining, sydd ynghlwm â mentrau mwyngloddio yng Nghanada, agor siafft newydd ar Fynydd Parys yn wyth degau'r ganrif ddiwethaf i chwilio am sinc yno. Mae'r cwmni'n hyderus fod rhagor o fwynau ar gael yn y mynydd ac yn gobeithio ailddechrau cloddio yno yn y dyfodol. Efo'r parch mwyaf i Anglesey Mining, bydd darllenwyr Daniel Owen yn gwybod yn dda na ellir rhoi coel ar broffwydoliaethau perchnogion mwynfeydd. Ond y gwahaniaeth mawr yn achos Mynydd Parys yw'r ffaith fod pob math o fwynau i'w cael o hyd yng nghrombil y mynydd, gan gynnwys peth aur ac arian. Yn anffodus, mae'r gost o'i gyrchu yn fwy nag unrhyw elw y gellid ei wneud o'i fwyngloddio.

Bryan D. Hope

Mae Anglesey Mining wedi dod ar draws rhyw chwe miliwn o dunelli o fwyn sinc dan y mynydd. Ond mae'n debyg fod angen o leiaf ugain miliwn o dunelli i wneud i'r fenter dalu. Y drwg ydi bod pris sinc ar hyn o bryd mor isel ar farchnadoedd y byd.

Er 1997 mae Ymddiriedolaeth Treftadaeth Ddiwydiannol Amlwch wedi ymdynghedu i gadw hanes Porth Amlwch a Mynydd Parys yn fyw. Dan yr enw trawiadol, Y Deyrnas Gopr, fe wnaed gwaith ardderchog i gadw'r chwedlau'n fyw nid yn unig er budd twristiaid ond er budd y bobol leol hefyd.

Ond ar ddechrau'r unfed ganrif ar hugain, yn hytrach na bod yn atyniad i ymwelwyr ac yn destun balchder i'r brodorion, sylweddolwyd y gallai Mynydd Parys fod yn fygythiad gwirioneddol i ddiogelwch y dre a godwyd wrth droed y mynydd copr.

Yn nyddiau James Treweek yn y bedwaredd ganrif ar

bymtheg adeiladwyd argae yng nghrombil y ddaear i atal dŵr rhag llifo drwy'r mynydd. Yn amlwg, roedd y dŵr a gronnwyd mewn llyn anferth dan ddaear yn llawn cemegau difaol, a thros gyfnod o bron i ddwy ganrif roedd y dyfroedd asidig wedi dechrau bwyta waliau'r argae. Pe byddai'r waliau hynny'n torri byddai miloedd o dunelli o ddŵr llygredig yn llifo i lawr o Fynydd Parys gan foddi rhannau o Amlwch, peryglu bywydau a difrodi eiddo.

Aed ati yn 2003 i ostwng cymaint â 70 metr yn lefel y dŵr. Drwy hynny rhyddhawyd y straen ar waliau'r argae, gan adael i'r dŵr wagio ohono'n raddol bach ac yn hollol ddiogel, cyn i arbenigwyr gael gwared â'r argae'n gyfan gwbl.

Roedd diogelu amgylchedd yr unfed ganrif ar hugain rhag llygredd diwydiannol y bedwaredd ganrif ar bymtheg yn dasg anodd ond roedd hi'n un a gyflawnwyd yn llwyddiannus ac yn lled dawel rhag creu panig a dychryn ymhlith poblogaeth Amlwch. Ond mae'r ffaith mai ar Ynys Môn y bu'n rhaid gwneud gwaith o'r fath, nid yn un o gymoedd traddodiadol y glo a'r haearn a'r dur, yn tanlinellu pwysigrwydd y Gymru wledig ddiwydiannol yn hanes ein cenedl.

Mynegai

Ni chynhwyswyd y lluniau yn y mynegai.

ab Owen Edwards, Syr Ifan 283, 301
Aber-fan 136
Abertawe 12, 308
  arlunwyr 130
  diwydiant copr 21, 38, 318
  diwydiant llaeth 220–1
Aberystwyth 64
  bathdy brenhinol 185
  Coleg Prifysgol 113
  ysgol Gymraeg 301
  gweler hefyd Llyfrgell Genedlaethol
  Cymru
Ablett, Noah 180
Abraham, William (Mabon) 96, 281
Abse, Leo 134
Adams Foods 233
Adams, Miss, Dolwion 263
Adams, Carwyn 237
Adams, Gwynfor 237, 238
Adams, John, Massachusetts 264
Adams, John Quincey, Boston 264
Adams, Kevin, tystiolaeth 146–7, 148,
  150, 155, 157, 171
Adams, Thelma, tystiolaeth 236–8
Adroddiad Addysg (1927) 292–3
Aeron Valley Cheese 230
Anghydffurfiaeth 13, 93, 99, 130, 133,
  140, 144, 146, 180
Ail Ryfel Byd 207, 268, 297, 298–301
Aled, Siôn, tystiolaeth 149, 178, 179
allfudo 9–10, 11, 280
  gweler hefyd mewnfudo; mudo
amaethyddiaeth 17–18, 33, 210–41
  gweler hefyd llaeth, diwydiant;
  porthmyn
Amanwy gweler Griffiths, David Rees
  (Amanwy)
Ambrose, William 26
Amgueddfa Genedlaethol Cymru 111,
  114
Amgueddfa Werin Sain Ffagan 197, 198,
  248, 271
Amgueddfa Wlân Cymru 262, 267, 270
Amlwch 12, 18, 21, 308–35
  adeiladu llongau 330–1, 333
  bragdai 324–5

diwydiant baco 331–3
porthladd 330–1
terfysg (1817) 327–8
Ymddiriedolaeth Treftadaeth
Ddiwydiannol Amlwch 334
gweler hefyd Mynydd Parys
Anglesey Mining 334
Annibynwyr 144, 156
Anwyl, Angharad 15
ap Nefydd Roberts, Elfed, tystiolaeth
  153–4, 156, 157–8, 169, 173, 180
Apostol Heddwch, yr, gweler Richard,
  Henry (yr Apostol Heddwch)
arfau rhyfel 25, 81
Arsenal 70
arwyddion ffyrdd dwyieithog 304, 307
Ashley, Laura 254
Asiedydd o Walia gweler Davies, John
  (Asiedydd o Walia)
atomfeydd
  Trawsfynydd 306
  Wylfa Newydd 9, 18, 21
aur, gweithfeydd 199–202, 205–06

Baco'r Aelwyd 332
Baco'r Hen Wlad 332
Bala, y, gwau sanau 247
Banc Lloyds 23, 248
Banc y Ddafad Ddu 212
Banc yr Eidion Du 212
bandiau pres 64–6, 70, 148, 192
  Llanllyfni 66
  Llanrug 65, 66–7
  Nebo 66
Bangor, Coleg 113–14
Bardd Cocos, y, gweler Evans John (y
  Bardd Cocos)
Barri, y
  Barry Railway Company 95
  porthladd 38, 40, 64, 95, 140
Bayly, Syr Nicholas, Plas Newydd 311,
  317
BBC 284–5, 292
Bedyddwyr 144, 154, 156, 170
Benallt, gwaith mwyn 206
Bers, Y 23, 24–5, 27
Berthlwyd, gwaith aur 205
Bethesda 30, 31, 77, 98, 191
Bingley, y Parchg Edward 317
Birmingham 21

Blaenafon 28–9, 31
Blaenannerch, capel 148–9
Blaenau Ffestiniog 30, 31, 98, 191
bocsio 148, 175
Bodie, Dr Walford 163
Borrow, George, Wild Wales 45, 127
Boulton, Matthew 26, 27
'Brad y Llyfrau Gleision' 34–5, 115–17, 126, 292
brics, gweithfeydd 22
Bridger, Mark 197
Brunel, Isambard Kingdom 61
Bryn-mawr 280
Bryniau Casia 169–70
Bryste 110, 332
Burton, Charlie 131
Bute, teulu 39, 93–4, 95
Buzza, Thomas a William 329
Bwrdd Marchnata Llaeth 220–2, 223, 225, 228–30, 231–2, 233

Cadwaladr, Betsi 259
Caerdydd 11–12, 64, 109, 308
    y Gyfnewidfa Lo 11, 106, 109, 139
    Neuadd y Ddinas 74, 110–11
    porthladd 38, 39, 94, 108, 139–40, 274
    prifddinas Cymru 74, 111, 161
    siaradwyr Cymraeg 11
    Tre-biwt 39–40
    gweler hefyd Amgueddfa Genedlaethol Cymru; BBC; Bute, teulu
Caergybi 46
Caernarfon 29, 40, 42, 98, 167, 295–6
Caledfryn gweler Williams, William (Caledfryn)
Cambrian Mills, ffatri wlân 262, 267, 268–70
camlesi 37, 251
    Camlas Morgannwg 39
CAP (Polisi Amaethyddol Cyffredin) 226
capeli, adeiladu 67, 215
car modur, y 62, 283
carthffosiaeth 29–30, 323–4
Casnewydd 38, 64, 88
    gweler hefyd Siartwyr
caws 224, 229, 230, 236–8
Caws Cenarth 236–8
Cefn Coch, gwaith aur 205

Cefn Gwlad, cyfres deledu 17
Ceffyl Pren, y 90
Ceidwadwyr, y 8, 91, 133–4, 281
Ceinewydd 146–7, 150
Ceiriog gweler Hughes, John (Ceiriog)
celf weledol 126–31
Ceredigion
    allfudo 31
    gweithfeydd plwm 12, 22, 181, 182, 184–90, 208
Cernyw a'r Cernywiaid 21, 191–2, 328–9
Chapman, Robin, tystiolaeth 287–8, 291, 292, 295, 297, 300, 301, 303–04
Chapman, W. J. 129
Charles, Syr Ernest Bruce 296
Charles, Thomas o'r Bala 144
Chelsea 70
Cilybebyll, glofa'r Gleision 136
Clogau, gwaith aur 201, 205
Cole-Jones, Towy, tystiolaeth 267, 268–9
colera 30
Cook, A. J. 180
'Copper King, The' gweler Williams, Thomas (Twm Chwarae Teg)
Copperopolis 38
    gweler hefyd Abertawe
copr, diwydiant 38, 181, 182, 319, 327
    gweler hefyd Mynydd Parys
corau 64, 67–70, 152, 174, 192, 280–1
    Côr Treorci 68
    Côr y Rhondda 68
Cotteswold Dairy 233
Crawshay, Francis 128–9
Crawshay, Richard 53, 78, 81
Crawshay, William 78
Cwm Rhondda, emyn-dôn 175
Cwmerfyn 186
Cwmni'r Ocean 95
Cwmsymlog 185–6
Cwmystwyth 184, 185, 188, 189, 192, 208, 311
Cyfarthfa
    castell 78, 128, 129
    gwaith haearn 53, 78, 81, 128
Cylch Dewi 284, 285
cylchgronau 13, 72, 140
Cymdeithas Ffabiaidd 100
Cymdeithas yr Iaith Gymraeg 304

Cymru Fydd 92
Cynan gweler Jones, A. E. (Cynan)
'Cythraul Canu' 70

chwareli a chwarelwyr 30–1, 37, 66, 97–9, 123–6, 137
  Dinorwig 71
  y Penrhyn 76–7, 97, 98
Chwyldro Diwydiannol, y, dechreuadau 9, 17–44
Chwyldro Technolegol, y 138

Dafydd ap Gwilym 110
darfodedigaeth 195, 324
Datganoli
  refferendwm (1979) 134
  refferendwm (1997) 93
  refferendwm (2011) 16
David, ffilm 122
Davies, Annie, Nantyffyllon 156–7
Davies, David, Ferndale 86
Davies, David, Llandinam 84–6, 94–6, 113
Davies, Edward, tystiolaeth 31
Davies, Gaius, tystiolaeth 151–2, 163, 166, 172–3, 176
Davies, Janet, tystiolaeth 28–9
Davies, John, tystiolaeth 272, 273, 279, 280, 284, 285–6, 292–3, 297–8, 303
Davies, John (Asiedydd o Walia) 48
Davies, Kitchener, Cwm Glo 121–3
Davies, Mansel, tanceri 229–30
Davies, Rosina, yr efengylwraig 154
Davies, Russell, tystiolaeth 173
de Fursac, Dr J. Rogues 160–1
Deddf Addysg (1944) 301–02, 303
Deddf Llaeth Ysgol (1946) 223, 224
Deddf y Llysoedd (1942) 296
deddfau diwygio'r Senedd 88–9, 96
deddfau iaith 306
defaid 212, 242, 244
Derby, Abraham, Coalbrookdale 23, 24
Derfel, R. J. 281
Dewi Wyn o Eifion gweler Owen, David (Dewi Wyn o Eifion)
Dic Penderyn gweler Lewis, Richard (Dic Penderyn)
diciâu 195, 324
dirwasgiad economaidd (1920au a'r 1930au) 9, 267–8, 279–80

diwygiadau crefyddol
  1859 146, 158
  1904–05 13, 106, 139–80
Dolau Cothi 184
Dolgellau 199–201, 205, 251
Dolwion, ffatri 263, 264
dosbarth canol, y 36, 63, 64, 73, 78, 87–8, 89, 91, 99, 100, 145
Dre-fach Felindre 246, 250, 261–2, 265, 266–9
Drenewydd, y 81, 83, 85, 250–1, 252, 254–61
Driscoll, Jim 175
Dyffryn Mawddach 205
Dyffryn Nantlle 30, 98, 191
Dyffryn Ogwen 77
Dyffryn Teifi, diwydiant gwlân 261–71
Dylife 194–8

Ddraig Goch, Y 291

Edwards, Cenwyn 15
Edwards, Hywel Teifi, tystiolaeth 117–18, 121, 122, 123, 145, 274
Edwards, William, Rhyd-y-main 225
Eglwys Anglicanaidd, yr 92, 143, 144
Eglwys Apostolaidd, yr 160
Eglwys Bentecostaidd, yr 160
Eglwys Rydd y Cymry 164
Eidal, yr, a'r Eidalwyr 18
Eifion Wyn gweler Williams, Eliseus (Eifion Wyn)
Eisteddfod Genedlaethol Cymru 69, 121, 126, 174, 225, 287, 289, 290
eisteddfod y glowyr 97
Elias, John (John Elias o Fôn) 326–7
  'Ai am fy meiau i' 326
Ellis, David, Caerdydd 230
Ellis, Nansi Lloyd, tystiolaeth 255, 256, 259
emyn, yr 175–6, 281, 326
Erfyl, Gwyn 166, 172
Esgair Hir 191–2, 193–4
Esgair Moel 248
Esgair-mwyn 187
Etholiad Prifysgol Cymru (1943) 299–301
etholiadau 8, 91, 92, 93, 102, 133
Evans, Elfed, tystiolaeth 21, 22
Evans, Ernest 299

Evans, Florrie 146–7

Evans, Gareth, tystiolaeth 222, 223, 224, 232

Evans, Gerallt Lloyd, tystiolaeth 165, 166

Evans, Gwynfor 134, 298

Evans, Gwynfryn, tystiolaeth 219, 220–1, 226, 227, 228, 229, 230–1, 231–2

Evans, Ioan Mai 207–08

Evans, John (y Bardd Cocos) 58, 103

Evans, Sydney 149

Evans, Vincent 130

Ewrop, y Farchnad Gyffredin 225–7

faciwîs 297, 298

Fan, y 12–13, 199

Farady, Michael 314

Felin-fach, diwydiant llaeth 230

Fictoria, y Frenhines 156, 256, 259

Frost, John 91

Fychan, Cledwyn, tystiolaeth 191, 192–3, 193–4

Ffair-rhos 208

Ffair y Byd, Chicago 68, 263

Ffederasiwn Glowyr De Cymru 96, 281

Ffilmiau'r Bont 15

ffoaduriaid economaidd 32, 215

ffynnon Gwenffrewi 22

ffyrdd 45–52, 329

Gelli Aur, coleg amaeth 238

glo 11, 12, 104, 106, 108–09, 139
    crebachu'r 1920au 278–9
    gwladoli 131, 136
    maes glo de Cymru 28–9, 32, 37, 39
    maes glo gogledd Cymru 22–3, 24, 27
    streic (1984) 136

Goets Fawr, y 46, 52, 247

Greenhill, Dr Basil 331

Griffith, Mary, tystiolaeth 168

Griffith, W. P., tystiolaeth 87

Griffiths, Ann, Dolwar Fach 246

Griffiths, Archie Rhys 130

Griffiths, David Rees (Amanwy) 122–3

Griffiths, Eifion, tystiolaeth 271

Griffiths, Jim 122

Griffiths, Richard 193–4

Griffiths, Wil, tystiolaeth 323–4, 327, 328

Grigg, Syr Edward 219

Gruffudd, Gwen Angharad, tystiolaeth 123, 124, 125, 126

Gruffydd, W. J. 281, 284, 288, 291, 292–3, 303
    'Cerdd yr Hen Chwarelwr' 125
    Etholiad Prifysgol Cymru (1943) 300–01

grugieir 28

Guest, Charlotte 90

Guest, John, Broseley 45

'Gwalia Wen' 115

gwau sanau 247

gweithfeydd plwm 12–13, 22, 181–2

gwerin-bobl Cymru
    lluniau 36, 129
    llythrennedd 13, 34, 116, 121, 140, 286
    moesau 64

'Gwlad y Gân' 57, 68

'Gwlad y Menig Gwynion' 173

gwlân, diwydiant 81–2, 242–71

Gwyddelod gweler Iwerddon a'r Gwyddelod

Gwyddelwern, gwau sanau 247

Gwyn, David, tystiolaeth
    diwydiant 182
    mwyngloddio 184, 185, 188–9, 192, 206–07, 208–09
    porthladd Porthmadog 43
    rheilffyrdd 52–3, 53–4

Gwynfynydd, gwaith aur 199, 201, 202, 205

haearn, diwydiant 22, 23–4, 25, 27, 28, 29, 38, 39, 54, 56
    gweler hefyd Cyfarthfa, gwaith haearn

hamdden, gweithgareddau 63, 64–74

Hardie, Keir 202

Hargreaves, James 249

Harris, Howell 13, 143

Hendy-gwyn ar Daf 230–1

Hirwaun, glofa'r Twr 136

Homfray, Samuel 53

Hope, Bryan D., tystiolaeth 311, 312–13, 314–15, 317, 318, 319, 320, 323, 325, 329, 330, 331, 333, 334

Hopkin, Deian, tystiolaeth 281, 302

Horner, Arthur 96–7, 180

hufenfeydd
  Dairy Crest, Felin-fach 230
  De Arfon 222, 223, 224, 232–3
  Hendy-gwyn ar Daf 230, 231
  Llangadog 228
  Rhyd-y-main 224–5
Hughes, Billy, Prif Weinidog Awstralia 278
Hughes, y Parchg Daniel, Caer 164
Hughes, David, Plas yr Wylfa 165–6
Hughes, E. Morgan, Amlwch 332
Hughes, y Parchg Edward, Llys Dulas 317, 318
Hughes, J. Elwyn, tystiolaeth 76–7, 77–8
Hughes, J. O., tystiolaeth 313
Hughes, John (Ceiriog) 210
Hughes, Mary Lloyd, tystiolaeth 49, 57
Hughes, Simon, tystiolaeth 182, 190
Hughes, T. Rowland 123, 124, 125
Humphreys, E. Morgan 166

iaith Gymraeg, yr 8–9, 282
  cyfrifiad (1901) 10, 143, 209, 273
  cyfrifiad (1911) 274
  cyfrifiad (1921) 282, 289–90
  cyfrifiad (2001) 306
  cyfrifiad (2011) 137
  gweler hefyd Cymdeithas yr Iaith Gymraeg; Deddf Addysg (1944); deddfau iaith; Lewis, Saunders; ysgolion Cymraeg
Iddewon 215
Ieuan Gwynedd gweler Jones, Evan (Ieuan Gwynedd)
Illustrated London News 36
injan stêm, yr 26–7, 52–3
iogwrt 229, 234, 235
Iwerddon a'r Gwyddelod 34, 35, 46, 55, 209, 265–6, 284
  hunanlywodraeth 92
  yr iaith Wyddeleg 8–9, 10, 18
  Newyn Mawr 10, 18, 32–3, 105, 273
James, Syr David, Pantyfedwen 216
James, E. Wyn, tystiolaeth 175–6
James, R. Watcyn, tystiolaeth 148
Jenkins, David, tystiolaeth 38, 39, 40, 94–5, 108, 139
Jenkins, Geraint H., tystiolaeth 140
Jenkins, Gwili 281

Jenkins, J. Geraint, tystiolaeth
  diwydiant gwlân 244, 245, 246–7, 247–8, 249
  Y Drenewydd 250–1, 252, 254–5, 260–1
  Dyffryn Teifi 261–2, 262–3, 264–5, 265–6, 267
Jenkins, y Parchg Joseph 146–7
Johnson, Dr Samuel 21
Jones, A. E. (Cynan), 'Mab y Bwthyn' 288
Jones, Alan Wyn 233
Jones, Alun, tystiolaeth 332–3
Jones, April 197
Jones, Arwel, tystiolaeth 70–1, 71–2
Jones, Avania 198
Jones, Bedwyr Lewis 166
Jones, Ben a William, perchenogion yr Ogof 262–3
Jones, Catherine 198
Jones, Cyril, tystiolaeth 81–2, 83–4, 195, 196, 198
Jones, Emrys, tystiolaeth 211–12, 215–16
Jones, Evan (Ieuan Gwynedd), 'Drwg a Da Cenedl y Cymry' 35
Jones, Fraser 240
Jones, Geraint, tystiolaeth 65, 66–7
Jones, Griffith, Llanddowror 13, 116, 140
Jones, Gwyn Briwnant, tystiolaeth 54–5, 62, 84–5, 85–6, 95
Jones, H. R., rheolwr Hufenfa Rhyd-y-main 224–5
Jones, J. E. 294
Jones, Mary, Egryn 167–8
Jones, Osian, tystiolaeth 98–9, 100, 102
Jones, Percy Ogwen, tystiolaeth 166–7
Jones, y Parchg. R. B. Jones, Porth 154
Jones, R. Tudur, tystiolaeth 143, 155, 161
Jones, Raymond, tystiolaeth 270
Jones, Richard Wyn, tystiolaeth
  isetholiad (1943) 299, 300
  Plaid Cymru 290, 291
  radicaliaeth 132, 133, 134, 135
Jones, Siôn (Siôn y Gof) 197–8
Jones, T. Gwynn, 'Ymadawiad Arthur' 287–8
Jones, Thomas 198

Jones, Tom, tystiolaeth 223, 227, 229
Jones, Victor Hanson 294
Jones, Viriamu 114
Jones, y Parchg W. O. 163–4
Jopling, Michael 228
Joshua, Seth 148

Leland, John 184
Lerpwl
  Diwygiad (1904–05) 162–5
  porthladd 43–4
  siaradwyr Cymraeg 10
Lewis, Olwen, tystiolaeth 167
Lewis, Richard (Dic Penderyn) 30,
  89–90
Léwis, Robyn, tystiolaeth 296
Lewis, Saunders 112, 290–1, 292,
  303–04
  Etholiad Prifysgol Cymru (1943)
  297, 299–301
  'Paham y Llosgasom yr Ysgol Fomio'
  295
  Penyberth 293–6
  Tynged yr Iaith 304
Lloyd, Charles, Dolobran 23
Lloyd, Herbert, y Foelallt 187
Lloyd George, David 82, 98, 99, 102–03,
  278
Lord, Peter, tystiolaeth 36, 127–8, 129,
  130, 131

llaeth, diwydiant 212, 215–41
  cwotâu 227–8, 233, 236, 240
  peiriant godro â robot 238, 240
  gweler hefyd caws; iogwrt
Llaeth y Ddraig 233
Llaeth y Llan 234–6
Llafur 8, 98, 99, 102, 134, 180, 202, 281,
  298, 299, 304
Llanberis 30, 66, 70, 71, 97, 98
Llandrindod 64
Llandudno 63–4, 311
Llanfair-yng-Nghedewain 250
  gweler hefyd Drenewydd, y
Llangefni, ffatri gaws 229
Llanidloes, Siartwyr 88, 252–3
Llannerch-y-medd 161
Llanwrtyd 64
llechi, diwydiant 30, 40, 43, 54
  gweler hefyd chwareli a'r chwarelwyr

Llenor, Y 288, 291
Llundain 211–12, 215–19
Llyfrgell Genedlaethol Cymru 111, 114
Llywelyn Ein Llyw Olaf 110
Llywernog 188–9

Mabon gweler Abraham, William
  (Mabon)
Madocks, William 43
Mainwaring, Ann, Aberafan 172
manganîs, gweithfeydd 206–08
Margam, abaty 242
Marsh, Thomas Edmund 253
Melin Tregwynt 270–1
merched
  'Copr Ladis' 315–16
  corau 68
  diwydiant baco 333
  diwydiant gwlân 244
  Diwygiad (1904–05) 152–3, 156,
  158, 179–80
  Y Rhyfel Mawr 277
Merched Beca 89
Merthyr Tudful 22, 38, 39, 45
  diweithdra 280
  glanweithdra 30
  gweithiau haearn 53
  poblogaeth 12, 272, 308
  terfysg (1831) 30, 88, 89–90, 253
  gweler hefyd Cyfarthfa; Hardie, Keir;
  Richard, Henry
Methodistiaeth a'r Methodistiaid 13,
  143–5, 148, 156, 159, 160, 164,
  169–70, 285
mewnfudo 8, 11, 32, 139, 181, 280
  gweler hefyd allfudo; mudo
Milk Marque 230–1, 232
Mills-Roberts, Dr R. H. 70–1, 72
Mizoram 169
Môn
  Diwygiad (1904–05) 165–7
  gweler hefyd Amlwch; atomfeydd;
  Mynydd Parys
Morgan, Arnallt, tystiolaeth 160
Morgan, Derec Llwyd, tystiolaeth 146,
  286–7
Morgan, Dyfnallt, 'Y Llen' 111–12
Morgan, Edward, Amlwch 332–3
Morgan, Emyr, tystiolaeth 78, 81
Morgan, Glyn, Pontypridd 131

Morgan, Richard, tystiolaeth 217–19
Morgan, Yr Esgob William 110, 116
Morgan, William Pritchard 202
Morris, Bob, tystiolaeth
  addysg 301–02
  Penyberth 294
  pont Britannia 61
  pont Menai 50, 51, 55, 56, 57
  Y Rhyfel Mawr 277–8, 283, 289
  Urdd Gobaith Cymru 298
Morris, Edward, tystiolaeth 201–02
Morris, James, gwehydd 253
Morris, John, tystiolaeth 162, 164
Morris, Lewis 185–8
Morris-Jones, John 287
Mudiad Addysg y Gweithwyr 102
mudo, o fewn Cymru 11, 31–2, 45, 182, 272–3
  gweler hefyd allfudo; mewnfudo
Murray, William Grant 130
mwyngloddio 12, 181–209
Myddleton, Syr Hugh 185
Mynydd Epynt 299
Mynydd Parys 21, 128, 308, 310–35
  argae 334–5
  'Copr Ladis' 315–16, 326–7
  'Y Deyrnas Gopr' 334
Mynydd Rhiw 207–08
Mynydd Trysglwyn 310

New Bersham Iron Company 25
newyddiaduraeth Gymraeg 286
Nicholas, T. E. 281
Nightingale, Florence 259

O'Leary, Paul, tystiolaeth 32–3, 34, 35, 90, 92, 93, 115, 132–3
Ogof, yr, busnes gwau 262–3
Owain Glyndŵr 110
Owen, Daniel, Enoc Huws 118, 145–6, 198
Owen, Daniel, Rhys Lewis 116
Owen, David (Dewi Wyn o Eifion) 52, 58
Owen, Hugh, Amlwch 332
Owen, Ifor, tystiolaeth 210
Owen, John Merfyn, tystiolaeth 238, 240
Owen, Robert, y Drenewydd 17, 81–4, 260

Owen Pughe, William 286

Paget, Henry 103
Pantdedwydd, cors 48
Pantybarcud, melin 264
Pantyffynnon, olwyn 196
papurau newydd 34, 285–6
Parnell, Henry 51
Parry, R. Williams 283
Parry, Thomas 287
Parry-Williams, T. H. 112, 159, 167, 288–9
Parti Eiddon, Rhyd-y-main 224–5
Parys, Robert 310
pêl-droed 70–1, 132
Penarth 40
Penn-Lewis, Mrs Jessie 176, 178
Pennant, John 76
Pennant, Richard 75–6
Penrhyn, y, stad 76–7, 97
Penson, Thomas 85
Penyberth, llosgi'r ysgol fomio 293–7
Penydarren, gwaith haearn 53
Phillips, y Parchg Evan 147
Picton, Syr Thomas 110
Plaid Genedlaethol Cymru 8, 134, 281, 290–301
plwm 21
poblogaeth Cymru 8, 9–10, 17, 18, 272–3
pont Britannia 56–8, 61–2
pont Menai (pont y Borth) 49–52, 55, 58
Pontrhydfendigaid 208
Porthcawl 64, 97
porthladdoedd 38–44, 109, 139–40
Porthmadog 42–3
porthmyn 49, 211–12
Powell, Eifion, tystiolaeth 155
Prestatyn 62, 71
Preston North End 70
Price, y Parchg Peter, Dowlais 157–9
Pride of Wales, baco o Amlwch 332
Prifysgol Cymru 112–13, 114, 140
  etholiad (1943) 299–301
Pryce-Jones, Pryce 254–60
Pugin, Augustus Welby Northmore 88
Pum Diwrnod o Ryddid, drama gerdd 253
Puw, Huw 199–200

Puw, Roland 312
Pwyllgor Amddiffyn Diwylliant Cymru 297–8

Quant, Mary 269

radicaliaeth 92, 99, 131, 132, 133–4
radio 124, 284–5, 292, 297
Radio Cymru 306
Radio Éireann 284
Randal, Cathrin (Cadi Rondol) 325–7
Rees, D. Ben, tystiolaeth 162, 163–4, 170
Rees, Keith, tystiolaeth 245, 246, 249
Richard, Henry, Tregaron (yr Apostol Heddwch) 93
Richards, Wil, tystiolaeth 197
Roberts, Dafydd, tystiolaeth 30–1, 31–2, 37, 97, 98, 99, 124
Roberts, Dan 150
Roberts, Evan, y Diwygiwr 13, 146, 147–67, 171, 172, 176, 178–9
Roberts, Falmai, tystiolaeth 234, 235, 236
Roberts, Gareth, Llannefydd 234
Roberts, J. O., rheolwr Hufenfa De Arfon 224
Roberts, Kate 123, 125, 281, 283, 289, 291
Roberts, O. M., tystiolaeth 294–5
Roberts, Owen G., tystiolaeth 29–30, 36, 63, 64–5, 70
Roberts, Robert, y Sgolor Mawr 325
Roe, Charles 311
Roose, Jonathan 311–12
Ross, Jonathan, cyfres deledu 271
Rowland, Daniel 13, 143
Royal Charter, llong 199
Royal Welsh Warehouse, The 255, 256
rygbi 33, 72–3, 174
    Cymru v. Crysau Duon (1905) 74, 175

Rhanc-y-mynydd 196
rheilffyrdd 27, 37, 53–6, 61, 62, 139, 212, 279, 283
    Henllan 265
Rhosllannerchrugog 153–5
Rhyddfrydwyr 91, 94, 96, 98–9, 102, 134, 135, 156, 281, 299, 300, 301

Rhyfel Mawr, y 104, 206, 266, 277, 278
Rhyfel y Degwm 92–3
Rhyl, y 62, 63, 64, 71, 112, 302
Rhys, Prosser 289

S4C 15, 306
Sangkhuma, Hmar, tystiolaeth 170
Saving, Thomas 85
Siartwyr 91, 252–3
sinc 334
sinema 216, 283–4
Smith, Assheton 66–7
sosialaeth 99–100, 102, 136, 180, 260, 281
Stevens, Catrin, tystiolaeth 152, 153, 156, 179–80, 280–1
Stevenson, George 55
Stevenson, Robert 55, 56, 57, 58, 61, 62, 64
Streic Fawr y Penrhyn (1900–03) 76–7, 97, 98

teiffoid 30, 31
Teirw Scotch, y 90
Telford, Thomas 46, 48, 49, 50, 51, 52, 55
Thatcher, Margaret 92, 228
Thomas, Brinley 18, 105
Thomas, David (1880–1967) 100, 102
Thomas, David Alfred (Arglwydd Rhondda) 110
Thomas, Dylan 146
Thomas, Evan R., tystiolaeth 220
Thomas, John, pensaer 58
Thomas, Lewis, Amlwch 331
Thomas, Llinos, tystiolaeth 244, 270
Thomas, R. Maldwyn, tystiolaeth 42
Thomas, Samuel, Ysgubor Wen 86
Thomas, Tom, bocsiwr 175
Thomas, William, Amlwch 331
Thomas, William, ieu., Amlwch 331
Thomas, William, Gorseinon 172
Tilsley, Gwilym R. 121–2
Titswell, John 66–7
Trallwng, y 240
Tredegar 90
Treffynnon 12, 21–2, 71, 319
Tregaron
    a'r porthmyn 211
    nyddu gwlân 247

trenau gweler rheilffyrdd
Trevithick, Richard 53
Treweek, James 328–9, 330, 331, 334
Treweek, Nicholas 330
Trystan, Dafydd, tystiolaeth 106, 108, 109
Tudur, Alun, tystiolaeth 159–60
Turner, J. M. W. 127, 128
Twm Chwarae Teg gweler Williams, Thomas (Twm Chwarae Teg)
twristiaeth 63–4
Tŷ'r Dyfodol, Sain Ffagan 271

UKIP (United Kingdom Independence Party) 8
Undeb Cenedlaethol y Glowyr 96, 97, 136
Undeb Chwarelwyr Gogledd Cymru 97, 99
Undeb y Gweithwyr Cludiant a Chyffredinol 97
undebau llafur 84, 96–7
Undebau'r Tlodion 87
Urdd Gobaith Cymru 283, 298

Valentine, Lewis 294, 295
Vincent, Henry 91

Walters, Evan 130
Watt, James 26–7
Watts, Thomas 13
Wedgwood, Josiah 319
Welch, Freddie 175
Welsh Home Service 285
White, Eryn, tystiolaeth 143–4, 145
White Slaves of England, The, Robert Sherard 100
Wiliam, Dafydd Wyn, tystiolaeth 185–6, 187–8
Wilkinson, Isaac 24–5
Wilkinson, John 25–6
Wilkinson, William 25
Williams, D. J. 294, 295
Williams, Daniel Powell 160
Williams, Eliseus (Eifion Wyn) 176
Williams, Gareth, tystiolaeth
    corau 68, 69–70
    Diwygiad (1904–05) 174, 175, 180
    rygbi 72–3, 73–4

Williams, Gareth Vaughan, tystiolaeth 23–4, 25, 26
Williams, Glyn, tystiolaeth 224–5
Williams J. Gwynn, tystiolaeth 112, 113, 114
Williams, John, Brynsiencyn 162, 164, 165
Williams, Mair, tystiolaeth 315–16, 326, 327
Williams, Merfyn, tystiolaeth 199–200, 200–01, 202, 205, 206
Williams, Morris 289
Williams, Thomas (Twm Chwarae Teg) 21, 318–20, 323
Williams, William (Caledfryn) 117
Williams, William, Pantycelyn 13, 110, 143, 175
Wilson, Richard 127
Wrecsam 23, 27, 71, 272
Wyddgrug, yr 71, 116, 272
Wyn, Gari, tystiolaeth 46, 48
Wynn, Syr John o Wydir 43

ysgolion cylchynol 116, 140
ysgolion Cymraeg 293, 301–03
ysgolion Sul 65, 116
Ystrad-fflur, abaty 242

Zobole, Ernie 131